建筑施工图集应用系列丛书

11G101、11G329 系列图集应用精讲

范东利　主编

龙乃武　王振华　董素芹　参编
海　峰　刘　伟　苏秀芳

中国建筑工业出版社

图书在版编目（CIP）数据

11G101、11G329系列图集应用精讲/范东利主编. —北京：中国建筑工业出版社，2012.11
（建筑施工图集应用系列丛书）
ISBN 978-7-112-14715-1

Ⅰ.①1… Ⅱ.①范… Ⅲ.①钢筋混凝土结构-工程制图②建筑结构-抗震设计-工程制图 Ⅳ.①TU375②TU352.104

中国版本图书馆CIP数据核字（2012）第225664号

本书依据《11G101-1》、《11G101-2》、《11G101-3》、《11G329-1》、《11G329-2》五本平法图集编写，以中国建筑标准设计研究院陈雪光教授于2011年秋季在南京举行的全国首届“11G101《混凝土结构施工图平面整体表示方法制图规则和构造详图》、11G329《建筑物抗震构造详图》系列国标图集培训班”讲课大纲和相关素材为蓝本，参考08G101-11《G101系列图集施工常见问题答疑图解》，结合《混凝土结构设计规范》GB 50010—2010、《建筑抗震设计规范》GB 50011—2010、《高层建筑混凝土结构技术规程》JGJ 3—2010等新规范，系统讲解新平法、新规范的应用与原理，针对新旧规范、新旧平法的不同，在讲解论述过程中逐一提出，并对重要条款引用做了批注。

本书集众多专家之所长，全方位的、系统化的将平法借助于问题的方式，进行剖析，有助于提高学习的兴趣，降低学习的难度。本书可供设计人员、施工技术人员、工程监理人员、工程造价人员及相关专业大中专师生学习参考。

您若对本书有什么意见、建议，或您有图书出版的意愿和想法，欢迎致函 zhanglei@cabp.com.cn 交流沟通！

责任编辑：岳建光　张　磊
责任设计：赵明霞
责任校对：张　颖　刘　钰

建筑施工图集应用系列丛书
11G101、11G329系列图集应用精讲
范东利　主编
龙乃武　王振华　董素芹
海　峰　刘　伟　苏秀芳　参编
*
中国建筑工业出版社出版、发行（北京西郊百万庄）
各地新华书店、建筑书店经销
北京科地亚盟排版公司制版
北京圣夫亚美印刷有限公司印刷
*
开本：787×1092毫米　1/16　印张：12¼　字数：300千字
2013年1月第一版　2014年4月第三次印刷
定价：**35.00**元
ISBN 978-7-112-14715-1
（22765）

前　言

混凝土结构施工图平面整体表示方法制图规则和构造详图 G101 系列图集（以下简称平法图集）的应用，推动了整个建筑设计标准化进程，提高了建筑工程整体设计水平和工程质量。设计工程师以数字化、符号化的平面整体设计制图规则完成创造性设计之后，其重复性的设计内容部分（主要是节点构造和杆件构造）直接套用国家建筑标准构造图集，在很大程度上减轻了设计工程师的工作量和资源浪费。平法图集的理解和使用对施工技术人员、造价工作者及从事建筑工程相关的人员，提出了更高的要求。

平法图集从 1996 年颁布实施，历经 10 几年的应用和改进，已经比较成熟。施工图的绘制在工程中现浇混凝土结构基本上都采用了平法标注，随着《混凝土结构设计规范》GB 50010—2010、《建筑抗震设计规范》2010 版、《高层建筑混凝土结构技术规程》JGJ 3—2010 颁布实施，G101&G329 系列图集也重新做了修订，并且平法的思路在砌体结构中也有所体现。所以在今后的设计、施工、监理、咨询都要按新的国家标准实施。

本书依据《11G101-1》、《11G101-2》、《11G101-3》、《11G329-1》、《11G329-2》五本平法图集编写，以中国建筑标准设计研究院陈雪光教授暨于 2011 年秋季在南京举行的全国首届“11G101《混凝土结构施工图平面整体表示方法制图规则和构造详图》、11G329《建筑物抗震构造详图》系列国标图集培训班”讲课大纲和相关素材为蓝本，参考 08G101-11《G101 系列图集施工常见问题答疑图解》，结合新规范、新规程，系统讲解新平法、新规范的应用与原理，针对新旧规范、新旧平法的不同，在讲解论述过程中逐一提出，并对重要条款引用做了批注。

本书在编写过程中受益于中国建筑标准设计研究院陈雪光教授，并得到深圳市斯维尔科技有限公司副总裁张立杰先生和龙乃武培训讲师的大力支持，在此深表谢意。同时应邀内蒙古科技大学建筑与土木工程学院王振华老师、内蒙古农业大学职业技术学院建筑工程技术系董素芹老师、包头市弘誉工程监理有限责任公司董事长海峰、包头中信华工程造价咨询有限责任公司董事长刘伟、包钢西北创业建设有限公司苏秀芳工程师参与编写，并对本书相关内容提出宝贵意见。由于作者的学识和经验有限，在学习关于平法构造等优秀书籍、图集及有关国家新标准、新规范的同时，深感要学好平法知识，仅靠看几本平法图集与构造详图是远远不够的。要了解平法构造的来龙去脉，了解本行业的专业知识，了解所涉及的方方面面的知识，须得加强学习和实践，才能真正领悟平法构造的精髓。

本书内容包括平法钢筋一般常态问题、柱及节点常见构造问题、剪力墙构造常见问题、梁构造常见问题、楼梯及楼板构造常见问题、基础构造常见问题。

本书集众家之所长，全方位的、系统化的对平法进行剖析，有助于提高读者的学习兴趣，降低学习的难度，同时也是《G101 系列图集施工常见问题答疑图解》补充与扩展。本书可供设计人员、施工技术人员、工程监理人员、工程造价人员及相关专业大中专师生学习参考。希望能对大家今后的工作与学习有所帮助。

目　录

第一章　一般常态问题

【讲解 1】受拉钢筋的锚固长度

（1）锚固作用是通过钢筋和混凝土之间粘结，通过混凝土对钢筋表面产生的握裹力，从而使钢筋和混凝土共同作用，以抵抗外界承载能力破坏变形，改善结构受力状态。如果钢筋的锚固失效，则可能会使结构丧失承载力而引起结构破坏。在抗震设计中提出“强锚固”，即要求在地震作用时钢筋的锚固的可靠度应高于非抗震设计。在规范中，受拉钢筋的锚固长度属于构造要求范畴。

本次规范修正，将锚固长度划分为锚固长度、基本锚固长度。为避免混淆，分别用 l_a、l_{ab}表示，不同的节点做法，表示是不一样的。

受拉钢筋的锚固长度根据《混凝土结构设计规范》GB 50010—2010 第 8.3.1 条计算，当计算中充分利用钢筋的抗拉强度时，受拉钢筋的锚固应符合下列要求：

受拉钢筋的基本锚固长度 $l_{ab}=\alpha(f_y/f_t)d$

受拉钢筋的锚固长度 $l_a=\zeta_a l_{ab}$，且不应小于 200mm；其中 ζ_a 为锚固长度修正系数，按本规范第 8.3.2 条及 8.3.3 条的规定取用，当多于一项时，可按连乘计算，以减少锚固长度，但不应小于 0.6；对预应力钢筋，可取 1.0；

受拉钢筋的抗震锚固长度 $l_{ae}=\zeta_{ae}l_a$；

有抗震结构设计要求的钢筋的基本锚固长度为 l_{abe}（《高规》新增规定），11G101-1 第 53 页已列表，可直接采用，不必计算（表中将混凝土强度等级扩展到≥C60 级；将钢筋种类内的 HPB235 替换为 HPB300，钢筋种类增加了 HRBF335、HRBF400、HRB500、HRBF500 四个种类；增加了四级和非抗震等级的锚固长度行；没有了钢筋直径 $d\leqslant25$mm 和 $d>25$mm 的分栏，对于钢筋直径 $d>25$mm 时，用基本锚固长度乘以 1.1 系数）。

梁柱节点中纵向受拉钢筋的锚固要求应按本规范第 9.3 节（梁柱节点中框架下部纵向钢筋在端节点的锚固构造）中规定执行。

（2）基本锚固长度 l_{ab}与钢筋的抗拉强度设计值 f_y（预应力钢筋为 f_{py}）、混凝土的轴心抗拉强度等级 f_t、锚固钢筋的外形系数 α 及钢筋直径 d 有关；

锚固钢筋的外形系数 α　　**表 1-1**

钢筋类型	光圆钢筋	带肋钢筋	螺旋肋钢丝	三股钢绞线	七股钢绞线
α	0.16	0.14	0.13	0.16	0.17

钢筋外形系数中删除了 02 规范中锚固性能很差的刻痕钢丝；带肋钢筋是指 HRB 热轧带肋钢筋、HRBF 细晶粒热轧带肋钢筋、RRB 余热处理钢筋；新增加的预应力螺纹钢筋采用螺母锚固，故未列入锚固长度计算。

（3）钢筋的抗拉强度设计值 f_y 为钢筋的屈服强度，新规范增加了 HRB500 级带肋钢筋（屈服强度标准值 500N/mm^2，极限强度标准值 630N/mm^2）；

普通钢筋的屈服强度标准值 HPB300（公称直径 6～22mm）为 300N/mm^2；HRB335、HRBF335（公称直径 6～50mm）为 335N/mm^2；HRB400、HRBF400、RRB400（公称直径 6～50mm）为 400N/mm^2；HRB500、HRBF500（公称直径 6～50mm）为 500N/mm^2。

普通钢筋的极限强度标准值：HPB300（公称直径 6～22mm）为 420N/mm^2；HRB335、HRBF335（公称直径 6～50mm）为 455N/mm^2；HRB400、HRBF400、RRB400（公称直径 6～50mm）为 540N/mm^2；HRB500、HRBF500（公称直径 6～50mm）为 630N/mm^2。

（4）素混凝土结构的混凝土强度等级不应低于 C15；钢筋混凝土结构的混凝土强度等级不应低于 C20；采用强度级别 400MPa 及以上的钢筋时，混凝土强度等级不应低于 C25。

承受重复荷载的钢筋混凝土构件，混凝土强度等级不应低于 C30。

预应力混凝土结构的混凝土强度等级不宜低于 C40，且不应低于 C30。

混凝土的轴心抗拉强度设计值 f_t：C15 为 0.91N/mm^2、C20 为 1.10N/mm^2、C25 为 1.27N/mm^2、C30 为 1.43N/mm^2、C35 为 1.57N/mm^2、C40 为 1.71N/mm^2、C45 为 1.80N/mm^2、C50 为 1.89N/mm^2、C55 为 1.96N/mm^2、C60 为 2.04N/mm^2、C65 为 2.09N/mm^2、C70 为 2.14N/mm^2、C75 为 2.18N/mm^2、C80 为 2.22N/mm^2。

（5）高强钢筋的锚固问题不可能单纯以增加锚固长度的方式解决，如增加构件的支座宽度，这是不可采取的，我们可以采取提高混凝土的强度等级。为控制钢筋在高强度混凝土中锚固长度不至于过短，当混凝土的强度等级≥C60 时，会直接影响到钢筋的锚固长度，所以仍按 C60 取值计算（原规范为＞C40 时，按 C40 计算）。

（6）锚固长度在图纸设计中一般不会直接标注，需要施工技术人员对结构构件本身、对构件的受力状况有一个准确的判断，并了解结构计算中是否充分利用钢筋的抗拉强度或仅利用钢筋的抗压强度，钢筋下料才会准确。

（7）构件受拉钢筋的锚入支座一般采用直线锚固形式，在构件端部截面尺寸不能满足钢筋直锚时，要求钢筋伸至柱对边再弯折，即使水平段长度足够时也要伸至节点对边后弯折，因为弯弧力会使其附近的箍筋产生附加拉力，加大了箍筋承载力，抵抗节点附近产生的次生斜裂缝。

（8）中间层框架梁端节点上部纵向钢筋的弯锚要求≥水平段长度 $0.4l_{ab}(0.4l_{abE})$＋弯折段长度 $15d$（伸至节点对边并向上或下弯折）。

框架顶层中柱纵向钢筋的弯锚要求≥水平段长度 $0.5l_{ab}(0.5l_{abE})$＋弯折段长度 $12d$。

桩基承台纵向钢筋在端部的弯锚要求≥水平段长度 $25d$＋弯折段长度 $10d$。

【讲解 2】受拉钢筋锚固长度的修正

在实际工程应用中，由于锚固条件和锚固强度的变化，锚固长度应根据不同情况做相应的调整。

（1）锚固长度修正系数 ζ_a 可连乘，系考虑混凝土保护层厚度及钢筋未充分利用强度的比值等因素，锚固长度修正后其限值不得小于 $0.6l_{ab}$，任何情况下不得小于 200mm（原规范纵向受拉钢筋的锚固长度不得小于 $0.7l_a$，且不应小于 250mm），本次规范修正，是为了保证可靠锚固的最低限度。

（2）当带肋钢筋直径 $d>25$mm 时，锚固长度应乘以 1.10 修正系数，直径大于 25mm 加长是考虑钢筋肋高减小，对锚固作用降低的影响。

（3）采用环氧树脂涂层钢筋，环氧涂膜的钢筋表面光滑，对锚固不利，降低了钢筋的有效锚固强度 20%，尤其要解决在恶劣环境中钢筋的耐久性问题，所以工程中采用环氧树脂涂层的钢筋（主要是抗腐蚀），需乘 1.25 修正系数。

（4）当钢筋在混凝土施工中易受施工扰动影响，影响钢筋在混凝土中粘结锚固强度。如采用滑模施工，核心筒施工，以及其他施工期间依托钢筋承载的情况，对锚固不利，需乘 1.10 修正系数。

（5）当混凝土保护层厚度较大时，握裹作用加强，锚固长度可以减短，可根据工程实践确定系数。

当锚固区混凝土保护层厚度为 3 倍锚固钢筋直径且配有箍筋时，其锚固长度可减少，乘以 0.8 修正系数；当锚固区保护层厚度为 5 倍锚固钢筋直径时，乘 0.7 修正系数（此为新增内容）（中间值时按内插取值计算）。

当锚固区钢筋保护层厚度不大于 $5d$ 时，锚固长度范围内应配置横向构造钢筋，其直径不应小于 $d/4$；对梁、柱等杆状构件间距不应大于 $5d$，对板、墙等平面构件间距不应大于 $10d$，且均不应小于 100mm，此处 d 为锚固钢筋的直径。

（6）有抗震设防要求的构件，要考虑到地震时反复荷载作用下钢筋与其周边混凝土之间具有可靠的粘接强度，锚固长度 l_{ae} 的计算与结构的抗震等级有关，在地震作用下时钢筋锚固的可靠度应高于非抗震设计。

抗震锚固长度修正系数 ζ_{ae}：对一、二级抗震等级取 1.15；对三级抗震等级取 1.05，对四级抗震等级取 1.00。

设计中要明确建筑物中哪些是抗震构件中抗受力构件，如框架梁、框架柱；哪些是不属于有抗震设防要求的构件，如次梁、楼板。比如梁、柱中箍筋的直线段，对于抗震构件长度为 $10d$，对于非抗震构件长度为 $5d$。

（7）当纵向受力钢筋的实际配筋面积比计算值大时，如因构造要求而大于计算值，钢筋实际应力小于强度设计值，锚固长度可以减少，但锚固长度减少的情况不能用在抗震设计和直接承受动力荷载的构件中。实际配筋大于设计值时，对于次要构件，如楼板、次梁，可根据设计计算面积与实际配置的钢筋面积的比值，确定修正系数，这个在设计文件应加以明确。

【讲解 3】纵向受拉普通钢筋末端采用机械锚固的规定

《混凝土结构设计规范》GB 50010—2010 第 8.3.3 条规定：当纵向受拉普通钢筋末端采用钢筋弯钩或机械锚固措施时，包括弯钩或锚固端头在内的锚固长度（投影长度）可取为基本锚固长度 l_{ab} 的 0.6 倍（原《规范》为 0.7 倍）。弯钩和机械锚固的形式（规范中图 8.3.3，有六种，见图 1-1）和技术要求应符合表 1-2 的规定。

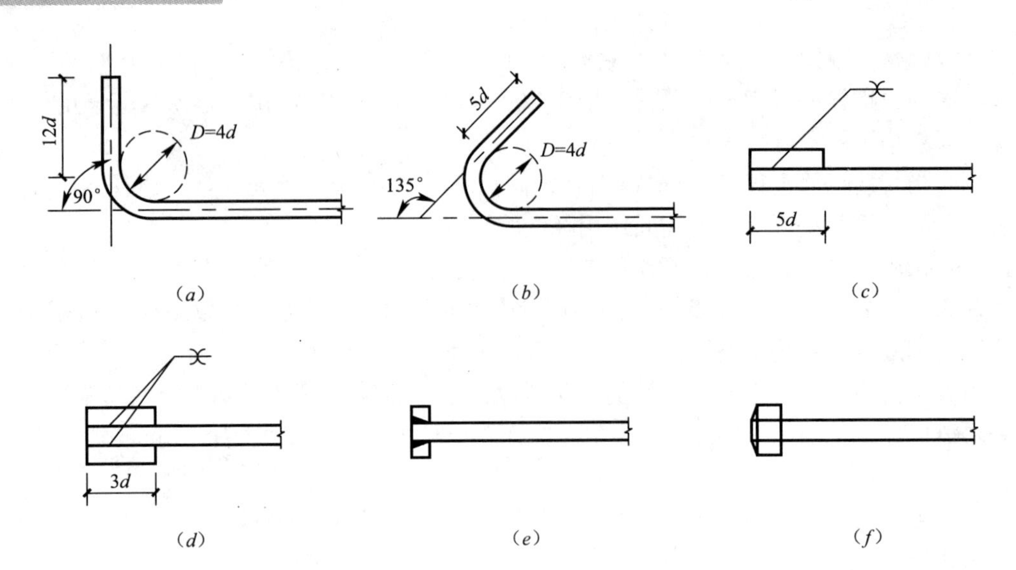

图 1-1 《混凝土结构设计规范》中图 8.3.3 钢筋机械锚固的形式及构造要求

(*a*) 90°弯钩；(*b*) 135°弯钩；(*c*) 侧贴焊锚筋；(*d*) 两侧贴焊锚筋；(*e*) 穿孔塞焊锚板；(*f*) 螺栓锚头

受拉钢筋基本锚固长度 l_{ab}、l_{abE} **表 1-2**

钢筋种类	抗震等级	混凝土强度等级								
		C20	C25	C30	C35	C40	C45	C50	C55	≥C60
HPB300	一、二级（l_{abE}）	45d	39d	35d	32d	29d	28d	26d	25d	24d
	三级（l_{abE}）	41d	36d	32d	29d	26d	25d	24d	23d	22d
	四级（l_{abE}） 非抗震（l_{ab}）	39d	34d	30d	28d	25d	24d	23d	22d	21d
HRB335 HRBF335	一、二级（l_{abE}）	44d	38d	33d	31d	29d	26d	25d	24d	24d
	三级（l_{abE}）	40d	35d	31d	28d	26d	24d	23d	22d	22d
	四级（l_{abE}） 非抗震（l_{ab}）	38d	33d	29d	27d	25d	23d	22d	21d	21d
HRB400 HRBF400 RRB400	一、二级（l_{abE}）	—	46d	40d	37d	33d	32d	31d	30d	29d
	三级（l_{abE}）	—	42d	37d	34d	30d	29d	28d	27d	26d
	四级（l_{abE}） 非抗震（l_{ab}）	—	40d	35d	32d	29d	28d	27d	26d	25d
HRB500 HRBF500	一、二级（l_{abE}）	—	55d	49d	45d	41d	39d	37d	36d	35d
	三级（l_{abE}）	—	50d	45d	41d	38d	36d	34d	33d	32d
	四级（l_{abE}） 非抗震（l_{ab}）	—	48d	43d	39d	36d	34d	32d	31d	30d

原规范只规定了三种机械锚固形式：末端带 135°弯钩、末端与钢板穿孔角焊、末端与短钢筋双面贴焊。新规范中弯钩锚增加了末端带 90°弯钩的形式，机械锚固增加两种形式：一、末端两侧贴焊锚筋，二、末端带螺栓锚头。

机械锚固原理是利用受力钢筋的锚头（弯钩、弯折、贴焊锚筋、螺栓锚头或焊接锚板）对混凝土的局部挤压而加大锚固承载能力。锚头保证了机械锚固不会发生锚固破坏，而一定的锚固长度则起到了控制滑移，不发生较大裂缝、变形的作用，因此机械锚固可以乘 0.6 修正系数，可以有效地减少锚固长度。

加弯钩、弯折及一侧贴焊锚筋适用于截面侧边、角部的偏置锚固，并应有配筋约束，角部锚固的锚头方向应向截面内侧偏斜；焊锚板、螺栓锚头及二侧贴焊锚筋的情况适用于周边均为厚保护层的截面芯部锚固。

钢筋机械锚固形式及修正系数 **表 1-3**

机械锚固形式		技术要求	修正系数
侧边构造	90°弯折	末端 90°弯折，弯钩内径 $4d$，弯后直段长度 $12d$	0.7
	135°弯钩	末端 135°弯折，弯钩内径 $4d$，弯后直段长度 $5d$	
	一侧贴焊锚筋	末端一侧贴焊长 $5d$（同直径钢筋）短钢筋，焊缝满足强度要求	
厚保护层	两侧贴焊锚筋	末端一侧贴焊长 $3d$（同直径钢筋）短钢筋，焊缝满足强度要求	0.6
	焊端锚板	末端与锚板穿孔塞焊，焊缝满足强度要求	
	螺栓锚头	末端旋入螺栓锚头，螺纹长度满足强度要求	

图 1-1（a）节点锚固形式为 90°弯折，弯折内径 $4d$，平直段 $12d$，实际投影长度为 $12d+2d+1d=15d$，所以在规范与图集中一定要区分好直线长度与水平投影长度，二者之间相差 $3d$ 左右。所以在使用规范节点构造时，有些是特指的，如梁柱浇筑节点，在钢筋下料时选择何种锚固长度，要注意符合规范。

特别说明：钢筋末端带 135°弯钩机械锚固构造，既适用于保持最小净距离的一排多根钢筋同时进行的机械锚固，也适用于多排钢筋同时进行的机械锚固，但宜将多根钢筋的锚固深度交错保持适当差别。

【讲解 4】纵向受压普通钢筋末端采用机械锚固的规定

《混凝土结构设计规范》GB 50010—2010 第 8.3.4 条规定：受压钢筋不应采用末端弯钩和一侧贴焊锚筋的锚固措施。如柱及桁架上弦等构件中受压钢筋，往往会产生偏心受压，存在锚固问题。混凝土结构中的纵向受压钢筋，当计算中充分利用钢筋的抗压强度时，受压钢筋的锚固长度应不小于相应受拉钢筋锚固长度的 0.7 倍（这是根据试验研究及可靠度分析，并参考国外规范确定的）。受压钢筋锚固长度范围内的横向构造钢筋应符合本规范第 8.3.1 条的要求：当锚固区钢筋保护层厚度不大于 $5d$ 时，锚固长度范围内应配横向构造钢筋，其直径不应小于 $d/4$；对梁、柱等杆状构件间距不应大于 $5d$，对板、墙等平面构件间距不大于 $10d$，且均不应小于 100mm，此处 d 为锚固钢筋的直径。

《混凝土结构设计规范》GB 50010—2010 第 8.3.5 条规定：承受动力荷载（2002 规范为重复荷载）的预制构件，应将纵向受力钢筋末端焊接在钢板或角钢上，钢板或角钢应可靠地锚固在混凝土中。钢板或角钢的尺寸应按计算确定，其厚度不宜小于 10mm。其他构件中的受力钢筋的末端也可通过焊接钢板或型钢实现锚固。

【讲解 5】光面钢筋的端部带弯钩是否可以计入锚固长度，弯钩长度取值

HPB235 钢筋在 2011 年 7 月 1 日已经废止了，取而代之为 HPB300，在规范交替期，这些 HPB235 还可以再续使用，在设计中还按 02 规范取值，但最好在受力方面不要采用，因强度等级比较低。

对于光面钢筋，由于表面光滑，只靠摩阻力锚固，在受力时，易滑移被拔出，特别是在受拉时，锚固强度很低，因此端部应做 180°弯钩构造措施，不计入锚固长度，端部在计算时为锚固长度 $l_a+6.25d$（弯弧内直径 $2.5d$，平直段长度 $3d$，弯钩增加长度 $6.25d$）。作受压钢筋时可不做弯钩。

钢筋总长度在计算时，是按钢筋外形长度（构件长度－保护层厚度），180°弯钩，在计算时须增加弯钩长度增加值（见图 1-2）。

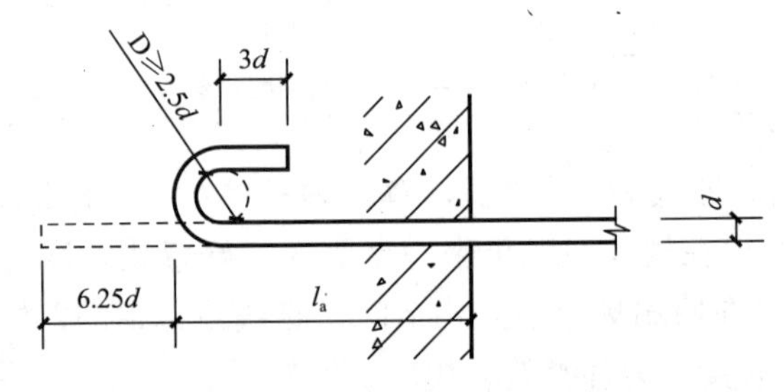

图 1-2　180°弯钩长度增加值

180°弯钩长度增加值＝平直段长度 $3d$＋[弯钩半圆弧形长度 3.1415×(弯弧内直径 $2.5d+d/2+d/2$)/2-弯钩外形水平投影长度（$d/2+d/2+$弯弧内直径 $2.5d/2$)]＝$3d$＋[$5.50d-2.25d$]＝$6.25d$

【讲解 6】梁柱节点塑性铰区的规定

《混凝土结构设计规范》GB 50010—2010 第 11.1.5 条规定：梁端、柱端是潜在塑性铰易出现的部位，塑性铰区内的受拉、受压钢筋，经过屈服、强化至变形阶段，要有足够的伸长率，因此规范规定钢筋连接接头的位置，要避开梁端、柱端箍筋加密区，当无法避开时，应采用与母材等强度并且具有足够伸长率的高质量机械连接接头或焊接接头，且钢筋接头面积百分率不宜超过 50%。

塑性铰区位于第一个在箍筋加密区以外（梁、柱端）紧挨这个部位，在这个区域内一般不设预埋件，试验表明，预埋件在反复荷载作用下，弯剪、拉剪、压剪情况下锚筋的受剪承载力降低约 20%，在构造上要求在靠近锚板的钢筋根部宜设一根直径不小于 10mm 的封闭箍筋约束端部混凝土，提高受剪承载力，禁用延性较差的冷加工钢筋作锚筋，锚筋品种以 HPB300 代换了已淘汰的 HPB235 钢筋，锚板厚度与实际受力情况有关，宜通过计算确定。

【讲解7】纵向受拉钢筋绑扎搭接区段长度和绑扎搭接长度的规定（非抗震）

纵向受力钢筋绑扎搭接区段长度为1.3倍搭接长度，任何情况下搭接长度不得小于300mm，当搭接钢筋直径不同时，按较细钢筋的直径计算。凡搭接接头中点位于该连接区段长度内的搭接接头均属于同一连接区段，同一连接区段内纵向受力钢筋搭接接头面积百分率为该区段内有搭接接头的纵向受力钢筋与全部纵向受力钢筋截面面积的比值。特别说明：纵向受力钢筋搭接接头面积百分率，对于“隔一配一”，如Φ10/Φ12，不能按束计算比值，应按截面面积计算。

纵向受拉钢筋搭接长度修正系数与同一连接区段的接头百分率有关：（可参考讲解9）

（1）接头百分率≤25%时，$L_1=1.2l_a$

（2）接头百分率=50%时，$L_1=1.4l_a$

（3）接头百分率=100%时，$L_1=1.6l_a$

【讲解8】钢筋连接的基本原则

钢筋连接的基本原则为：钢筋连接接头宜设置在受力较小处，在受力较大处设置机械连接接头（此处机械连接接头等级为Ⅲ级以上）；限制同一根受力钢筋的接头数量，不宜设置2个或2个以上接头；抗震设计时应避开结构关键受力部位，如柱端、梁端的箍筋加密区等，在结构的重要构件和关键受力部位，纵向受力钢筋不宜设置连接接头。因为任何形式的钢筋连接都是对其传力性能（强度、变形、恢复力等）的削弱，均不如整根钢筋，要求接头部位的钢筋性能要高于母材。

（1）纵向受力钢筋的连接可采用绑扎搭接、机械连接或焊接；

（2）纵向受力钢筋连接的位置宜避开梁端、柱端箍筋加密区；当无法避开时，应采用机械连接或焊接（此处机械连接接头采用Ⅰ级接头或Ⅱ级接头，最好采用Ⅱ级以上）；

（3）混凝土构件位于同一连接区段内的纵向受力钢筋接头面积百分率不宜超过50%；

（4）搭接连接部位应进行箍筋加密处理（与是否抗震设防无关，均应加密，由于搭接会影响到钢筋的受力性能），对于梁、柱类构件搭接区箍筋设置，当受压钢筋直径大于25mm时，尚应在搭接接头两个端面外100mm的范围内设置两道分界箍筋，目的是防止局部挤压裂缝；

（5）受压搭接连接区段内箍筋直径、间距的构造要求与受拉相同。拉压统一取值而对受压搭接较02规范要求适当加严了（02规范：受压箍筋间距是受拉箍筋间距的2倍）。调查研究表明，箍筋对约束受压钢筋的搭接传力更为重要，故取与受拉同样的间距。

原规范：当钢筋受拉时，箍筋间距不应大于搭接钢筋较小直径的5倍，且不应大于100mm；当钢筋受压时，箍筋间距不应大于搭接钢筋较小直径的10倍，且不应大于200mm。新规范对此要求拉压统一取值，取与受拉同样的间距。

受拉钢筋搭接接头面积百分率规定：

1）对梁类、板类及墙类构件，不宜大25%；

2）对柱类构件，不宜大于50%。

若工程中确有必要增大受拉钢筋搭接接头面积百分率时：

1）对梁类构件，不宜大于50%；

2）对板类、墙类、柱类及预制构件的拼接处，可根据实际情况放宽。

梁、板受弯构件，按一侧纵向受拉钢筋面积计算搭接接头面积百分率，即上部、下部钢筋分别计算；柱、剪力墙按全截面钢筋面积计算搭接接头面积百分率。

并筋采用绑扎搭接连接时，应按每根单筋错开搭接形式连接。接头面积百分率应按同一连接区段内所有单根钢筋计算。并筋中钢筋的搭接长度应按单筋分别计算。这样有利于改善钢筋的传力性能与裂缝状态。

按面积计算搭接接头百分率，在具体钢筋算量计算中，可操作性低，可实行变通处理：当确保连接接头达到质量要求时，按“根数百分比”计算应是可行的。当能够可靠实现“连接点的强度与刚度大于或等于被连接体”时，连接是可靠的。以这个标准衡量钢筋混凝土结构的钢筋搭接、机械连接、焊接三种连接方式，只有机械连接能够可靠实现“连接点的强度与刚度大于或等于被连接体”。

当采用质量等级较高的机械连接接头时，钢筋连接百分比可以考虑“根数百分比”计算。

特别说明：钢筋连接中有一种“非接触搭接”，分别是同轴非接触搭接和平行轴非接触搭接。同轴非接触搭接适用于梁的纵向钢筋，柱的角筋，剪力墙端柱、暗柱的角筋，剪力墙连梁、暗梁的纵向钢筋等等；平行轴非接触搭接适用于梁的侧面筋、柱的中部筋、剪力墙端柱、暗柱的中部筋、剪力墙身的竖向和横向受力筋等等。对受拉钢筋搭接连接，应避免采用平行接触搭接方式（但对受压钢筋的搭接连接不受其限）。

【讲解9】纵向受拉钢筋绑扎搭接长度修正

纵向受拉钢筋搭接长度修正系数与同一连接区段的接头百分率有关，11G101-1第55页纵向钢筋绑扎搭接长度表注3：$l_1=\zeta_1 l_a$（$l_{1e}=\zeta_1 l_{aE}$）式中ζ_1为纵向受拉钢筋搭接长度修正系数：接头百分率≤25%，$\zeta_1=1.2$；接头百分率=50%，$\zeta_1=1.4$；接头百分率=100%，$\zeta_1=1.6$。抗震搭接时，纵向受拉钢筋搭接长度修正系数只考虑前两种情况（接头百分率≤25%，$\zeta_1=1.2$；接头百分率=50%，$\zeta_1=1.4$）。当纵向钢筋搭接接头百分率为表的中间值时，可按内插取值。这条属于新规范增加的内容，但估计施工现场很难正确确定这个百分率。

【讲解10】纵向受力钢筋的绑扎搭接要求

《混凝土结构设计规范》GB 50010—2010第8.4.2条、第8.4.3条：钢筋连接的形式（搭接、机械连接、焊接）不分优劣，各自适用于一定的工程条件。考虑近年钢筋强度提高以及连接技术进步所带来的影响，搭接钢筋直径的限制较原规范适当减小。绑扎搭接的直径，分别由28mm（受拉）和32mm（受压）减少到25mm（受拉）和28mm（受压）。

（1）轴心受拉及小偏心受拉杆件（如桁架和拱的拉杆）的纵向受力钢筋不得采用绑扎搭接；

（2）其他构件中的钢筋采用绑扎搭接时：

1）受拉钢筋直径不大于25mm（原平法为28mm）；

2）受压钢筋直径不大于28mm（原平法为32mm）；

特别说明对于直径较粗的受力钢筋，绑扎搭接在连接区域易发生过宽的裂缝，宜采用机械连接或焊接。

（3）粗细钢筋搭接时，按粗钢筋截面积计算接头面积百分率，按细钢筋直径计算搭接长度；

（4）考虑到绑扎钢筋在受力后，尤其是受弯构件挠曲变形，钢筋与搭接区混凝土会产生分离，直至纵向劈裂，纵向受力钢筋搭接长度范围内应配置箍筋，其直径不应小于搭接钢筋较大直径的0.25倍；

（5）在搭接长度范围内的构造钢筋（箍筋或横向钢筋）要求同锚固长度范围（应符合本规范第8.3.1条）同样要求，构造钢筋直径按最大钢筋直径取值，间距按最小搭接钢筋直径取值；

（6）纵向受力钢筋的绑扎搭接接头宜相互错开，搭接钢筋长度除设置在受力较小处和错开1.3l_1（同一连接区段长度）外，要求间隔式布置，不应相邻连续布置，如钢筋直径相同，接头面积百分率为50%时一隔一布置，接头面积百分率为25%时一隔三布置；

（7）柱纵向钢筋的“非连接区”外钢筋连接可采用绑扎、焊接、机械连接。当某层连接区的高度小于纵筋分两批搭接所需要的高度时，应改为机械连接或焊接（见11G101-1第58页）。

【讲解11】纵向受力钢筋的机械连接要求与机械连接形式和钢筋机械连接接头等级的划分

（1）机械连接要求：

《混凝土结构设计规范》GB 50010—2010第8.4.7条：纵向受力钢筋机械连接接头宜相互错开。钢筋机械连接接头连接区段的长度为35d，d为连接钢筋的较小直径（一般钢筋接头直径不会相差大于2级，如果差一级，d为连接钢筋的较小直径。原规范为较大钢筋直径，并取消了500mm的规定。这是为避免接头处相对滑移变形影响）。

凡是接头中点位于该连接区段长度内的机械连接接头均属于同一连接区段。位于同一连接区段内的纵向受拉钢筋接头面积百分率不宜大于50%；但对于板、墙、柱及预制构件的拼接处，可根据实际情况放宽。受拉钢筋应力较小部位或纵向受压钢筋的接头百分率可不受限制。机械连接宜用于直径不小于16mm受力钢筋的连接。

机械连接接头在箍筋非加密区无箍筋加密要求，但必须进行必要的检验。

机械连接通过套筒的咬合力实现钢筋连接，但机械连接区域的混凝土保护层厚度、净距将减少。所以机械连接套筒的保护层厚度宜满足钢筋最小保护层厚度的规定。机械连接套筒的横向净距不宜小于25mm；套筒处箍筋的间距应满足构造要求。

直接承受动力荷载的结构构件中的机械连接接头，除应满足设计要求的抗疲劳性能外，位于同一连接区段内的纵向受力钢筋接头面积百分率不应大于50%。

（2）机械连接形式：有冷挤压、锥螺纹、直螺纹。

钢筋冷挤压连接法是在待连接的两根钢筋端部套上钢管，然后用便携式液压机挤压，使套管变形，将两根钢筋连接成一体的一种机械连接方法。此法适用于工业与民用建（构）筑物、高层建筑、地基工程等。

钢筋锥螺纹连接所成的接头就是将钢筋需要连接的端部加工成锥形螺纹（简称丝头），通过锥螺纹连接套把两根带丝头的钢筋按规定施加力矩值，从而连接为一体的钢筋接头。这种方法已很少使用了。

钢筋等强滚轧直螺纹连接原理为：通过滚轮将钢筋端头部分压圆并一次性滚出螺纹和套筒通过螺纹连接形成的钢筋机械接头，有标准型、加长型、加锁母型、正反丝扣型，也称套筒连接。

不同直径的带肋钢筋可以采用挤压接头连接，当套筒两端外径和壁厚相同时，被连接钢筋的直径差不应大于5mm，不同直径的带肋钢筋采用锥螺纹接头连接时，一次连接钢筋直径规格不宜超过二级。

（3）钢筋机械连接接头等级的划分：

Ⅰ级：接头抗拉强度不小于被连接钢筋实际抗拉强度或1.10倍钢筋抗拉强度标准值，残余变形小并具有高延性及反复拉压性能。

Ⅱ级：接头抗拉强度不小于被连接钢筋抗拉强度标准值，残余变形较小并具有高延性及反复拉压性能。

Ⅲ级：接头抗拉强度不小于被连接钢筋屈服强度标准值的1.35倍，残余变形较小并具有一定的延性及反复拉压性能。

钢筋机械连接是通过钢筋与连接件的机械咬合作用或钢筋端面的承压作用，将一根钢筋中力传递至另一根钢筋的连接方法。

接头残余变形是接头试件按规定的加载制度加载并卸载后，在规定标距内所测得的变形。

接头抗拉强度是接头试件在拉伸试验过程中所达到的最大拉应力值。

Ⅰ级接头宜设置在结构构件受拉钢筋应力较小部位，当需要在高应力部位设置接头时，在同一连接区段内Ⅲ级接头的接头百分率不应大于25%；Ⅱ级接头的接头百分率不应大于50%；Ⅰ级接头的接头百分率可不受限制。

接头等级应符合下列规定：

1）混凝土结构中要求充分发挥钢筋强度或对接头延性要求较高的部位，应采用Ⅰ级接头或Ⅱ级接头；

2）混凝土结构中钢筋应力较高但对接头延性要求不高的部位，可采用Ⅲ级接头。

对于每种型式、级别、规格、材料、工艺的钢筋机械连接接头，应按钢筋机械连接通用技术规程做接头的型式检验并出具检验报告和评定结论。

【讲解12】纵向受力钢筋的焊接连接要求

钢筋焊接连接有闪光对焊、电弧焊、电渣压力焊、气压焊、电阻点焊等。

不同品牌钢筋可焊性及焊后力学性能影响是有差别。《混凝土结构设计规范》GB 50010—2010第8.4.8条：HRBF细晶粒热轧带肋钢筋及直径大于28mm的带肋钢筋，其焊接应经试验确定；RRB 余热处理钢筋不宜焊接。

焊接接头在箍筋非加密区也无箍筋加密要求，但不允许出现虚焊、夹渣气泡、内裂缝等缺陷，要考虑施工环境温度可以引起的内应力变化，并要求做相应的检验。

纵向受力钢筋的焊接接头应相互错开。钢筋焊接接头连接区段的长度为 35d 且不小 500mm（注意：机械连接取消了 500mm 的规定），d 为连接钢筋的较小直径（原规范为纵向受力钢筋的较大直径）；凡是接头中点位于该连接区段长度内的焊接接头均属于同一连接区段。

纵向受拉钢筋接头面积百分率不宜（原规范为不应）大于 50%，但对于预制构件的拼接处，可根据实际情况放宽。纵向受压钢筋的接头百分率可不受限制。焊接宜用于直径不大于 28mm 受力钢筋的连接。

不同直径钢筋可以采用电渣压力焊，要求上下两端钢筋轴线应在同一直线上，对气压焊，当两端钢筋直径不同时，其直径相差不得大于 7mm。对电阻点焊，当两根钢筋直径不同时，焊接骨架较小钢筋直径小于或等于 10mm 时，大、小钢筋直径之比不宜大于 3；当较小钢筋直径为 12～16mm 时，大、小钢筋直径之比不宜大于 2。焊接网较小钢筋直径不得小于较大钢筋直径的 0.6 倍。

【讲解 13】钢筋的混凝土保护层厚度

参见图集 11G101-1 第 54 页图表，设计使用年限为 50 年的混凝土结构，最外层钢筋保护层厚度见表 1-4；考虑混凝土碳化速度的影响，设计使用年限为 100 年的混凝土结构，应符合《混凝土结构设计规范》GB 50010—2010 第 3.5.4 条的规定：混凝土保护层厚度应按下表增加 40%，当采取有效的表面防护措施时，混凝土保护层厚度可适当减小。

钢筋的混凝土保护层最小厚度（mm） **表 1-4**

环境等级	板墙壳	梁 柱
一	15	20
二 a	20	25
二 b	25	35
三 a	30	40
三 b	40	50

注：1. 混凝土强度等级不大于 C25 时，表中保护层厚度数值应增加 5mm。
2. 钢筋混凝土基础宜设置混凝土垫层，其受力钢筋的混凝土保护层厚度应从垫层顶面算起，且不应小于 40mm。
（原规范规定：钢筋混凝土基础当无垫层时，其受力钢筋的混凝土保护层厚度不应小于 70mm）
3. 混凝土保护层厚度，根据环境类别和施工要求，往外扩展的尺寸 s，应在设计文件中明确。

受力钢筋保护层厚度与混凝土的强度等级、构件类别、环境类别有关；保护层的厚度，应在设计文件中明确，为保证握裹层混凝土对受力钢筋的锚固作用，混凝土保护层厚度还应满足不小于公称直径。10 版规范与 02 版规范的对比，新平法图集混凝土保护层厚度不再受混凝土强度等级的影响，按 C30 以上统一取值，分平面构件（板、墙、壳），与杆类构件（梁、柱），确定保护层厚度。从混凝土碳化、脱钝和钢筋锈蚀的耐久性角度考虑，新平法图集的保护层厚度指的是构件最外层钢筋（包括箍筋、构造筋、分布筋、钢筋网片等）外边缘至构件表面范围的距离（原平法图集指纵向受力钢筋的外边缘至混凝土表面的距离）。

《混凝土结构设计规范》GB 50010—2010 第 8.2.2 条，如果适当减少混凝土保护层的厚度，应当有充分依据并采取有效措施。

（1）混凝土构件表面要有抹灰层及其他各种有效保护涂层；地下室外墙可采取可靠的建筑防水作法和防腐措施，保护层可减少，与土壤接触一侧的保护层不应小于 25mm；

（2）采用能保证预制混凝土构件质量的工厂化生产预制构件；

（3）在混凝土中使用阻锈剂或采用阴极保护处理等防锈措施。阻锈剂掺加混凝土中经试验效果较好，应在确定有效的工艺参数后方可使用；采用环氧树脂涂层钢筋、镀锌钢筋或采取阴极保护处理等防锈措施时，保护层厚度可适当减小。

《混凝土结构设计规范》GB 50010—2010 第 8.2.3 条，当梁、柱、墙中纵向受力钢筋的保护层厚度大于 50mm 时，宜对保护层采取有效的构造措施。

（1）可在保护层内配置防裂、防剥落的焊接钢筋网片，网片钢筋的保护层厚度不应小于 25mm，并应采取有效的绝缘、定位措施；

（2）可采用纤维混凝土，其不仅能预防破碎混凝土剥落，还能起到控制裂缝宽度的作用，纤维混凝土最大问题就是振捣问题。

钢筋的混凝土保护层厚度在应用时，注意保护层概念的变化，原规范提及的“梁、柱中箍筋、构造钢筋的保护层厚度不应小于 15mm，板墙中分布钢筋保护层厚度为纵向受力钢筋的混凝土保护层最小厚度相应数值减 10mm，在任何情况下保护层厚度不应小于 10mm”，新平法不再适用。

注意剪力墙中暗柱，与墙相连内侧靠近墙内部分箍筋无保护层概念。主次梁顶部混凝土保护层厚度，在梁顶部保护层厚度应加厚，增加一个钢筋直径 d；梁柱侧平混凝土保护层厚度，在梁外侧保护层厚度应加厚，增加一个钢筋直径 $d+5$；地下室外墙混凝土保护层厚度，在迎水面侧，当有保护措施时≥35mm，当无保护措施时≥50mm。

【讲解 14】结构混凝土耐久性的基本要求

混凝土结构的可靠性是由结构的安全性、结构的适用性和结构的耐久性来保证的，在规定的设计使用年限内，在正常的维护下混凝土结构应具有足够的耐久性。耐久性与寿命概念不能混淆，与设计周期不一样。

所谓耐久性，系指结构在规定的工作环境中，在预定时期内，其材料性能的恶化不至于导致结构出现不可接受的失效概率，足够的耐久性可使用结构正常使用到规定的设计使用年限。

根据《混凝土结构设计规范》GB 50010—2010 第 3.1.3 条规定，耐久性设计按正常使用极限状态控制，耐久性问题表现为钢筋混凝土构件表面锈渍或锈胀裂缝；预应力筋开始锈蚀；结构表面混凝土出现酥裂、粉化等。它可能引起构件承载力破坏，甚至结构倒塌。

目前结构耐久性设计只能采用经验方法解决。根据调研及我国国情，规范规定了混凝土耐久性设计的六条基本内容（见规范第 3.5.1 条）。

（1）确定结构所处的环境类别；

（2）提出材料的耐久性质量要求；

（3）确定构件中钢筋的混凝土保护层厚度；

（4）满足耐久性要求相应的技术措施；

（5）在不利的环境条件下应采取的保护措施；

（6）提出结构使用阶段检测与维护的要求。

对临时性的混凝土结构，可不考虑混凝土耐久性要求，如开发小区的售楼处。

按照《工程结构可靠性设计统一标准》GB 50153—2008 确定的结构设计极限状态仍然分为两类——承载力极限状态和正常使用极限状态，但内容比原 02 规范有所扩大。

（1）承载力极限状态中，为结构安全计算，增加了结构防连续倒塌的内容。

（2）正常使用极限状态中为提高使用质量，增加了舒适度的要求。

影响混凝土结构耐久性因素：

影响混凝土结构耐久性因素之一是环境类别，环境类别分为七类（见《混凝土结构设计规范》表 3.5.2，本书表 1-6）。

影响混凝土结构耐久性因素之二是设计使用年限，使用年限的主要内因是材料抵抗性能退化的能力，本规范对设计使用年限为 50 年的混凝土结构材料作出了规定，见表 1-5。主要控制混凝土的水胶比、强度等级、氯离子含量和含碱量的数量。与 02 规范相比有以下变化：

（1）取消了对最小水泥用量的限制，主要由于近年来胶凝材料及配合比设计的变化，不确定性大，故不再加以限制。

（2）采用引气剂的混凝土，抗冻性能提高显著，因此冻融环境中的混凝土可适当降低要求（见表 1-5 中括号内数字）。一般房屋混凝土结构不考虑碱骨料问题。

（3）混凝土中碱含量的计算方法，可参见协会标准《混凝土碱含量限值标准》CECS 53：93。

（4）研究与实践表明，氯离子引起的钢筋电化学腐蚀是混凝土结构最严重的耐久性问题。本次修订对氯离子含量的限制比 02 规范更严、更细。为满足氯离子含量限制的要求，应限制使用含功能性氯化物的外加剂。

结构混凝土材料的耐久性基本要求 **表 1-5**

环境等级	最大水胶比	最低强度等级	最大氯离子含量（%）	最大碱含量（kg/m³）
一	0.60	C20	0.30	不限制
二 a	0.55	C25	0.20	3.0
二 b	0.50（0.55）	C30（C25）	0.15	
三 a	0.45（0.50）	C35（C30）	0.15	
三 b	0.40	C40	0.10	

在工程结构验收时，不仅要验收材料是否达到设计要求的强度，也要验收构件是否满足耐久性要求，特别对于最大水胶比（原规范为最大水灰比）、最大氯离子含量和最大碱含量的指标不能超过上表的规定。

表中氯离子含量系指其占水泥用量的百分率。当混凝土中加入活性掺合料或能提高耐久性的添加剂时，可适当降低最小水泥用量；当使用非碱性活性骨料时，对混凝土中的碱含量可不作限制。

【讲解15】混凝土结构环境类别的划分

混凝土结构环境类别的划分是为了保证混凝土结构构件的可靠性和耐久性，不同环境下耐久性的基本要求是不同的，构件中纵向受力钢筋的最小保护层厚度也不同，施工图设计文件中均会对不同的环境类别中的构件注明耐久性的基本要求和纵向受力钢筋最小保护层厚度的要求。其目的是保证结构的耐久性，按环境类别和设计使用年限进行设计。

环境类别对混凝土结构耐久性的影响分为：正常环境、干湿交替、冻融循环、氯盐腐蚀四种。按严重程度用表和附注详细列出了各“环境类别”相应的具体条件，见表1-6。

混凝土结构的环境类别 **表1-6**

环境类别	条　件
一	室内干燥环境； 无侵蚀性静水浸没环境
二a	室内潮湿环境； 非严寒和非寒冷地区的露天环境； 非严寒和非寒冷地区与无侵蚀性的水或土壤直接接触的环境； 严寒和寒冷地区的冰冻线以下与无侵蚀性的水或土壤直接接触的环境
二b	干湿交替环境； 水位频繁变动环境； 严寒和寒冷地区的露天环境； 严寒和寒冷地区的冰冻线以上与无侵蚀性的水或土壤直接接触的环境
三a	严寒和寒冷地区冬季水位变动环境； 受除冰盐影响环境； 海风环境
三b	盐渍土环境； 受除冰盐作用环境； 海岸环境
四	海水环境
五	受人为或自然的侵蚀性物质影响的环境

（摘自11G101-1第54页，见《混凝土结构设计规范》GB 50010—2010第3.5.2条）

室内潮湿环境是指构件表面经常处于结露或湿润状态的环境。

严寒和寒冷地区的划分应符合国家现行标准《民用建筑热工设计规范》GB 50176的有关规定。

海岸环境和海风环境宜根据当地情况，考虑主导风向及结构所处迎风、背风部位等因素的影响，由调查研究和工程经验确定。

受除冰盐影响环境为受到除冰盐盐雾影响的环境，受除冰盐作用环境是指被除冰盐溶液溅射的环境以及使用除冰盐地区的洗车房、停车楼等建筑。

根据《混凝土结构设计规范》GB 50010—2010第3.5.4条、第3.5.5条、第3.5.6条规定。对设计使用为100年的混凝土结构做出了相应的规定，并提出采取加强混凝土结构耐久性的相应措施。

（1）一类环境中

1）钢筋混凝土结构的最低强度等级为C30；预应力混凝土结构的最低强度等级

为 C40；

2）混凝土中的最大氯离子含量为 0.05%；

3）宜使用非碱活性骨料，当使用碱活性骨料时，混凝土中的最大碱含量为 3.0kg/m³；

4）混凝土保护层厚度应按《混凝土结构设计规范》GB 50010—2010 第 8.2.1 条（50 年规定）增加到 1.4 倍；当采取有效的表面防护措施时，混凝土保护层厚度可适当减小。

调查分析表明，国内超过 100 年的混凝土结构极少，但室内正常环境条件下实际使用 70～80 年的混凝土结构大多基本完好。因此适当加严对混凝土材料的控制，提高混凝土强度等级和保护层厚度，并补充规定定期维护、检测的要求，一类环境中混凝土结构的实际使用年限达到 100 年是可以得到保证的。

（2）二、三类环境中，混凝土结构应采用专门的有效措施，由设计者确定。

（3）海水环境、直接接触除冰盐的环境及其他侵蚀性环境中混凝土结构的耐久性设计，可参考现行国家标准《混凝土结构耐久性设计规范》GB/T 50476。

（4）四类环境可参考现行的国家行业标准《港口工程混凝土结构设计规范》JGJ 267。

（5）五类环境可参考现行的国家标准《工业建筑防腐蚀设计规范》GB 50046。

加强混凝土结构耐久性的相应措施：

（1）预应力混凝土结构中预应力筋根据具体情况采取表面防护、管道灌浆、加大混凝土保护层厚度的措施，外露的锚固端应采取封锚和混凝土表面处理等有效措施；

（2）有抗渗要求的混凝土结构，混凝土的抗渗等级应符合有关标准的要求；

（3）严寒及寒冷地区的潮湿环境中，结构混凝土应满足抗冻要求，混凝土抗冻等级应符合有关标准的要求；

（4）处于二、三类环境中的悬臂构件宜采用梁-板的结构形式，或在其上表面增设防护层；结构构件表面的预埋件、吊钩、连接件等金属部件应采取可靠的防锈措施；

（5）处于三类环境中的混凝土结构构件，可采用阻锈剂、环氧树脂涂层钢筋或其他具有防腐蚀性能的钢筋、采取阴极保护措施或采用可更换的构件等措施。

【讲解 16】混凝土结构对钢筋选用的规定

根据《混凝土结构设计规范》GB 50010—2010 第 4.2.1 条，根据钢筋产品标准的修改，不再限制钢筋材料的化学成分，而按性能确定钢筋的牌号和强度等级。根据节材、减耗及对性能的要求，本次规范修订淘汰了低强钢筋，强调应采用高强、高性能钢筋。根据混凝土构件对受力的性能要求，建议了各种牌号的钢筋的用途。

（1）根据国家的技术政策，增加 500MPa 级钢筋；推广 400MPa、500MPa 级高强钢筋作为受力的主导钢筋，如果钢筋强度低，构件的设计断面要加大，用钢量也要加大；限制并准备淘汰 335MPa 级钢筋；立即淘汰低强的 235MPa 级钢筋，代之以 300MPa 级光圆钢筋。在规范的过渡期及对既有结构设计时，235MPa 级钢筋的设计按 02 规范取值。

（2）采用低合金化而提高强度的 HRB 系列热轧带肋钢筋具有较好的延性、可焊性、机械连接性能及施工适应性。

（3）为节约合金资源，降低价格，列入靠控温轧制而具有一定延性的 HRBF 系列细晶粒热轧带肋钢筋，但宜控制其焊接工艺以避免影响其力学性能。

（4）余热处理钢筋（RRB）由于轧制的钢筋经高温淬水，余热处理后提高强度。其可焊性、机械连接性能及施工适应性均稍差，须控制其应用范围。一般可在对延性及加工性能要求不高的构件中使用，如基础、大体积混凝土以及跨度及荷载不大的楼板、墙体中应用。

（5）增加预应力筋的品种：增补高强、大直径的钢绞线；列入大直径预应力螺纹钢筋（精轧螺纹钢筋）；列入了中强预应力钢丝以补充中强度预应力筋的空缺；淘汰锚固性能很差的刻痕钢丝；应用很少的预应力热处理钢筋不再列入。

抗规中规定：普通钢筋宜优先采用延性、韧性和焊接性较好的钢筋；普通钢筋的强度等级，纵向受力钢筋宜选用符合抗震性能指标的不低于 HRB400 级的热轧钢筋，也可采用符合抗震性能指标的 HRB335 级热轧钢筋；箍筋宜选用符合抗震性能指标的不低于 HRB335 级的热轧钢筋，也可选用 HPB300 级热轧钢筋。钢结构的钢材宜采用 Q235 等级 B、C、D 的碳素结构钢及 Q345 等级 B、C、D、E 的低合金高强度结构钢；当有可靠依据时，尚可采用其他钢种和钢号。

【讲解 17】有抗震设防要求的框架结构，框架梁、柱中的纵向钢筋要求

（1）对一、二、三级抗震等级设计的各类框架构件（包括斜撑构件），要求纵向受力钢筋检验所得的抗拉强度实测值与屈服强度实测值的比值（强屈比）不应小于 1.25，目的是使结构某部位出现较大塑性变形或塑性较后，钢筋在大变形条件下有足够的强度硬化过程，有足够的转动能力与耗能能力，保证结构有必要的承载力。

我国的设防标准：“小震正常使用，中震不坏，大震不倒”，我们强调的是大震不倒，指的是高出设防裂度的 1 度以上，不超过 2 度，如果超出，是没有办法保证的。

（2）要求钢筋屈服强度实测值与钢筋的强度标准值的比值（屈强比）不应大于 1.3，主要是为了保证“强柱弱梁”、“强剪弱弯”的设计要求能够实现；钢筋在最大拉力下的总伸长率不应小于 9%，主要为了保证在地震大变形条件下，钢筋具有足够的变形能力。

（3）（同《建筑抗震设计规范》一样）对一、二、三级框架中梁、柱和斜撑构件（含梯段）纵向受力钢筋的要求为强条，施工企业要提供这方面的检测报告，当采用直径大于 40mm 钢筋时，应经相应的试验检验或有可靠的工程经验。

【讲解 18】混凝土构件中的钢筋代换

钢筋代换的遵循的基本原则：等强代换（钢筋承载力设计值相等），钢筋强度等级的不同，不可以采用等面积代换。

根据《混凝土结构设计规范》GB 50010—2010 第 4.2.8 条，当进行钢筋代换时，除应符合设计要求的构件承载力，最大拉力下的总伸长率、裂缝宽度验算以及抗震规定以外，尚应满足最小配筋率、钢筋间距、保护层厚度、钢筋锚固长度、接头面积百分率及搭接长度等构造要求。

《建筑抗震设计规范》2010 版，对钢筋的代换原则已列为强制性条文的规定

（第3.9.4）。特别对于有抗震设防要求的框架梁、柱、剪力墙的边缘构件等部位，当代换后的纵向钢筋总承载力设计值大于原设计纵向钢筋总承载力设计值时，会造成薄弱部位的转移，以及构件在有影响的部位发生混凝土的脆性破坏（混凝土压碎、剪力破坏等），因此钢筋代换列入强制性条文。

在设计时，哪些是结构加强部位，哪些是结构薄弱部位，施工企业是不知道的，施工时，不能随意的把某些部位加强，这样会造成整栋楼的薄弱部位的转移，不该出现的破坏部位出现了。所以钢筋代换后需要验算，内容包括最小配筋率、裂缝宽度、挠度等。

《建筑抗震设计规范》2010版第3.9.4条：在施工中，当需要以强度等级较高的钢筋替代原设计中的纵向受力钢筋时，应按照钢筋受拉承载力设计值相等的原则换算，并应满足最小配筋率要求。还应注意钢筋强度和直径改变后正常使用阶段的挠度和裂缝宽度是否在允许范围内。

当钢筋的品种、级别或规格作变更时，应办理设计变更文件。同一钢筋混凝土构件中，纵向受力钢筋应采用同一强度等级的钢筋。

【讲解19】构件中采用并筋（钢筋束）的配置规定

为解决配筋密集引起设计、施工的困难，国外标准中允许采用绑扎并筋（钢筋束）的配筋形式，每束最多达到四根，经试验研究并借鉴国内、外的成熟做法。《混凝土结构设计规范》GB 50010—2010第4.2.7条，提出了受力钢筋并筋（钢筋束）的概念。

（1）构件中的钢筋可采用并筋的配置形式；

（2）直径28mm及以下的钢筋并筋数量不应超过3根；

（3）直径32mm的钢筋并筋数量宜为2根；

（4）直径36mm及以上的钢筋不应采用并筋；

（5）并筋应按单根等效钢筋进行计算，等效钢筋的等效直径应按截面面积相等的原则换算确定。

一般二并筋可纵或横向并列，而三并筋宜作品字形布置。并筋可视为计算截面积相等的单根等效钢筋，相同直径的二并筋等效直直径为1.41d，如Φ25并筋，相当于代换直径Φ35；三并筋等效直径为1.73d；并筋等效直径的概念可用于本规范中钢筋间距、保护层厚度、裂缝宽度验算、钢筋锚固长度、搭接接头面积面分率及搭接长度等的计算中。规范所有条文中的直径，系指单筋的公称直径或并筋的等效直径。

构件中采用并筋（钢筋束）的配置规定，可参考11G101-1第56页。

【讲解20】封闭箍筋及拉筋弯钩、螺旋箍筋构造

封闭箍筋及拉筋弯钩构造，可参考11G101-3第57页。

增加焊接封闭箍筋、拉筋只钩住纵筋、拉筋只钩住箍筋的构造。老平法没有这三种弯钩构造。属于按实际施工方式增加的内容。只钩住纵筋的拉筋会对造价有影响，拉筋计算的长度要短一点。

螺旋箍筋构造，可参考11G101-1第56页。

对于圆形构件环内定位筋，新平法定的是间距1.5m，对于螺旋箍筋的收头弯钩长，区分了抗震和非抗震。环内定位筋，老平法定的是间距每隔1～2m，对于螺旋箍筋的收头弯钩长不分抗震和非抗震，均为10d。

圆柱箍筋构造，在“螺旋箍筋构造”标题横线的下方有（圆柱环状箍筋搭接构造同螺旋箍筋）的标注。新平法增加的内容，要求对环状圆箍筋的搭接要像螺旋箍一样搭接≥l_a且≥300mm。

箍筋弯钩平直段长度的规定：

非抗震为5d，抗震为10d与75mm取大，注意在非抗震设计时，当构件受扭或柱中全部纵向受力钢筋的配筋率大于3%，箍筋及拉筋弯钩平直段长度应为10d。

【讲解21】抗震措施、抗震构造措施、地震作用、抗震设防烈度、抗震等级概念

抗震措施：除地震作用计算和抗力计算以外的抗震设计内容，包括抗震构造措施。

抗震构造措施：根据抗震概念设计原则，一般不需计算而对结构和非结构各部分必须采取的各种细部要求。

地震作用：由地震引起的结构动态作用，包括水平地震作用和竖向地震作用。

抗震设防烈度：一般情况下取基本烈度。但还须根据建筑物所在城市的大小，建筑物的类别、高度以及当地的抗震设防小区规划进行确定。根据《建筑抗震设计规范》GB 50011—2010第2.1.1条，抗震设防烈度为按国家规定的权限批准作为一个地区抗震设防依据的地震烈度。一般情况，取50年内超越概率10%的地震烈度。地震烈度是个地域概念。抗震设防类别分为甲、乙、丁类建筑，全国大部分地区的房屋抗震设防烈度一般为8度。

震级：表示地震强度所划分的等级，中国把地震划分为六级：小地震3级，有感地震3～4.5级，中强地震4.5～6级，强烈地震6～7级，大地震7～8级，大于8级的为巨大地震。

抗震等级：是设计部门依据国家有关规定，按“建筑物重要性分类与设防标准”，根据烈度、结构类型和房屋高度等，而采用不同抗震等级进行的具体设计。以钢筋混凝土框架结构为例，抗震等级划分为四级，以表示其很严重、严重、较严重及一般的四个级别。

第二章　柱及节点常见构造问题

【讲解 22】框架梁柱混凝土强度等级不同时，节点混凝土如何浇筑

框架梁柱混凝土强度等级不同时，节点核心区混凝土如何浇筑，特别是在有抗震设防要求时，节点核心区混凝土时易出现剪切破坏，采用哪一种构件的混凝土浇筑，规范中没有明确的规定，这些构造做法是需要施工经验的积累，而在结构力学计算时是要忽略的因素，这就需要通过相应的构造措施来弥补。

常用的施工方法：框架梁与框架柱混凝土强度等级相差较小时，节点核心区混凝土一般随本层框架柱浇筑，先浇筑框架柱混凝土到框架梁底部标高，然后同时浇筑框架梁、次梁和楼板的混凝土；框架梁与框架柱混凝土强度等级相差较大时，如果采用混凝土强度等级低的构件的混凝土浇筑，节点核心区混凝土有可能抗剪强度不足出现斜截面破坏，一般以混凝土等级相差 5MPa 为一级，来处理节点核心区混凝土的浇筑问题。

我们知道钢筋混凝土材料，不是纯的弹性材料；砌体结构加构造柱，也不是纯的塑性材料，它们都属于弹塑性材料。这在计算上是必须忽略的因素，否则结构计算进行不下去。在不满足上述要求时，节点核心区的混凝土浇筑，要采用下列构造措施来弥补：

(1) 柱混凝土高于梁、板一级，或者不超过二级，但节点四周有框架梁时，可按框架梁、板的混凝土强度等级同时浇筑；

(2) 柱、梁、板混凝土强度等级相差不超过二级，柱四周并没有设置框架梁时，需经设计人员验算节点强度，才可以与梁同时浇筑混凝土；

(3) 当不满足上述要求时，节点核心区混凝土宜按框架柱强度等级单独浇筑，在框架柱混凝土初凝前浇筑框架梁、板的混凝土，并加强混凝土的振捣和养护；

(4) 因施工进度或为施工方便，梁柱节点核心区混凝土同时浇筑时，应同结构设计工程师协商，加大梁柱结合部位的截面面积（增加水平加腋）并配置附加钢筋，解决梁对节点核心区的约束。

本讲解相关图参考图 2-1。

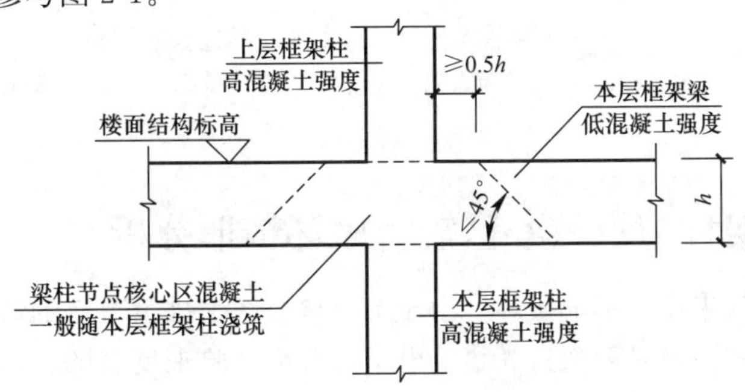

图 2-1　节点核心区与梁混凝土强度不同

【讲解23】框架柱节点核心区的水平箍筋设置要求

有抗震设防要求的框架节点，梁、柱纵向受力钢筋要有可靠的锚固条件，节点核心区配置水平箍筋，其作用和构造要求不同于柱端，因此处施工时箍筋比较密集，施工时混凝土浇筑不便，影响振捣，为保证节点核心区的安全，应按施工图设计文件的要求配置，不可以随意减少。对无抗震设防要求的框架节点，节点核心区的水平箍筋构造相对简单些，特别柱四边有框架梁时。

在20世纪90年代施工中有种做法，采用两个U型箍，交错搭接，只要满足搭接长度，是可以的。现在平法设计，没给出节点构造，施工企业照施工图设计文件做，节点处的箍筋不好绑扎，这是现实的问题。

这要提出，有抗震设防要求的框架节点核心区应设置水平复合箍筋，不得随意减少其肢数与数量，这是要经过计算的，应按施工图设计文件中的要求配置。

对于无抗震设防要求的框架节点核心区，要求至少设置一个箍筋，水平箍筋间距不宜大于250mm，且不应大于15d（d为纵向受力钢筋的最小直径），非抗震框架节点核心区四周设置有框架梁，可沿节点周边设置矩形箍筋，其他情况应按设计图纸要求设置水平箍筋。

节点核心区箍筋表示方法：当为抗震设计时，用斜线“/”区分柱端箍筋加密区与柱身非加密区长度范围内箍筋的不同间距。当框架节点核心区内箍筋与柱端箍筋设置不同时，应在括号内注明核心区箍筋直径及间距。如Φ10@100/250（Φ12@100）。施工人员需根据标准构造详图的规定，在规定的几种长度值中取其最大者作为加密区长度。

框架柱节点核心区的水平箍筋设置图例见图2-2。

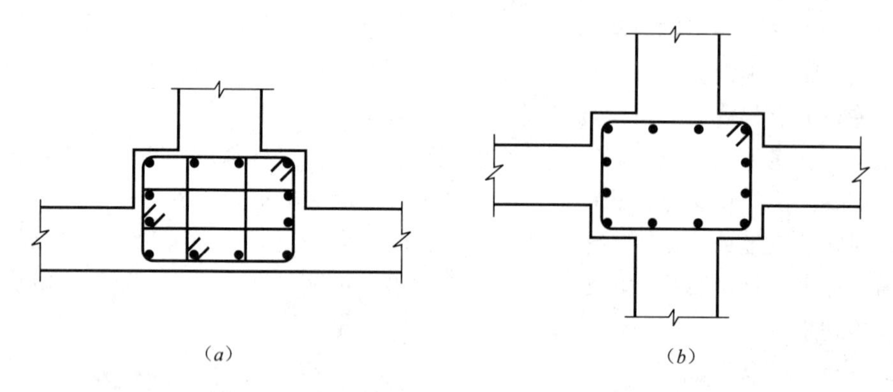

图2-2 框架柱节点核心区的水平箍筋设置图例
（a）节点核心区水平箍筋配置；（b）非抗震节点核心区四边有梁箍筋

【讲解24】框架柱节点核心区震害破坏情形分析

（1）节点核心区未设置箍筋破坏，由于节点核心区是抗震节点的薄弱环节。节点部位钢筋必须锚固，锚固长度是要通过大量的电子片应力试验来反算的，旧版《高层建筑混凝土结构技术规程》中规定：水平段0.45l_{ae}，垂直段为15～22d。现在试验趋于水平段

$0.4l_{ae}$，垂直段为 $15d$。如图 2-3。

（2）节点核心区箍筋约束不足或无箍筋约束时，节点和柱端破坏加重，设计原则是强柱弱梁，是强节点，节点破坏后，整个房屋将无法修复，竖向构件破坏无法修复，水平构件破坏，还有修复的可能。如图 2-4。

（3）节点核心区里，施工时偷工减料，在节点区内箍筋的数量不够，配置的不规范，箍筋的作用没有起到约束纵向受力钢筋，无论梁，还是柱子都要承受抗剪，抗扭作用，箍筋约束不足，造成竖向钢筋压曲，底层节点核心区及柱头发生破坏。如图 2-5。

图 2-3　节点核心区未设置箍筋破坏

图 2-4　节点核心区箍筋约束不足或无箍筋约束时，节点和柱端破坏

图 2-5　底层节点核心区及柱头破坏

【讲解 25】框架结构顶层边节点处，柱外侧钢筋与梁上部钢筋搭接

见 11G101-1 图集第 59、60 页，分析如下：

原 03G101 图集，框架结构顶层边节点处，柱外侧钢筋与梁上部钢筋搭接节点，分为梁内搭接、柱内搭接。新平法改为弯折搭接、直线搭接。

框架结构顶层边节点处，钢筋的锚固要求与中间楼层端节点有所区别，顶层端节点柱内侧纵向钢筋与顶层中间节点的纵向钢筋锚固做法相同，顶层端节点梁下部纵向钢筋与中间层端节点的下部纵向钢筋锚固做法相同。具体做法，要看设计文件的结构设计说明，当设计没有指定使用哪一种类型时，施工方根据情况可自行选用，往往选用弯折搭接、直线搭接做法，梁的钢筋位置不易保证，并且施工时在梁底 5cm 左右的位置要留设施工缝。

（1）弯折搭接节点构造（原平法为梁内搭接节点），如图 2-6：

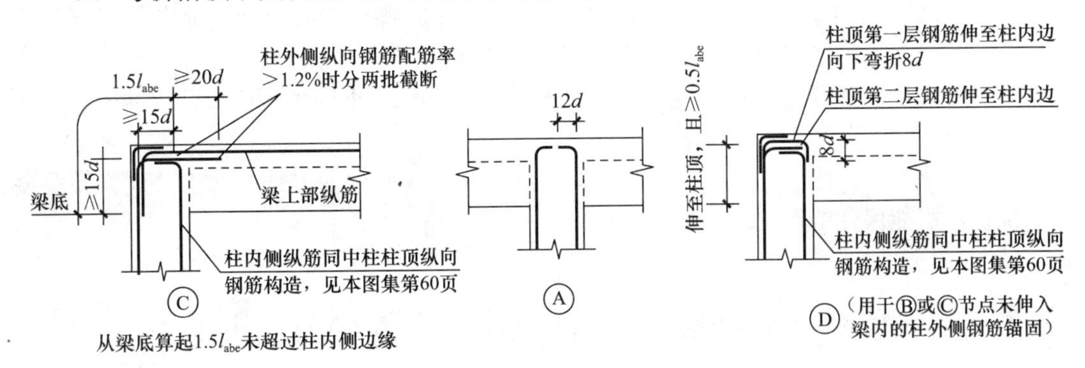

图 2-6　11G101-1 第 59、60 页截图

1）柱外侧纵筋从梁底起与梁上部钢筋搭接长度应≥$1.5l_{abe}$（$1.5l_{ab}$）(《高规》为 $1.5l_{ae}$、$1.5l_a$），这不是锚固；

2）梁断面小于柱断面时，柱外侧纵筋伸入梁内的面积不宜小于 65%（非抗震无此要求），其余柱外侧钢筋宜沿柱顶伸至柱内边。梁宽以外的柱外侧纵向钢筋可伸入板内，其伸入的长度与伸入梁内相同；

3）柱外侧配筋率大于 1.2%时，伸入梁内的钢筋宜分两批截断；截断点不宜小于 $20d$；(《高规》第 6.5.4 条、6.5.5 条）

4）柱内侧纵向钢筋伸入梁内满足 l_{aE}（l_a），弯锚应满足竖直段≥$0.5l_{abE}$（$0.5l_{ab}$）并伸至柱顶后弯折，水平段长度为 $12d$；

5）梁上部钢筋伸至柱纵向钢筋内侧下弯至梁底，投影长度不小于 $15d$；

6）位于柱外侧第一层钢筋也可以伸至柱内边后下弯 $8d$，第二层钢筋，可伸至柱内边截断。

弯折搭接节点，优点是钢筋搭接长度较小，梁筋与柱筋在搭接长度内的弯折，对节点的搭接传力发挥了很好的作用，节点处的负弯矩塑性较出现在柱端，梁的上部钢筋不伸入柱内，有利于施工。

（2）直线搭接节点构造（原平法为柱内搭接节点），如图 2-7：

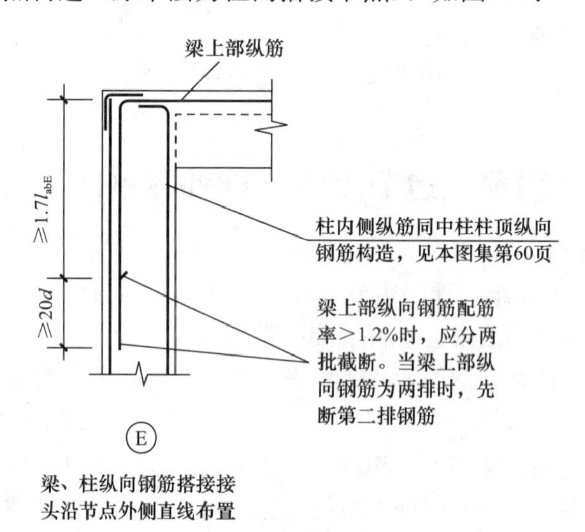

图 2-7　11G101-1 第 59 页截图

1）柱外侧钢筋伸至柱顶，并向内弯折，内侧同弯折搭接作法；梁上部纵向钢筋配筋率较高时，梁上部钢筋伸至柱纵筋内侧后下弯 $1.7l_{abe}$（$1.7l_{ab}$）直线段；

2）梁上部纵向钢筋配筋率大于 1.2%，框架梁上部纵向钢筋下弯应分两次截断，截断点不宜小于 $20d$；优先断第二排钢筋。

直线搭接节点，优点是柱顶的水平纵向钢筋较小，仅有梁的上部纵向钢筋，方便混凝土的浇筑，更能保证节点混凝土的密实性。

【讲解 26】新平法图集框架结构顶层边节点处构造分析

新平法图集给出的 A、B、C、D、E 五种节点构造不再分类，老平法图集给出的 A、

B、C、D、E 五种节点构造分为两类：A、B、C 属于构造一梁内搭接，D、E 属于构造二柱内搭接。

(1) A 节点适用于柱外侧纵筋作为梁上部纵筋使用，全部伸入到梁中，和老平法图集中的 A 节点构造本质上是完全不同的。老平法图集的 A 节点中伸入梁内的柱外侧纵筋长度从梁底算起大于等于 $1.5l_a$，不深入到梁内的柱外侧纵筋则有其他构造要求；

(2) B 节点适用于梁纵筋深入到柱内梁高底部，且从柱内梁高底部到柱内侧边的梁纵筋长度小于 $1.5l_a$ 的场景；C 节点适用于梁纵筋深入到柱内梁高底部，且从柱内梁高底部到柱内侧边的梁纵筋长度大于 $1.5l_a$ 的场景；老平法图集中的 B、C 节点使用的条件不同，但构造形式基本相同；

(3) D 节点给出的是柱内侧纵筋及外侧纵筋的构造要求，并且当现浇板的厚度不小于 100mm 时，柱外侧纵筋可按照 B 节点伸入到板内锚固，且锚固长度不宜小于 $15d$（老平法对柱外侧钢筋弯入板的厚度要求是≥80mm，混凝土强度≥C20），此锚固要求在老平法图集中是没有的；新平法图集 D 节点是应用于 B 或者 C 节点为深入梁内的柱外侧纵筋锚固；老平法图集的 D 节点说明的是梁上部纵筋不分批截断时的构造要求；

(4) E 节点适用于梁、柱纵向钢筋搭接接头沿节点外侧直线布置。

新规范对节点构造措施调整原因分析：

(1) 近年来的框架结构非线性动力反应分析表明，顶层节点的延性需求通常比中间层节点小。框架震害结果也显示出顶层的震害普遍比中间层的震害轻。所以为便于施工，本次修订，取消了原规范第 11.6.7 第 2 款图 11.6.7-e 中顶层端节点梁柱负弯矩钢筋在节点外侧搭接时柱筋向节点顶水平弯折 $12d$ 的要求（为便于详细了解原规范本节点构造，特引自 08G101-11 第 18 页节点，见图 2-8（*a*）、（*b*）），改为梁柱负弯矩钢筋在节点外侧直线搭接（可参见新规范第 11.6.7 条图（*h*）），如图 2-8（*c*）。

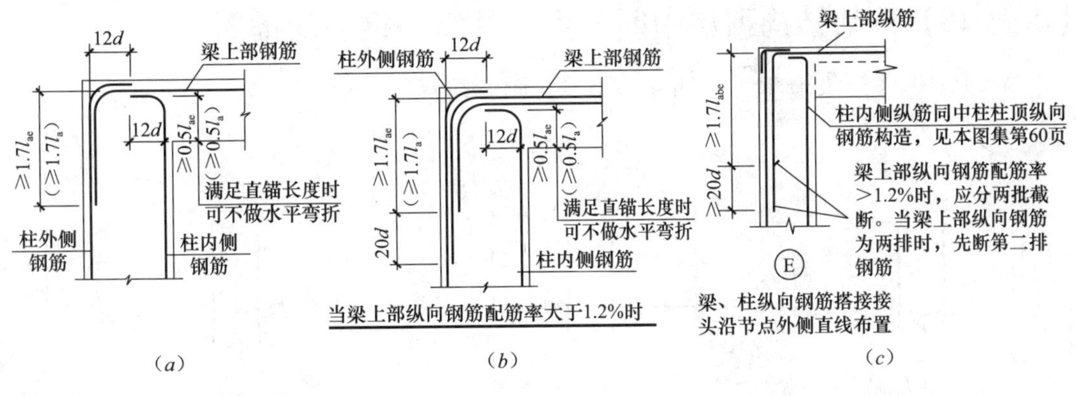

(*a*) (*b*) (*c*)

图 2-8 框架结构顶层边节点构造变化

（*a*）、（*b*）08G101-11 第 18 页截图；（*c*）11G101-1 第 59 页截图

(2) 中间层中间节点：02 规范系根据配置 335MPa 级钢筋梁柱纵筋节点的试验结果，并参考国外规范的相关规定制定的，在考虑节点中梁筋粘结性能的限制条件时，为方便起见，未体现钢筋强度及混凝土强度对梁筋粘结性能的影响，仅限制了梁筋的直径。试验表

明，当采用 400MPa 级和 500MPa 级钢筋后，梁筋的粘结退化将明显提高、加重。为保证高烈度区大震下使用高强钢筋节点中梁筋粘结性能不过度退化，本次修订将 9 度设防区各类框架和一级抗震等级框架结构中梁筋相对直径的限制条件作了修订，当柱为矩形截面时不宜大于柱在该方向截面尺寸的 1/25，当柱为圆形截面时，不宜大于纵向钢筋所在位置柱截面弦长的 1/25。

【讲解 27】框架柱顶层节点震害破坏情形分析

（1）框架柱顶层角节点地震破坏，由于钢筋超出本身的屈服强度，发生较大的颈缩，超过了极限强度，在地震作用下被拉断。如图 2-9：

（2）框架柱顶层边节点，柱纵向钢筋拉断，由于箍筋没有对竖向钢筋起到很好的约束，造成竖向钢筋的压曲。如图 2-10、图 2-11：

图 2-9　框架柱顶层角节点，地震破坏

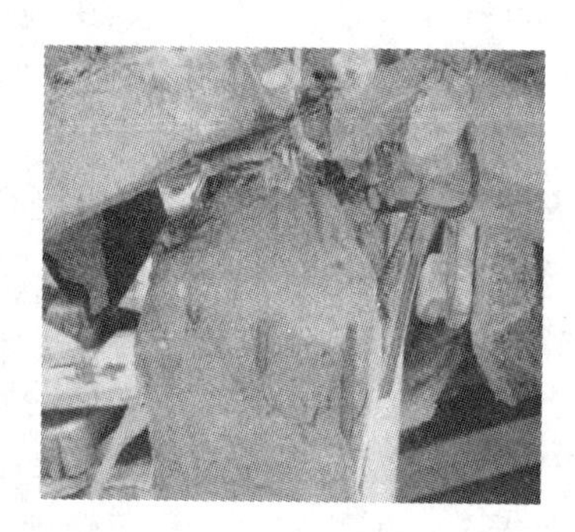

图 2-10　框架柱顶层边节点，柱纵向钢筋拉断

图 2-11　框架柱顶层边节点破坏

【讲解 28】框架结构顶层中间节点，柱纵向钢筋的锚固

见 11G101-1 图集第 60 页，分析如下（见图 2-12）：

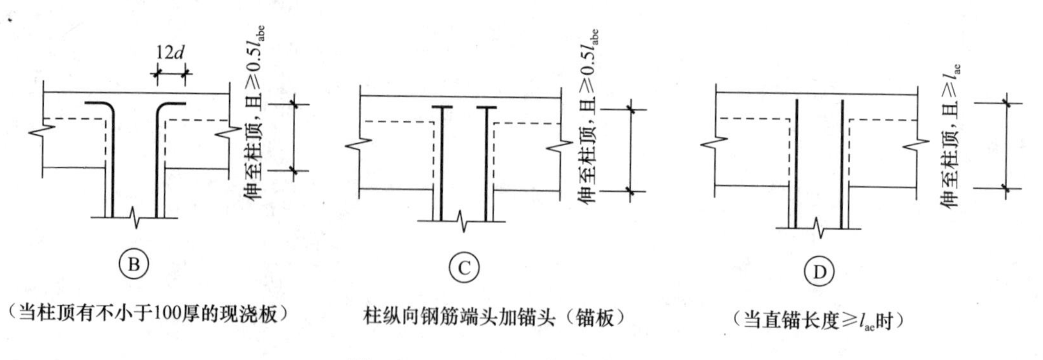

图 2-12　11G101-1 第 60 页截图

（1）柱纵筋不仅满足直锚长度的要求，且纵向钢筋应伸至柱顶，从梁底面计算的锚固长度≥l_{ae}（l_a），可不必水平弯折（见图 2-12D 节点，老平法图集 C 节点中，当满足柱纵筋

直锚长度时，并没有明确规定柱钢筋伸至柱顶，新平法的 D 节点就是老平法的 C 节点，这是修正的内容）；

（2）不满足直锚时，弯折前的竖直投影长度不应小于 $0.5l_{abe}$（$0.5l_{ab}$），且伸至柱顶，弯折后的水平投影长度不宜小于 $12d$（见图 2-12B 节点）；

（3）梁宽外的柱纵向钢筋，应伸至板顶后水平弯折 $12d$（见图 2-12B 节点）；

（4）平法增加了柱头钢筋加锚头（锚板）的锚固作法（见图 2-12C 节点）。

框架顶层中间节点梁纵向钢筋锚固构造要求：

《混凝土结构设计规范》第 9.3.6 条：框架顶层中间节点梁纵向钢筋锚固构造要求。见图 2-13：

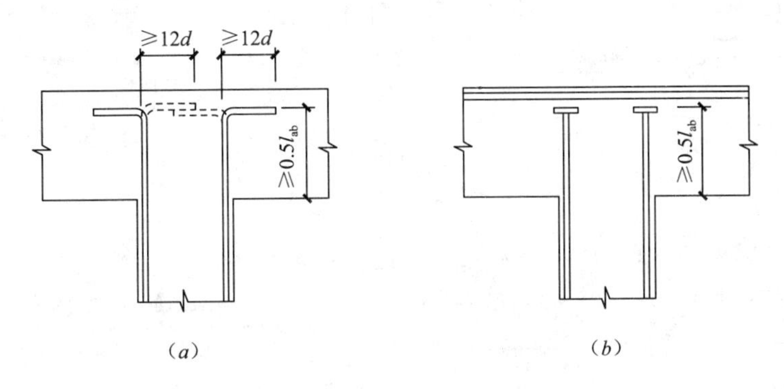

图 2-13　顶层节点中柱纵向钢筋在节点内的锚固

（*a*）柱纵向钢筋 90°弯折锚固；（*b*）柱纵向钢筋端头加锚板锚固

柱纵向钢筋伸至柱顶，且至梁底算起锚固长度不小于 l_a。当截面尺寸不足时，伸入顶层中间节点的全部柱筋及伸入顶层端节点的内侧柱筋应可靠锚固在节点内，并伸至柱顶，锚固长度不应小于 $0.5l_{ab}$，弯折后的水平投影长度不宜小于 $12d$。

本次修订增加了采用机械锚固头的方法。柱纵筋伸入梁内的长度不应小于 $0.5l_{ab}$。

【讲解 29】顶层框架梁有外挑构造

顶层框架梁有外挑构造适用有边支座情形，悬挑构件，如果考虑竖向地震作用下，要满足抗震锚固要求，实际上作为非抗震作用，这是为安全起见。见 11G101-1 图集第 89 页（图 2-14），分析如下：

（1）框架梁与挑梁底平，且顶面高差不大于 $0.3h_b$ 时，框架柱纵向钢筋按中柱顶层节点处理；

（2）悬挑梁顶面高出框架梁时，悬挑梁顶面钢筋伸入柱内水平段$\geq 0.6l_{ab}$，弯折段长度$\geq l_a$ 且到梁底。

悬臂梁剪力较大，且全长承受负弯矩，“斜弯作用”及“沿筋劈裂”引起的受力状态更为不利。因此悬臂梁的负弯矩纵筋不宜切断，应按弯矩图分批下弯，且必须不少于两根边部纵筋伸至梁端，向下弯折锚固。

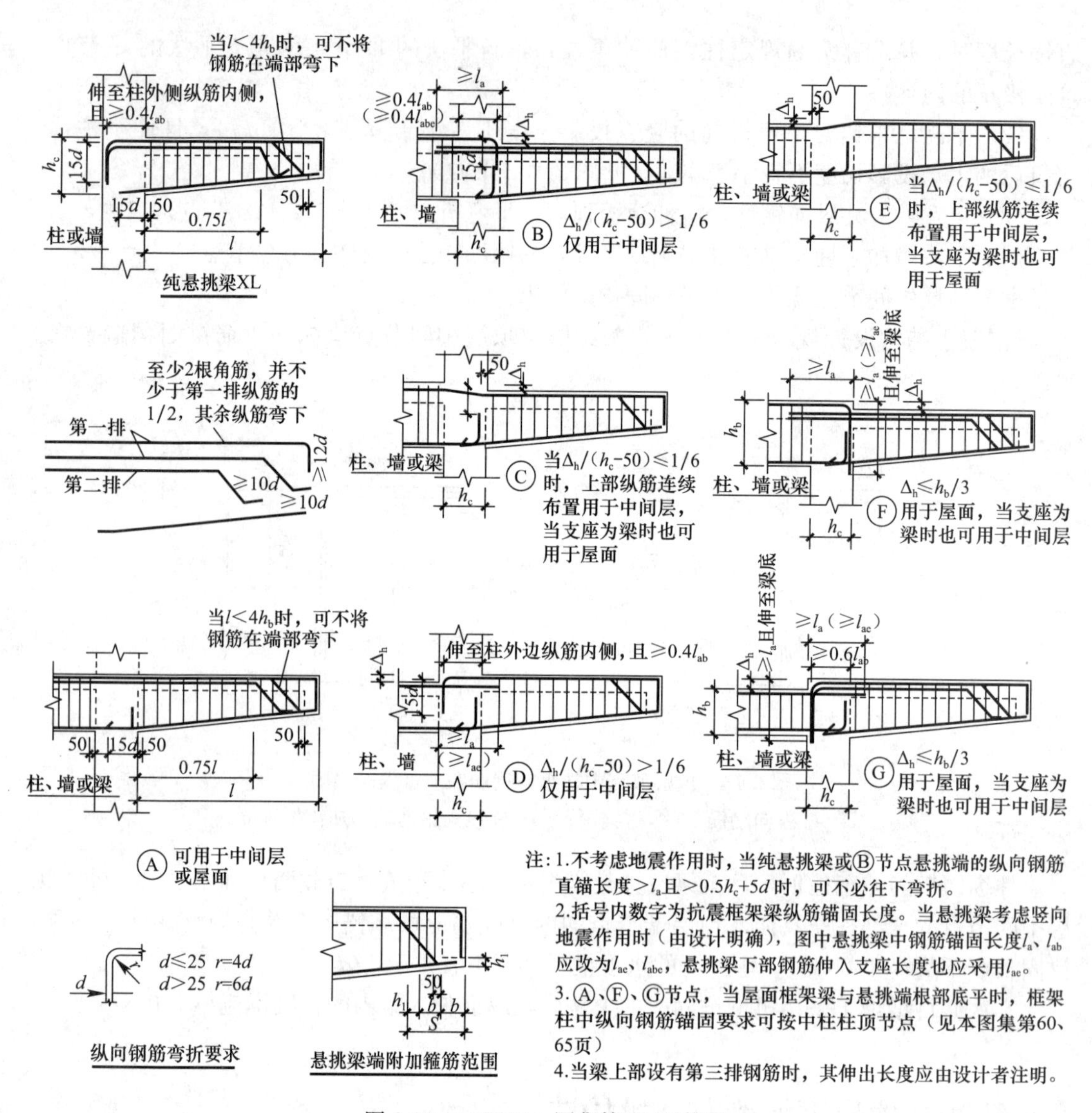

图 2-14　11G101-1 图集第 89 页截图

【讲解 30】框架结构顶层边节点，柱纵向钢筋弯弧内半径规定

框架柱顶层边节点，由于在顶层中间节点少一个方向的约束，角节点少两个方向的约束，这是施工容易忽视的问题，施工验收规范及《混凝土结构设计规范》对此有规定，考虑在地震作用下，顶层边节点柱纵筋弯弧内半径太小，该处混凝土易发生局部受压破坏，故需要加大弯弧内半径，可以加大局部压碎面，所以规定边节点，柱纵向钢筋弯弧内半径最小值。如果柱外侧钢筋直径大于 25mm，在角部出现素混凝土区，此处还要加钢筋网片（钢筋网片，直径为Φ 10@150，不少于 3 根）。如图 2-15：

框架结构顶层边节点，柱纵向钢筋弯弧内半径最小值规定如下：

（1）框架柱顶层边节点，见图 2-15，柱纵向钢筋及框架梁上部钢筋弯折半径要求：

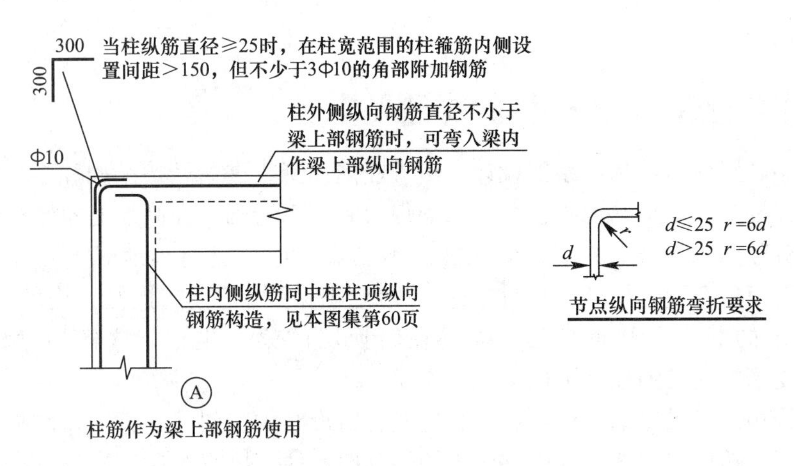

图 2-15　11G101-1 第 59 页截图

$d \leqslant 25$ 时 $r=6d$；$d>25$ 时 $r=8d$；

（2）当 $d \geqslant 25$ 时，角部设置附加钢筋；

（3）其他部位纵向钢筋弯弧内半径要求：$d \leqslant 25$ 时 $r=4d$；$d>25$ 时 $r=6d$。

【讲解 31】柱环境类别不同，钢筋的保护层厚度不同时，纵向钢筋的处理

当保护层很厚时（例如框架顶层端节点弯弧钢筋以外的区域等），开裂的混凝土剥落可能造成危险，这要求在任何情况下均应该满足不同环境类别中柱纵向钢筋最小保护层厚度（混凝土保护层厚度应从表层分布钢筋算起）的要求；并宜采取有效的针对性措施，通常是在保护层中加配防裂、防剥落的焊接钢筋网片或采用纤维混凝土。其不仅能预防破碎混凝土剥落，还能起到控制裂缝宽度的作用。

（1）当柱纵向钢筋保护层厚度大于 50mm 时（原规范为 40mm），应对保护层采取防裂构造措施；

（2）当梁和柱中纵向钢筋的保护层厚度差别不大时，柱纵向受力钢筋的保护层厚度，当无地下室时，±0.000 以下柱段满足地下环境的最小保护层厚度的要求，一般采用外加保护层厚度的方法，使柱主筋在同一位置不变；当有地下室时，在地下室顶层节点内改变保护层厚度；当保护层厚度相差较大时，与设计工程师协商；

（3）柱钢筋保护层厚度改变处，应该在节点范围内，或在±0.000 上下位置范围内，不应在柱范围；钢筋在保护层厚度变化处，可采用在上柱连接或者钢筋坡折处连接；不得采用直弯或加热方法使纵向钢筋回到设计位置；

（4）当梁、柱、墙中纵向受力钢筋的保护层厚度大于 50mm 时，宜对保护层采取有效的构造措施。可在保护层内配置防裂、防剥落的焊接钢筋网片，网片钢筋的保护层厚度不应小于 25mm，并应采取有效的绝缘、定位措施（《混凝土结构设计规范》GB 50010—2010 第 8.2.3 条）。

【讲解 32】框支柱、转换柱的构造要求

由于复杂高层建筑结构体系的设计，出现竖向体型收进、悬挑结构和多见的塔楼与裙房结构，为保证上部结构的地震作用可靠的传力到下部结构，在高层建筑结构的底部，当上部楼层部分竖向构件（剪力墙、框架柱）不能直接连续贯通落地时，应设置结构转换层，在结构转换层布置转换结构构件，这样的结构体系属于竖向抗侧力构件不连续体系。部分不能落地的剪力墙和框架柱，需要在转换层的梁上生根，这样的梁称作框支梁（KZL），而支承框支梁的柱称为框支柱（KZZ）。

转换结构构件可采用梁、桁架、空腹桁架、箱形结构、斜撑、板等，转换梁、转换柱起传递力作用，转换层上部的竖向抗侧力构件（墙、柱、抗震支撑等）宜直接落在转换层的主结构上；非抗震设计和 6 度抗震设计时转换构件可采用厚板，7、8 度抗震设计的地下室的转换构件可采用厚板。框支层的截面尺寸会比普通的框架柱要大，其构造措施相对更为严格，由于在水平荷载作用下，转换层上下结构的侧向刚度对构件的内力影响比较大，会导致构件中的内力突变，所以框支柱和落地剪力墙底部加强区的抗震等级，应比主体结构提高一级抗震措施，在施工图设计文件会有特殊的说明，并对箍筋及加密区的要求都有强制性规定。

如果一个结构单元的转换层以上为剪力墙，转换层以下为框架，那么转换层以下的楼层为框支层。若地下室顶板作为上部结构的嵌固部位，不能采用无梁楼盖的结构形式，而应采用现浇梁板结构，且其板厚不宜小于 180mm，则位于地下室内的框支层，不计入规范允许的框支层数之内。

（1）转换柱纵向钢筋间距不应小于 80mm，且不宜大于 200mm（抗震）、250mm（非抗震）（G101 图集中只规定了箍筋的形式，没有规定肢距，施工时应按《高层建筑混凝土结构技术规程》JGJ 3—2010 第 10.2.12 条执行）。

（2）转换柱的箍筋应全高加密，间距不应大于 100mm 和 6 倍纵向钢筋较小值（《高层建筑混凝土结构技术规程》JGJ 3—2010 带转换层高层建筑结构第 10.2.10 强条）；

（3）有抗震设防要求时，框支柱、转换柱宜采用复合螺旋箍筋（多用于圆形箍筋）或井字复合箍（采用外箍加拉筋），其体积配箍率不应小于 1.2%，9 度时不应小于 1.5%，梁柱节点核心区的体积配箍率不应小于上下柱端的较大值（体积配筋率计算时，可以计入在节点有效宽度范围内梁的纵向钢筋）；箍筋直径不应小于 10mm，箍筋间距不应大于 100mm 和 6 倍纵向钢筋直径的较小值，并应沿柱全高加密。

无抗震设防要求时，箍筋应采用复合螺旋箍筋或井字复合箍，箍筋直径不应小于 10mm，箍筋间距不应大于 150mm。

井字复合箍采用“外箍加拉筋”，对抗震中抗扭、抗剪比一般箍筋（大箍套小箍，小箍对大箍是不产生约束）要好得多，其构造形式是紧靠纵向钢筋，拉住外箍，将外箍、拉筋和柱纵向钢筋三者用同一组加长绑丝紧密地绑扎在一起，拉筋拉住外箍减少了外箍的无支长度，限制了外箍的横向变形从而约束了柱的各纵向钢筋的侧向变形，提高了框架柱的抗破坏能力和承载能力。

（4）节点区水平箍筋及拉筋，应将每根柱纵向钢筋拉住，拉筋也应拉住箍筋。

(5) 框支柱部分纵向钢筋应延伸至上一层剪力墙顶板，原则为能通则通，(上层无墙)不能延伸的钢筋应水平弯锚在框支梁或楼板内不小于 $l_{ae}(l_a)$，自框支柱边缘算起，弯折前的竖直投影长度不应小于 $0.5l_{abe}(0.5l_{ab})$ 且伸到柱顶，本条是区分中柱、边柱的做法(参见 11G329-1 第 69 页、11G101-1 第 90 页) 如图 2-16。

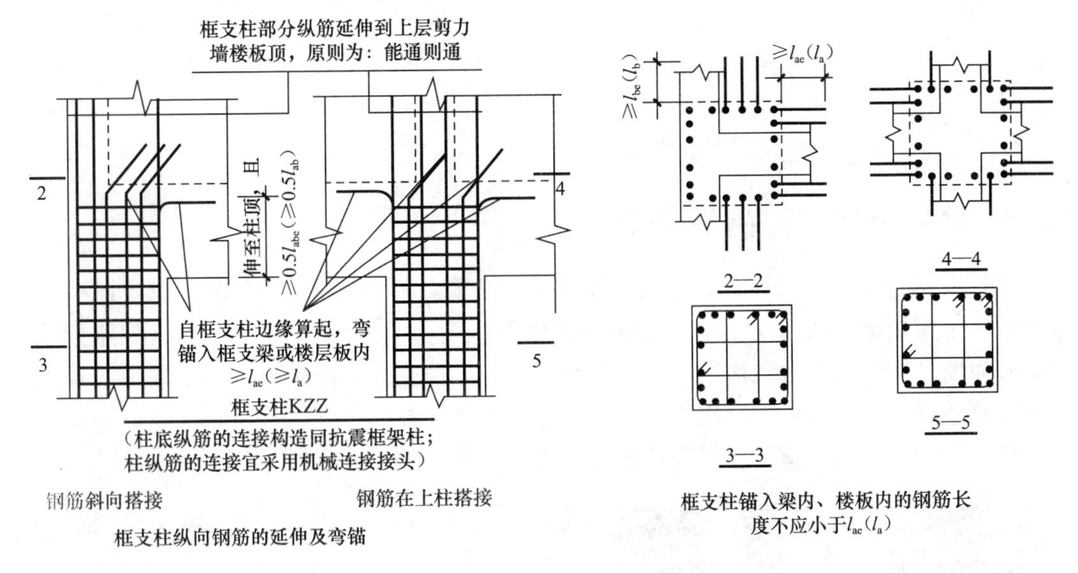

图 2-16　11G101-1 第 90 页截图

(6) 柱底纵筋的连接构造同抗震框架柱，框支柱的纵向钢筋宜采用机械连接接头，同一截面内接头钢筋截面面积不应超过全部纵筋截面面积的50%，接头位置应避开上部墙体开洞部位、梁上托柱部位及受力较大部位。

【讲解 33】框架柱、框支柱中设置有核芯柱的构造

试验研究和工程经验证明，在柱内设置矩形核芯柱，具有良好的延性和耗能能力，不但可以提高柱的受压承载力，而且还可以提高柱的变形能力，在压、弯、剪共同作用下，当柱出现弯、剪裂缝时，在大变形情况下核芯柱可以有效地减小柱的压缩，保持柱的外形和截面承载能力，特别对承受高轴压比的短柱，改善柱的抗震性能，更有利于提高变形能力，延缓倒塌。

(1) 一般在短柱和超短柱中设置核芯柱：

1) 柱的净高与柱长边之比≤4 为短柱；

2) 柱的净高与柱长边之比≤2 为超短柱。

(2) 核芯柱设置在框架柱的截面中心部位，应有足够的尺寸，截面尺寸不宜小于柱边长的 1/3 (圆柱为 $D/3$)，且不小于 250mm，且保证框架梁的纵向受力钢筋通过；核芯柱的纵向钢筋应分别锚入上、下层柱内，其连接和锚固与框架柱的要求相同；核芯柱的箍筋根据施工图要求，应单独设置，构造要求与框架柱相同，并在设计文件中注明。如图 2-17：

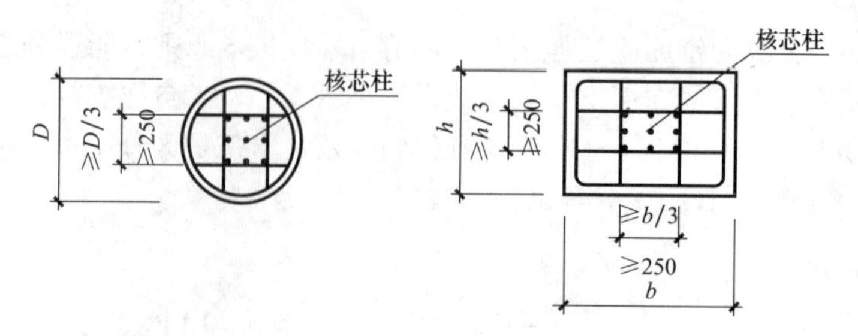

图 2-17　核芯柱截面构造要求

【讲解 34】短柱震害破坏情形分析

（1）出屋面水箱间形成短柱，柱节点破坏，由于节点区无箍筋，无约束作用。如图 2-18：

（2）抗震规范要求窗间填充墙与框架采用柔性连接，如果填充墙嵌砌与框架刚性连接时，其强度和刚度对框架结构的影响，尤其要考虑到填充墙不满砌时，由于墙体的约束使框架柱有效长度减小，可能出现短柱，造成剪切破坏。如图 2-19：

（3）工业厂房带形窗引起的短柱破坏。如图 2-20：

图 2-18　屋面水箱间形成短柱，柱节点破坏

图 2-19　窗间填充墙使框架柱形成短柱，剪切破坏

图 2-20　工业厂房窗间短柱破坏

【讲解 35】框支柱箍筋和拉结钢筋的弯钩作法

（1）有抗震设防要求的框架柱的箍筋应是封闭箍筋；箍筋的弯钩应为 135°并保证有足够的直线段；弯钩的直线段应为箍筋直径 10 倍和 75mm 中最大值；当无抗震设防的要求时，柱中的周边箍筋应做成封闭式，弯钩直线段长度不小于 $5d$。

（2）拉结钢筋的弯钩和直线段同箍筋；拉结钢筋应紧靠柱纵向受力钢筋并勾住封闭箍筋；在柱截面中心可以用拉结钢筋代替部分箍筋。

（3）圆柱中的非螺旋箍筋的弯钩搭接长度应$\geqslant l_{ae}$且$\geqslant$300mm，有抗震设防要求的直线段为箍筋直径的 10 倍，无抗震设防要求的直线段为箍筋直径的 5 倍，弯钩应勾住柱纵向受力钢筋。

（4）箍筋弯钩内半径

1）HPB235（HPB300）级钢筋末端不需作 180°弯钩，弯弧内直径不应小于 $2.5d$；

2）HRB335、HRB400 级钢筋末端做 135°时，弯弧内直径不应小于 4d；

3）钢筋弯折不大于 90°时，弯弧内直径不应小于 5d。

（5）钢筋的调直宜采用机械调直；当采用冷拉调直时：

光圆 HPB235（HPB300）级钢筋冷拉率不宜大于 4%；

带肋 HRB335、HRB400 级钢筋冷拉率不宜大于 1%。

（6）计算复合箍筋体积配筋率时，不要求扣除重复部分的箍筋体积，采用复合螺旋箍筋时，非螺旋箍筋体积配筋率应乘 0.8 换算系数。

（7）柱纵向钢筋配筋率超过 3%，箍筋直径不应小于 8mm，间距不应大于纵向受力钢筋最小直径的 10 倍，且不应大于 200mm；不要求必须采用焊接封闭箍筋，末端做 135°封闭箍筋且弯钩直线段不小于 10d；如果焊成封闭环式，应避免施工现场焊接而伤及受力钢筋，宜采用闪光接触对焊等可靠的焊接方法，确保焊接质量。

（8）柱中宜留出 300mm 见方的空间，便于混凝土导管插入浇筑混凝土。

【讲解 36】有抗震设防要求的底部框架-抗震墙砌体结构，框架端节点构造

房屋抗震横墙是指符合最小墙厚要求的横向墙体（例如，黏土砖房屋的最小墙厚为 0.24m，墙厚度度小于此值，如 0.12m 或 0.18m 时，不论是否有基础，均只能算做非抗震隔墙），应满足抗侧力计算的要求。对于多层砌体房屋，如多层住宅楼，大开间布局，横墙较少，需要采取以下加强措施，新抗规规定：6 度不超过四层，可用约束普通砖或小砌块作用抗震墙；8 度应为混凝土墙；6、7 度应为混凝土或配筋小砌块抗震墙。

（1）底部作为抗震墙的砌体，必须先砌筑墙体后浇筑柱和梁的混凝土（11G329-2 第 76、77 页）；

（2）沿框架柱设置与抗震墙拉结的构造钢筋并通长设置（与框架柱或混凝土墙采用植筋连接，植筋锚入墙、柱内深度为 15d，并用植筋胶灌缝，向外预留大于 0.5m 的长度，端部另加 135°弯钩，与砌体墙拉结的构造钢筋搭接，搭接长度为 55d，且不得小于 300mm，保护层不小于 30mm），在墙体的半高处设置水平系梁（11G329-2 第 87、88 页）；

（3）当抗震墙长大于 5m 时，在墙内设置钢筋混凝土构造柱（11G329-2 第 91、92 页、94 页）；

（4）注意：砌体内水平拉筋，小砌块墙设 2Φ6@400；多孔砖或普通砖墙设 2Φ6@500；6、7 度时宜沿墙全长贯通，8、9 度时应全长贯通；砌体填充墙与顶部混凝土梁、板的拉结，6、7 度时每隔 1500mm，8 度时每隔 1000mm 预埋钢筋或植筋，低于 6 度时可斜砌砖加浆挤紧；

（5）框架间设置隔墙时（非抗震墙），在梁柱节点处设置构造钢筋（如图 2-21），提高框架柱上端的抗剪承载力。

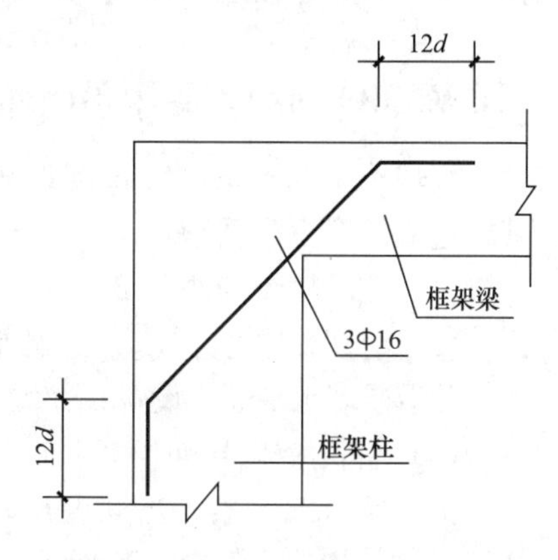

图 2-21　梁柱节点处设置构造钢筋

【讲解37】有抗震设防要求的底部框架-抗震墙砌体结构，过渡层墙体构造

底层框架结构上部增设过渡层，通过对底层框架-抗震墙房屋的过渡层和底层的侧向刚度比进行控制，防止底部结构出现过大的侧移而严重破坏，甚至倒塌，减少底部的薄弱程度。但若底层刚度大于上部砖混结构刚度，则可能使薄弱层转移至过渡层，过渡层的延性不如底部，易产生脆性破坏。

过渡层墙体的构造，应符合下列要求：（抗规第7.5.2条）

（1）上部砌体墙的中心线宜与底部的框架梁、抗震墙的中心线相重合；构造柱或芯柱宜与框架柱上下贯通。

（2）过渡层应在底部框架柱、混凝土墙或约束砌体墙的构造柱所对应处设置构造柱或芯柱；墙体内的构造柱间距不宜大于层高；芯柱除按本规范表7.4.1设置外，最大间距不宜大于1m。

（3）过渡层构造柱的纵向钢筋，6、7度时不宜少于4Φ16，8度时不宜少于4Φ18。过渡层芯柱的纵向钢筋，6、7度时不宜少于每孔1Φ16，8度时不宜少于每孔1Φ18。一般情况下，纵向钢筋应锚入下部的框架柱或混凝土墙内；当纵向钢筋锚固在托墙梁内时，托墙梁的相应位置应加强。

（4）过渡层的砌体墙在窗台标高处，应设置沿纵横墙通长的水平现浇钢筋混凝土带；其截面高度不小于60mm，宽度不小于墙厚，纵向钢筋不少于2Φ10，横向分布筋的直径不小于6mm且其间距不大于200mm。此外，砖砌体墙在相邻构造柱间的墙体，应沿墙高每隔360mm（普通砖）或300mm（多孔砖）设置2Φ6通长水平钢筋和Φ4分布短筋平面内点焊组成的拉结网片或Φ4点焊钢筋网片，并锚入构造柱内；小砌块砌体墙芯柱之间沿墙高应每隔400mm设置Φ4通长水平点焊钢筋网片。

（5）过渡层的砌体墙，凡宽度不小于1.2m的门洞和2.1m的窗洞，洞口两侧宜增设截面不小于120mm×240mm（墙厚190mm时为120mm×190mm）的构造柱或单孔芯柱。

（6）当过渡层的砌体抗震墙与底部框架梁、墙体不对齐时，应在底部框架内设置托墙转换梁，并且过渡层砖墙或砌块墙应采取比本条4款更高的加强措施。

【讲解38】底层采用约束砖砌体墙、约束小砌块砌体墙抗震构造

抗规第7.5.4条，当6度设防的底层框架-抗震墙砖房的底层采用约束砖砌体墙时，其构造应符合下列要求：

（1）砖墙厚不应小于240mm，砌筑砂浆强度等级不应低于M10，应先砌墙后浇框架。

（2）沿框架柱每隔300mm配置2Φ8水平钢筋和Φ4分布短筋平面内点焊组成的拉结网片，并沿砖墙水平通长设置；在墙体半高处尚应设置与框架柱相连的钢筋混凝土水平系梁；

（3）墙长大于4m时和洞口两侧，应在墙内增设钢筋混凝土构造柱。

抗规第7.5.5条，当6度设防的底层框架-抗震墙砌块房屋的底层采用约束小砌块砌体墙时，其构造应符合下列要求：

1）墙厚不应小于190mm，砌筑砂浆强度等级不应低于Mb10，应先砌墙后浇框架；

2）沿框架柱每隔400mm配置2Φ8水平钢筋和Φ4分布短筋平面内点焊组成的拉结网片，并沿砌块墙水平通长设置；在墙体半高处尚应设置与框架柱相连的钢筋混凝土水平系梁，系梁截面不应小于190mm×190mm，纵筋不应小于4Φ12，箍筋直径不应小于Φ6，间距不应大于200mm；

3）墙体在门、窗洞口两侧应设置芯柱，墙长大于4m时，应在墙内增设芯柱，芯柱应符合本规范第7.4.2条的有关规定；其余位置，宜采用钢筋混凝土构造柱替代芯柱，钢筋混凝土构造柱应符合本规范第7.4.3条的有关规定。

【讲解39】柱根部加密区-嵌固端说明

在《高层建筑混凝土结构技术规程》JGJ 3—2010中规定：底层柱柱根以上1/3柱净高的范围内是箍筋加密区，其目的是考虑"强柱弱梁"，增强底层柱的抗剪能力和提高框架柱延性的构造措施。确定柱根先要确定嵌固部位，嵌固部位是结构计算时底层柱计算长度的起始位置（图2-22）。

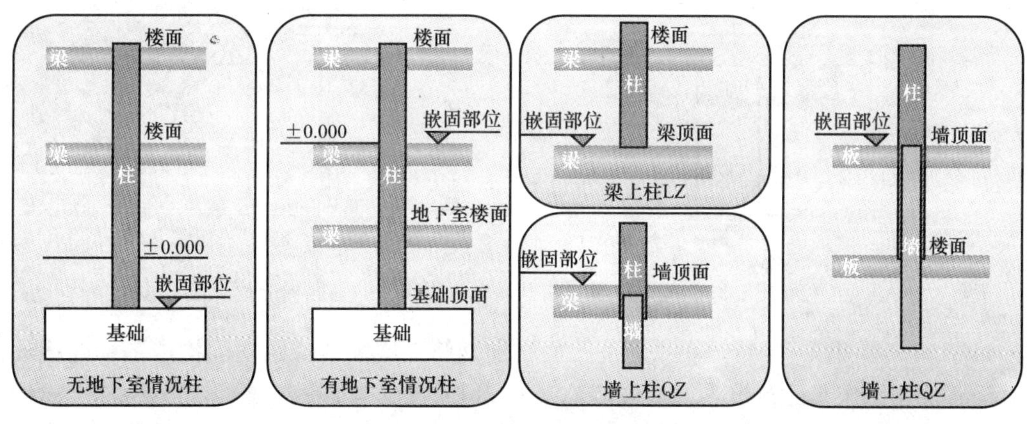

图2-22　柱根部加密区-嵌固端

在11G101-1图集第8页第2.1.3说明：在柱平法施工图中，应按本规则第1.0.8条的规定注明各结构层的楼层标高、结构层高及相应的结构层号，尚应注明上部结构嵌固部位位置。这点在原03G101系列中没有"注明上部结构嵌固部位位置"的规定。

从11G101-1柱构造详图可知，在新的平法图集中：无地下室情况底层柱根部系指基础顶面；有地下室时底层柱根部应按施工图设计文件规定，在满足一定条件时，为地下室顶板；梁上柱梁顶面、墙上柱墙顶面也属于结构嵌固部位。

（1）地下室结构应能承受上部结构屈服超强及地下室本身的地震作用，地下室结构的侧移刚度与上部结构的刚度之比不宜小于2，一般地下室层不宜小于2层；地下室周边宜有与其顶板相连的抗震墙；

（2）地下室顶板应避免开设大洞口，地下室在地上结构相关范围的顶板应采用现浇梁板结构，相关范围以外的地下室顶板宜采用现浇梁板结构；一般要求现浇板厚≥180mm，混凝土强度等级≥C30，双层双向配筋且配筋率≥0.25%；

（3）地下室一层柱截面每侧纵向钢筋面积，除满足抗震计算要求外，不应小于地上一层柱对应位置每侧纵向钢筋面积的1.1倍；同时梁端顶面和底面的纵向钢筋面积均应比计算增大10%以上。

遇有下列情况，地下室上部结构嵌固部位位置发生变化：

(1) 条形基础、独立基础、桩基承台、箱形基础、筏形基础有一层地下室时，嵌固部位一般不在地下室顶面，而在基础顶面（如遇箱形基础，在箱形基础顶面）；

(2) 地下室顶板有较大洞口时，嵌固部位不在地下室顶面，应在地下一层以下位置；

(3) 有多层地下室，其地下室与地上一层的混凝土强度等级、层高、墙体位置厚度相同时，地下室顶板不是嵌固端，而嵌固位置在基础顶面。

由于基础顶面至首层板顶高度较大，并设置了地下框架梁，柱净高 H_n 应从地下框架梁顶面开始计算，但地下框架梁顶面以下至基础顶面箍筋全高加密。

柱根规定的变化，对于造价人员来说，计算难度无疑加大。需要对每个部位的柱进行判断和考虑。对应的算法发生了改变，底层柱根处（包括底层地下室柱根）箍筋加密区长度≥1/3 该层柱净高（$H_n/3$）；中间层地下室框架柱的箍筋加密区长度应取柱截面长边尺寸、柱净高的1/6和500mm中的最大值。

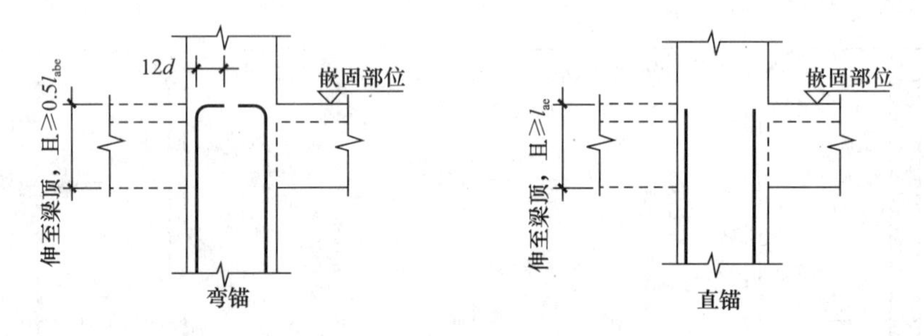

图2-23 地下一层增加钢筋在嵌固部位的锚固构造

11G101-1图集第58页，在“地下一层增加钢筋在嵌固部位的锚固构造”标题横线的下方注有仅用于按《建筑抗震设计规范》第6.1.14条在地下一层增加10%钢筋。由设计指定，未指定时表示地下一层比上层柱多出的钢筋。图示分梁高大于纵筋锚长和小于锚长两项，当梁高小于锚长时，钢筋弯锚且平直段不小于0.5倍锚长，弯段12d；梁高大于锚长时，纵筋要伸到梁顶。

【讲解40】抗震设防时，框架柱端箍筋加密区的长度（不含柱根部）

有抗震设防要求时，框架柱端设箍筋加密区（非连接区），在实务中存在很多认识上的误区，很多人认为是500mm，这是错误的。框架柱纵向受力钢筋的连接接头宜避开柱端箍筋加密区，以保证“强节点”，无法避开时，宜采用机械连接接头，且接头面积百分率不应超过50%，同一纵向受力筋不宜设置2个或2个以上连接接头。

柱端箍筋加密区长度，在楼层处与底层柱根部处的尺寸是不同的。参见11G101-1图集第61页、62页，有三个判定条件，柱端取截面高度（圆柱直径）长边尺寸 H_c、柱净高 H_n 的1/6和500mm三者的最大值；刚性地面上下各500mm；剪跨比不大于2的柱、柱净高及因嵌砌填充墙等形成的柱净高与柱截面长边尺寸（圆柱为截面直径）之比不大于4的柱、框支柱、一级和二级框架的角柱，箍筋加密取全高。

11G101-1 图集第 61 页抗震 KZ、QZ、LZ 纵向钢筋构造注 4，当柱为跃层柱时，柱净高 H_n 按总净高取值（见图 2-24）。

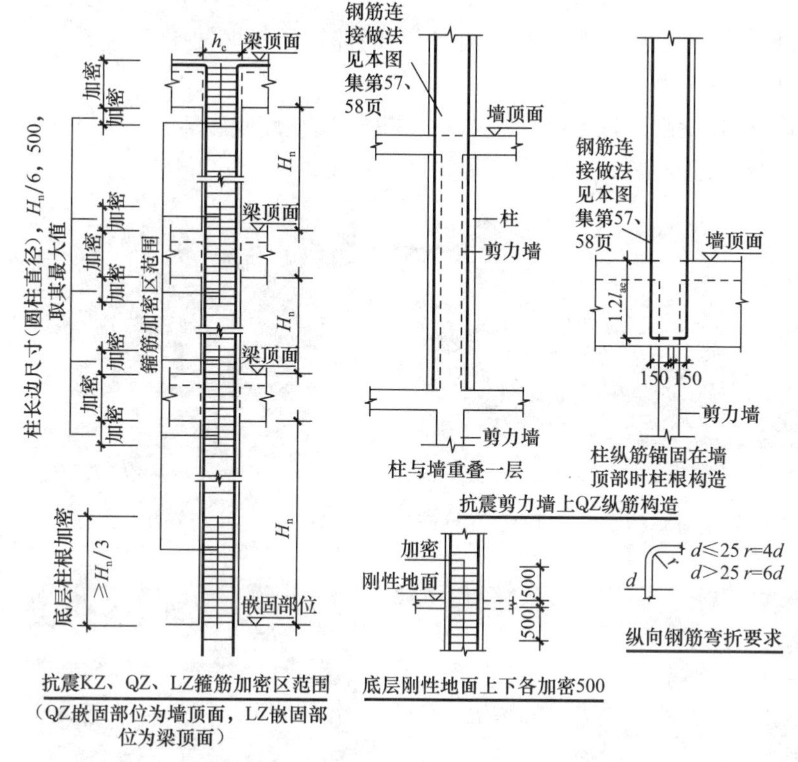

注：1. 除具体工程设计标注有箍筋全高加密的柱外，柱箍筋加密区按本图所示。

2. 当柱纵筋采用搭接连接时，搭接区范围内箍筋构造见本图集第 54 页。

3. 为便于施工确定柱箍筋加密区的高度，可按第 62 页的图表查用。

4. 当柱在某楼层各向均无梁连接时，计算箍筋加密范围采用的 H_n 按该跃层柱的总净高取用，其余情况同普通柱。

5. 墙上起柱，在墙顶面标高以下锚固范围内的柱箍筋按上柱非加密区箍筋要求配置，梁上起柱，在梁内设两道柱箍筋。

6. 墙上起柱（柱纵筋锚固在墙顶部时）和梁上起柱时，墙体和梁的平面外方向应设梁，以平衡柱脚在该方向的弯矩；当柱宽度大于梁宽时，梁应设水平加腋。

图 2-24　11G101-1 图集第 61 页截图

柱箍筋加密区的箍筋肢距，一级不宜大于 200mm，二、三级不宜大于 250mm，四级不宜大于 300mm。至少每隔一根纵向钢筋宜在两个方向有箍筋或拉筋约束；采用拉筋复合箍时，拉筋宜紧靠纵向钢筋并钩住箍筋。（抗规第 6.3.9 条）

柱箍筋非加密区的箍筋配置，应符合下列要求：

（1）柱箍筋非加密区的体积配箍率不宜小于加密区的 50%；

（2）箍筋间距，一、二级框架柱不应大于 10 倍纵向钢筋直径，三、四级框架柱不应大于 15 倍纵向钢筋直径。

根据短柱的破坏机理分析，如在楼梯、电梯间部位框架柱易形成短柱，所以柱节点核心区箍筋应加密，并要求梁柱节点核心区内不应设置框架柱纵向受力钢筋的连接接头；转换梁、托墙梁，由于在柱根部的剪力较大，通常都采用竖向加腋，箍筋加密区应从加腋底部开始计算，不是从普通梁开始计算。

[对于非抗震设防，框架柱端箍筋加密区的长度及纵向钢筋构造，参见平法图集 11G101-1 第 63～65 页]

【讲解 41】柱端箍筋加密震害破坏情形分析

（1）六层底框结构，底层柱头加腋，加腋部位以下箍筋未加密，常见在托墙梁、转换梁，支撑在柱上，这个部位发生应力变化破坏。如图 2-25。

（2）节点核心区无箍筋，混凝土二次浇灌的水平施工缝在柱头上，建筑垃圾未清理干净。如图 2-26。

（3）柱端节点核心区缺少复合箍筋，没有进行体积配筋的计算，根据轴压比测算，轻构造，重计算所导致的。如图 2-27。

（4）塑性铰破坏。如图 2-28 梁端塑性铰破坏，如图 2-29 柱端塑性铰破坏。

（5）地板约束框架柱，导致柱子破坏。如图 2-30。

图 2-25　底层柱头加腋部位未加密

图 2-26　节点核心区无箍筋

图 2-27　柱端节点无核心区

图 2-28　梁端塑性铰破坏

图 2-29　柱端塑性铰破坏

图 2-30　地板约束框架柱，柱根部发生破坏

采用措施方法：地板与柱间留 10～20mm 缝隙填充柔性材料可避免剪切，地板处上下 500mm 范围内柱箍筋加密。

根据试验及震害考虑在柱端潜在的塑性铰区的范围内箍筋应加密，避免脆性破坏。底层柱根箍筋加密区长度应取不小于该层柱净高的 1/3；当有刚性地面时，除柱端箍筋加密区外，尚应在刚性地面上、下各 500mm 的高度范围内加密箍筋，与柱的平面位置无关（边柱、角柱、中柱），其直径和间距按柱端箍筋加密区的要求。同时要求柱纵向受力钢筋不宜在此范围内连接，无法避开时，应采用满足等强度要求的高质量机械连接接头（机械连接接头等级不低于Ⅱ级），且钢筋接头面积百分率不应超过 50%。遇有柱根部加密箍筋要求时，可以合并设置，并同时满足柱根部加密区高度及刚性地面上下各 500mm 范围箍筋加密的要求。

刚性地面系指无框架梁的建筑地面，如石材地面、沥青混凝土地面及有一定基层厚度的地砖地面等，其平面内的刚度比较大，在水平力作用下，平面内变形很小，会对混凝土柱产生约束，通过震害分析，发现在此范围内未对柱箍筋采取加密构造措施，框架柱柱根部发生剪切破坏。

【讲解42】框架柱与基础连接处节点核心区箍筋是否需要加密？柱纵向钢筋与基础梁内固定（柱插筋）

框架柱与基础连接处是节点区，不是节点核心区；在基础内的柱箍筋不需加密，固定柱纵向钢筋的箍筋不少于两道且间距不大于500mm；当柱纵筋保护层厚度≤$5d$时（锚固区保护层），锚固区内应配置横向构造钢筋；柱与基础的连接部位，应根据柱的节点区或底层柱根部要求进行箍筋加密。

框架柱的纵向钢筋不得与基础梁中的受力钢筋焊接固定，只允许绑扎固定，因为加热处理会降低钢筋的强度等级（由于退火）。

基础梁的宽度小于或等于框架柱宽时，基础梁应设置水平加腋，可配置构造钢筋。

【讲解43】框架底层柱的柱根部及柱根箍筋加密区

抗震结构框架柱柱根部箍筋加密区与其他部位加密区有不同的要求，根据［讲解39］柱根部嵌固端的说明，参见11G101-1第57页，本页图构造讲述的是嵌固端在基础底面，柱根部箍筋加密区长度≥1/3该层柱净高（$H_n/3$）；参见11G101-1第58页，本页图钢筋连接构造与柱箍筋加密区范围用于嵌固部位不在基础底面情况下地下室部分（基础底面至嵌固部位）柱，柱根部及基础顶面箍筋加密区长度均取柱截面高度（圆柱直径）长边尺寸H_c、柱净高H_n的1/6和500mm三者的最大值。

框架底层柱的柱根部判定：①无地下室为基础顶面处；②有地下室为地下室顶板处；③地下框架梁顶面处。

底层梁上柱的柱根部为梁顶面处。

底层剪力墙上柱的柱根部判定：①位于剪力墙顶面处；②剪力墙与柱重叠时，向下一层。

【讲解44】柱根部震害破坏情形分析

（1）地下室顶板柱根处破坏，发生水平位移。如图2-31：

（2）柱根部在地震中发生灯笼形态破坏。如图2-32：

（3）柱根折断，柱子出现水平裂缝，梁端塑性铰破坏。如图2-33：

图2-31　地下室顶板柱根处破坏

图2-32　柱根部在地震中破坏

图2-33　柱根折断，梁端塑性铰破坏

【讲解 45】影响框架柱延性的几个重要参数

1. 剪跨比 λ

（1）剪跨比是影响钢筋混凝土柱破坏形态的最重要的因素。剪跨比较小的柱子会出现斜裂缝而导致剪切破坏；

（2）$\lambda>4$ 时，称为长柱，多数发生弯曲破坏，但仍然需要配置足够的抗剪箍；

（3）$\lambda<2$ 时，称为短柱，多数发生剪切破坏，但当提高混凝土等级并配有足够的抗剪箍筋后，可能出现稍有延性的剪切受压破坏；

（4）《抗规》规定，框架柱的净高与截面高度比宜大于 4；特别是应避免在同一层中同时存在长柱和短柱的情况。

2. 轴压比

（1）轴压比越大，柱的极限抗弯承载力相应越高，但极限变形能力、耗散地震能量的能力都降低。而且轴压比对短柱的影响更大；

（2）在长柱中，轴压比愈大，混凝土受压区高度愈大，受拉钢筋屈服的可能性越小，柱子的延性越低；

（3）在短柱中，轴压比加大也会改变柱的破坏形态，会从剪压破坏变成脆性的剪拉破坏，破坏时承载能力突然丧失；

（4）长柱及短柱的试验结果显示，轴压比愈大，塑性变形段愈短，承载能力下降愈快，即延性减小。

3. 剪压比

（1）剪压比是指截面平均剪应力与混凝土轴心抗压强度的比值：

$$V/f_{c}b_{c}h_{c}$$

（2）当构件的截面尺寸太小或混凝土强度太低时，按抗剪承载力公式计算的箍筋数量会很多，则箍筋在充分发挥作用之前，构件将过早呈脆性斜压破坏，这时再增加箍筋用量已没有意义；

（3）设计中应限制剪压比，使箍筋数量不至于太多，是对构件最小截面尺寸的要求；

（4）剪压比越大，斜裂缝出现得越早，要求配置的箍筋量也就越多，当配箍率过高时，有可能混凝土已经破碎而箍筋尚未屈服，箍筋难以发挥作用。在设计中应当避免这种情况。

【讲解 46】影响框架柱延性震害经验分析，增加柱位移延性

框架柱及框支柱的延性通常比梁小，为防止柱端提前出现塑性铰，产生较大的层间侧移，危及结构的安全，必须采取“强柱弱梁”的措施，否则会出现“强梁弱柱”破坏。见图 2-34。

框架柱、框支柱除应满足“强柱弱梁”要求外，尚需满足“强剪弱弯”要求，为此，在设计中要求增大剪力设计值。

图 2-34 “强梁弱柱”破坏

框架柱、框支柱的轴压比要求。试验表明，受压构件的位移延性随轴压比的增加而减小。结合震害经验作如下修订：

（1）对框架结构的轴压比限制适当从严；对框—剪结构、筒体结构，框架为第二道防线，对延性要求稍松，因此轴压比适当放松；对部分框支剪力墙结构中的框支柱必须提高延性，其轴压比从严。

（2）国内外试验表明，增加柱配箍率；采用复合箍螺旋箍，连续复合螺旋箍；截面中配置芯柱，均能增加柱的位移延性，可对轴压比适当放松，但其箍筋加密区的体积最小配筋率，应满足放松后轴压比的箍筋配筋率要求。

（3）6°设防区，允许不进行截面抗震验算，其轴压比计算，可取无地震作用组合的轴力设计值；对6°设防区，Ⅳ类场地上的高层建筑，需采用考虑地震作用组合的轴向力设计值。

【讲解47】柱纵向钢筋的“非连接区”

柱端箍筋的加密区就是纵向钢筋的非连接区，包括柱上端加密区，柱下端加密区，节点核心区，通通为纵向钢筋的非连接区。“非连接区”是一个连续的区域，节点区受力复杂，应避开“非连接区”连接，框架柱在非连接区不应采用搭接连接（地震破坏如图2-35），当无法避开时，可采用机械连接，接头率不大于50%。为保证节点区的延性，

图 2-35 框架柱在非连接区采用搭接连接破坏

保证“强剪弱弯”；对于非连接区的尺寸控制如下：其长度均取柱截面高度（圆柱直径）长边尺寸 H_c、柱净高 H_n 的 1/6 和 500mm 三者的最大值。

【讲解 48】框架柱在变截面处纵向钢筋的锚固，连接

1. 坡度大于 6 时，上柱纵向钢筋锚入下柱内 $1.2l_{ae}$（$1.2l_a$）（原平法图集中规定直锚长度为 $1.5l_a$），这是规范要求，为增强柱子的安全性；下柱纵筋伸至梁顶面竖向长度≥$0.5l_{abe}$（对于梁高 h_b 大于 $0.5l_{abe}$时，也应将锚长伸到梁上部纵筋的底部再弯 $12d$），水平弯折后的直线段为 $12d$（原平法图集水平弯折后的直线段为 200mm+C［偏移长度值］，改为 $12d$）；

2. 坡度不大于 6 时，可采用弯折延伸至上柱后在非连接区外连接；

3. 中柱当一侧收进时，能通的纵筋在上柱连接，不能通长的纵筋按方法 1 锚固；

4. 边柱当一侧收进时，不能通长的纵筋伸至梁顶面竖向长度≥$0.5l_{abe}$（$0.5l_{ab}$）；水平弯折后的直线段为 l_{abe}（l_{ab}）（锚固长度的要求）。

该讲解的示意图见图 2-36 和图 2-37。

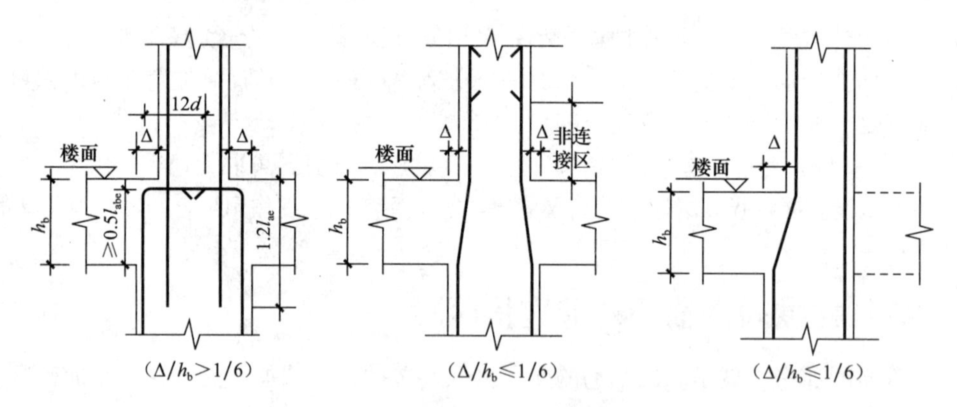

图 2-36　11G101-1 第 60 页变截面中柱截图

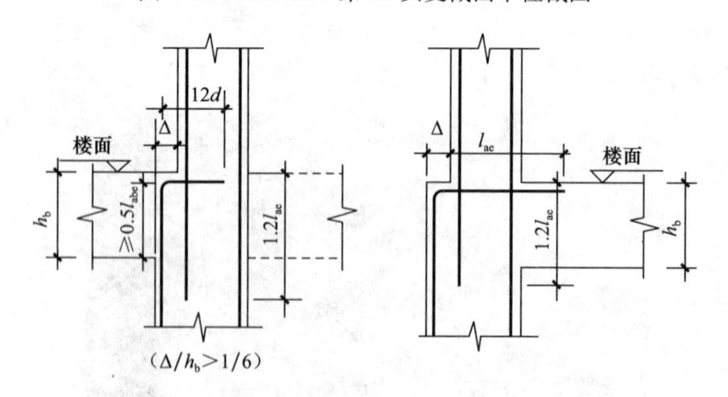

图 2-37　11G101-1 第 60 页变截面边柱截图

【讲解 49】框架梁、柱、剪力墙的边缘构件纵向受力钢筋连接方法

参见 11G329-1 第 15 页：

（1）框架柱：

1）一、二级及三级抗震的底部宜采用机械连接，也可以采用绑扎和焊接（关键部位宜机械连接）；

2）三级抗震的其他部位（除底部以外）和四级抗震可采用绑扎或焊接。

（2）框支梁、框支柱宜采用机械连接，和抗震等级无关。

（3）框架梁：

1）一级抗震宜用机械连接，也可采用焊接；

2）二～四级抗震可采用绑扎或焊接。

（4）同一连接区段内的面积百分率不宜超过50%。

（5）无法避开端部箍筋加密区时，应采用满足等强度要求的机械连接，且面积百分率不宜超过50%。

（6）剪力墙的边缘构件

1）一、二级抗震的剪力墙的边缘构件及三级抗震的剪力墙底部构造加强部位的边缘构件宜采用机械连接，也可采用焊接；

2）三级抗震的剪力墙非底部构部加强部位及四级抗震的剪力墙的边缘构件可采用绑扎。（剪力墙底构造加强部位详本书【讲解81】）

【讲解50】钢筋混凝土房屋抗震等级的确定

设计图纸常见问题：表明的抗震等级，多指地上部分，地下部分多数没有明确，按规范抗震等级除了地下一层，可以逐层降低的，因为地下室是不做抗震验算的，但是要有抗震构造要求。如一级抗震框架梁箍筋加密区是梁高的2倍，二、三级抗震是梁高的1.5倍，另外锚固长度也不一样，锚固长度修正系数也不同，设计师应在图纸中注明地上地下抗震等级，否则会造成钢筋浪费。

现在有些工程，地上某些局部是一级抗震，某些局部是二级抗震，如规范规定大跨度（跨度大于18m）是一级，其他也有6m，8m，24m等，都按一级抗震等级措施是不行的，应分开等级处理抗震构造措施；二～四级抗震可采用绑扎或焊接，易于检查和计算，易于施工操作。

《建筑抗震设计规范》第6.1.3条钢筋混凝土房屋抗震等级的确定，尚应符合下列要求：

（1）设置少量抗震墙的框架结构，在规定的水平力作用下，底层框架部分所承担的地震倾覆力矩大于结构总地震倾覆力矩的50%时，其框架的抗震等级应按框架结构确定，抗震墙的抗震等级可与其框架的抗震等级相同。

注：底层是指计算嵌固端所在的层。

（2）裙房与主楼相连，除应按裙房本身确定抗震等级外，相关范围不应低于主楼的抗震等级；主楼结构在裙房顶板对应的相邻上下各一层应适当加强抗震构造措施。裙房与主楼分离时，应按裙房本身确定抗震等级。

（3）当地下室顶板作为上部结构的嵌固部位时，地下一层的抗震等级应与上部结构相同，地下一层以下抗震构造措施的抗震等级可逐层降低一级，但不应低于四级。地下室中无上部结构的部分，抗震构造措施的抗震等级可根据具体情况采用三级或四级。

（4）当甲、乙类建筑按规定提高一度确定其抗震等级而房屋的高度超过《建筑抗震设计规范》表 6.1.2 相应规定的上界时，应采取比一级更有效的抗震构造措施。

注：“一、二、三、四级”即“抗震等级为一、二、三、四级”的简称。

【讲解 51】柱生根在墙上、梁上时纵筋的锚固

（1）墙上起柱时，柱纵向钢筋应深入墙内长度 $1.2l_{ae}$（$1.2l_a$），水平弯折 150mm（屋面）；

（2）梁上起柱时，柱纵向钢筋应深入梁内长度不小于 $0.5l_{abe}$（$0.5l_{ab}$）至梁底，水平弯折投影段长度为 $15d$；

（3）应在楼层平面外应设置梁，当柱宽大于梁宽时，应在梁上设置水平加腋。

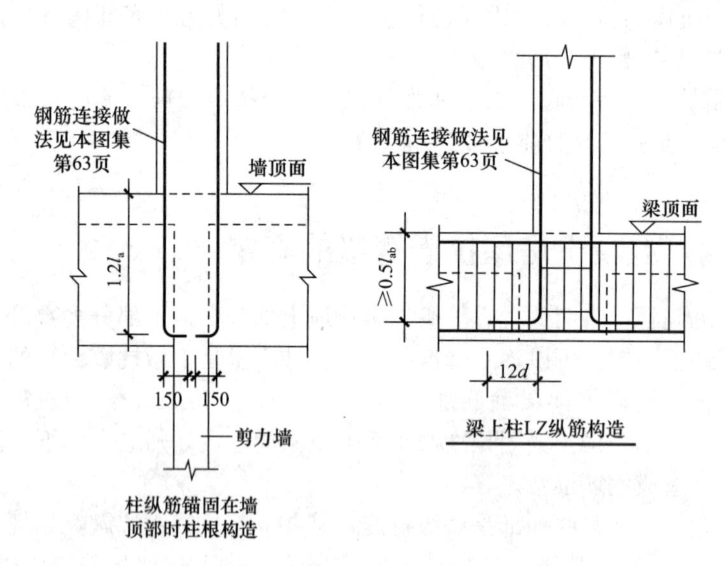

图 2-38　柱生根在墙上、梁上时纵筋的锚固
（11G101-1 第 66 页截图）

【讲解 52】抗震柱纵向钢筋上下柱钢筋根数与直径不同时连接构造

参见 11G101-1 第 57 页，见图 2-39～图 2-42：

图 2-39，为上柱钢筋比下柱多时，上柱纵向钢筋从楼面算起深入下柱长度 $1.2l_{ae}$；

图 2-40，上柱钢筋直径比下柱钢筋直径大时，要错开下柱“非连接区”采用绑扎搭接构造，也可采用机械连接和焊接连接；

图 2-41，为下柱钢筋比上柱多时，下柱纵向钢筋从梁底算起深入上柱长度 $1.2L_{ae}$；

图 2-42，下柱钢筋直径比上柱钢筋直径大时，要错开上柱“非连接区”采用绑扎搭接构造，也可采用机械连接和焊接连接。

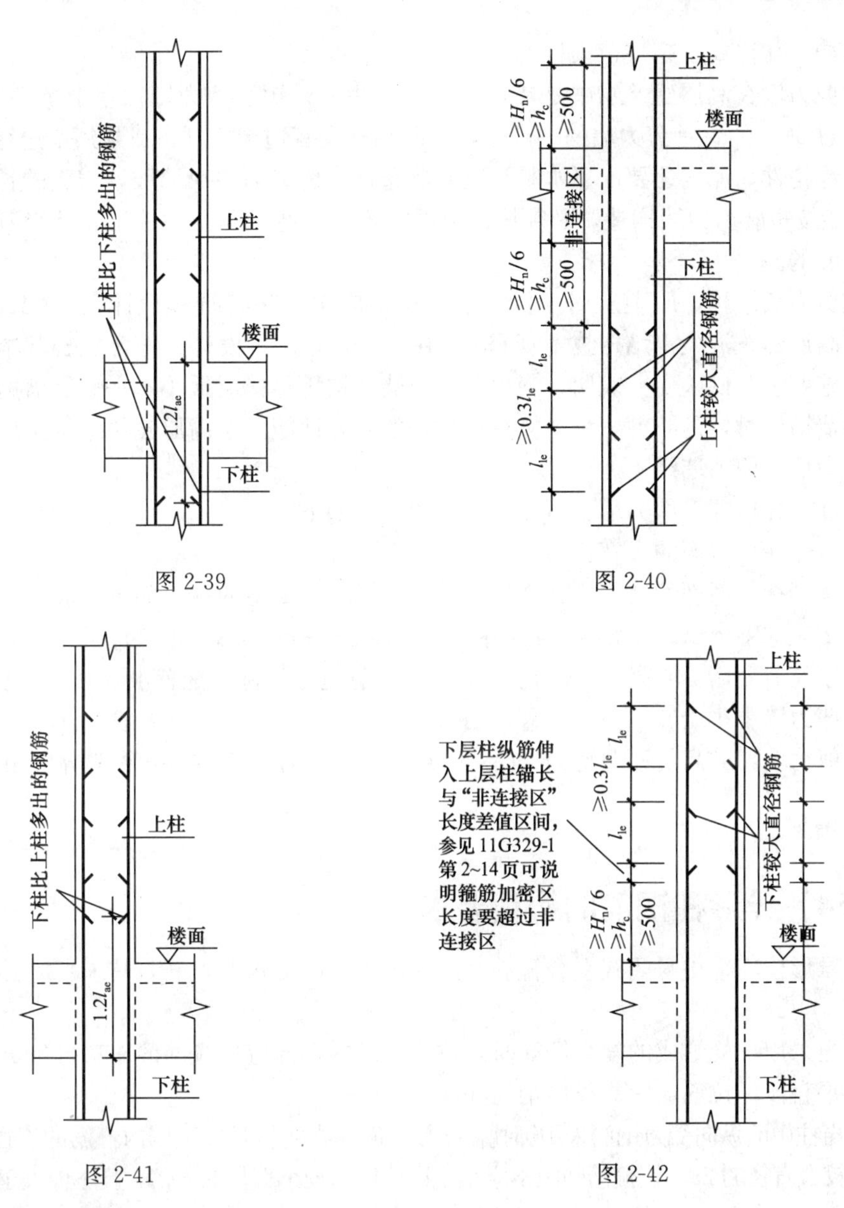

图 2-39

图 2-40

图 2-41

图 2-42

注：非抗震柱纵向钢筋上、下柱钢筋根数与直径不同时连接构造，参见 11G101-1 第 63 页。

【讲解 53】框架柱、异形柱、剪力墙、短肢剪力墙的区别

由于多层建筑物砌体不能用黏土砖，采用异型柱，或短肢剪力墙，异型柱要求肢高与肢厚比不大于 4，肢厚≥200mm；这种构造措施不能完全套用 G101 图集，因为毕竟是一个特殊的情况，虽然 G101 图集讲的现浇钢混凝土结构，对于异型柱它有特殊的做法，对于多层住宅、宿舍、别墅、异型柱比较多，所有节点构造选用《混凝土异形柱结构构造》06SG331-1。

异型柱结构属于抗震不利的结构体系，对于小开间住宅建筑，由于室内柱子隐蔽，可方便使用；异型柱由于柱子和框架节点受力复杂、钢筋锚固及施工质量难以保证，若采用

异型柱结构，往往属于超规范设计。

短肢剪力墙在高层建筑物中是要控制它的使用的，短肢剪力墙在整个抗倾覆力矩中，是不能超过50%的，是剪力墙的一部分，在两端都设有边缘构件，或是约束边缘构件、或是构造边缘构件，墙内还要配置水平与竖向分布钢；剪力墙中小墙肢，截面的长宽比小于4的，不能按短肢剪力墙构造，必须按框架柱配置，这些都是要由施工企业来判断，设计上是不注明的。

短肢剪力墙结构，原则上属于抗震墙结构，应按《建筑抗震设计》GB 50011—2010规范和《高层建筑混凝土结构技术规程》JGJ 3—2010进行设计，符合抗震基本要求和抗震构造措施要求。试验研究表明，当短肢剪力墙结构满足楼层最小水平地震剪力要求且保证抗震构造措施时，短肢剪力墙结构具有良好的抗震性能。但高层建筑结构不应采用全部为短肢剪力墙的剪力墙结构。

框架柱、异形柱、剪力墙、短肢剪力墙的区别如下：

（1）普通柱：截面的长宽比为1～4；

（2）异型柱：截面的几何形状为：L型、T型、十字型的柱，各肢的肢高与肢厚比不大于4，肢厚≥200mm；（《混凝土异形柱结构构造（一）》06SG331-1）

（3）短肢剪力墙：肢高与肢厚比为5～8。设有边缘构件，配置水平分布钢筋；

（4）剪力墙中小墙肢：按柱配置箍筋；

（5）剪力墙：肢高与肢厚比为＞8；长度≤8m。设有边缘构件，配置水平和竖向分布钢筋。

【讲解54】异形柱钢筋的构造要求

（1）异形柱应采用封闭式复合箍筋，严禁采用有内折角的箍筋，其末端应做成135°的弯钩；

（2）当采用拉筋形成的复合箍筋时，拉筋钢筋的端部应按箍筋的作法弯折成135°和一定长度的平直段，拉筋应紧靠纵向钢筋并钩柱箍筋；

（3）当柱中的纵向受力钢筋采用绑扎搭接接头时，在搭接长度范围内箍筋的直径不应小于搭接钢筋较大直径的25%，箍筋间距不应小于搭接钢筋较小直径的5倍，且不应大于100mm。

【讲解55】柱平法注写示例——举例

例1：Φ10@100/250，表示箍筋为HPB300级钢筋，直径Φ10，加密区间距为100，非加密区间距为250；

例2：Φ10@100/250（Φ12@100），表示柱中箍筋为HPB300级钢筋，直径Φ10，加密区间距为100，非加密区间距为250，框架节点核心区箍筋为HPB300级钢筋，直径Φ12，间距为100；

例3：Φ10@100，表示沿柱全高范围内箍筋为HPB300级钢筋，直径Φ10，间距为100；

例4：LΦ10@100/200，表示采用螺旋箍筋，HPB300级钢筋，直径Φ10，加密区间距为100，非加密区间距为200。

第三章　剪力墙构造常见问题

【讲解 56】剪力墙拉筋布置方式

平法图集 11G101-1 第 16 页第 3.2.4 的第 3 小条要求：拉筋应注明布置方式“双向”或“梅花双向”（如图 3-1 所示）。本条规定是将 08G101-5 制图规则的第 2.4.2 条的注 2 移植过来，“梅花双向”比“双向”排布的拉筋数量多一倍。

选择的布置方式不同，计算的钢筋量会不同。

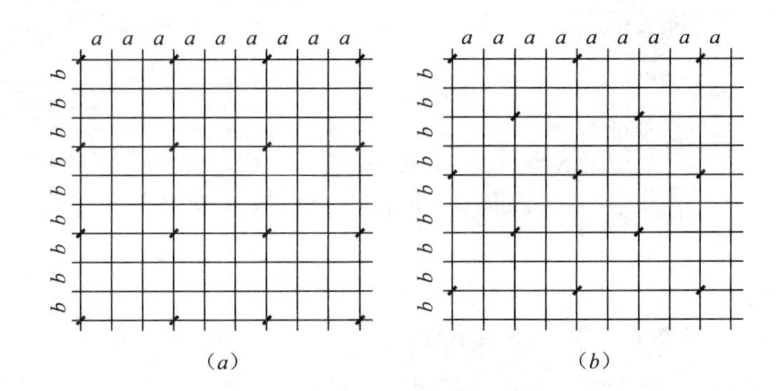

图 3-1　双向拉筋与梅花双向拉筋示意

（a）拉筋@3a3b 双向（$a \leqslant 200$、$b \leqslant 200$）；（b）拉筋@4a4b 梅花双向（$a \leqslant 150$、$b \leqslant 150$）

【讲解 57】剪力墙水平钢筋内、外侧在转角位置的搭接

参见 11G101-1 第 68 页。

剪力墙结构的建筑设计，可以争取到更多的容积率，对于公共建筑，大都是采用框架剪力墙或筒体结构，高层住宅多数为剪力墙结构。剪力墙中的钢筋是分布钢筋，没有受力钢筋，只有边缘构件中有。

错误的认识：有些人把暗柱当做一种构件，暗柱无论是构造边缘、还是约束边缘，同墙宽，都是墙体的一部分，只有端柱在满足一定的尺寸要求的情况下，才可能作为剪力墙的一个支座，叫做有边框的剪力墙，这里概念一定要清楚，剪力墙在暗柱中没有锚固长度的问题，只是剪力墙与暗柱的连接构造要求。

施工中遇到的问题：暗柱中的箍筋较密，遇有剪力墙厚度较薄时，剪力墙水平分布筋在阳角处搭接的钢筋会更加密集，影响到混凝土与钢筋之间“握裹力”，承载力下降，需要通过可靠的构造措施来保证。可采用图 3-3、图 3-4 的做法。

（1）在转角墙处，外墙外侧的水平分布钢筋应在墙端外角处弯入翼墙，并与翼墙外侧水平分布钢筋搭接，搭接长度不小于 $l_{le}(l_l)$；如图 3-2：（这条在原平法图集中是不允许搭接的，原平法图集外侧水平筋要连续通过转弯处，上下相邻两排水平筋交错搭接，墙的内侧水平筋伸至交接墙的对边弯 15d 的弯头）

（2）内侧水平分布钢筋应伸至翼墙或转角边，并分别向两侧水平弯折 15d；（中间排水平筋同内侧）如图 3-2：剪力墙的水平分布钢筋在阳角处搭接；

（3）转角处水平分布钢筋应在边缘构件以外处搭接，且上下层应错开间距不小于 500mm；转角一侧搭接如图 3-3，转角二侧搭接如图 3-4：

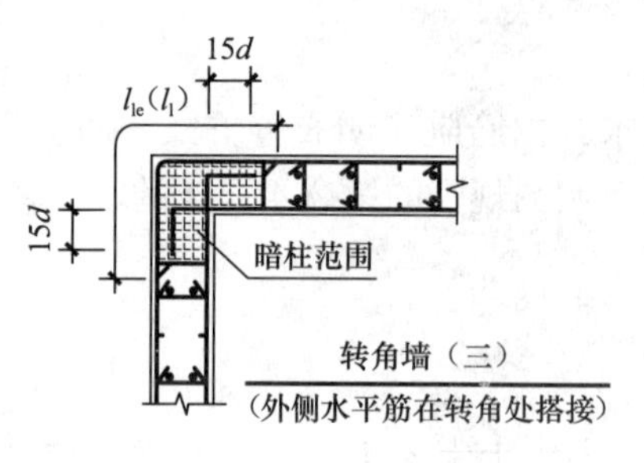

图 3-2 转角处搭接

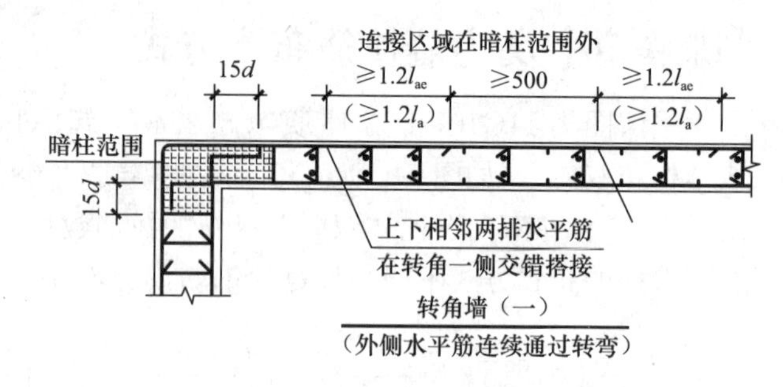

图 3-3 转角一侧搭接

转角处水平分布钢筋在边缘构件以外处搭接，和转角处搭接不一样，在转角部位是 $l_{le}(l_l)$，搭接百分率不能起过 50%。搭接百分率 25%搭接长度为 1.2l_{ae}，搭接百分率小于 50%搭接长度为 1.4l_{ae}，在转角以外处搭接，搭接长度为 1.2l_{ae}，且上下层应错开间距不小于 500mm（特指的）。

（4）非正交时，外侧水平钢筋连续配置，其搭接位置同正交剪力墙在转角外搭接，内侧水平钢筋应伸至剪力墙的远端，水平段不小于 15d。如图 3-5：在地下车库及造型不规则、奇特的建筑结构类型中经常出现这种非正交结构。

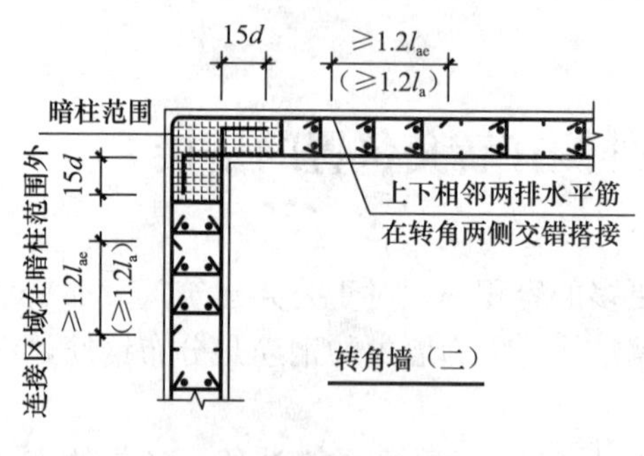

图 3-4 转角二侧搭接

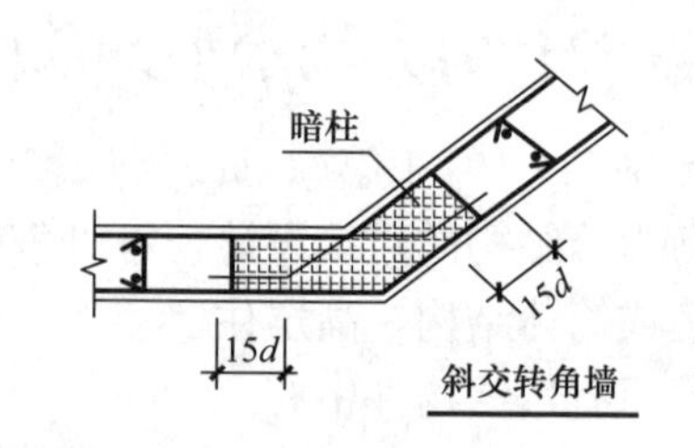

图 3-5 非正交搭接

【讲解 58】剪力墙竖向钢筋在楼（顶）层遇暗梁或边框梁的构造问题

参见 11G101-1 第 70 页，见图 3-6。

（1）剪力墙的竖筋伸入楼（屋面）板中，不是在板中的锚固，是完成板与墙的连接构造；

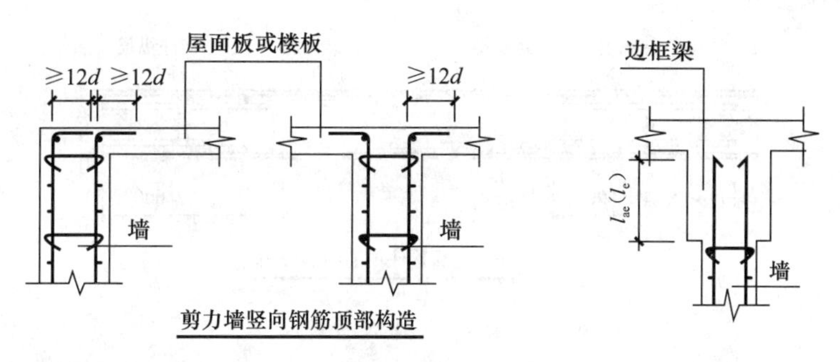

图 3-6　11G101-1 第 70 页截图

（2）暗梁不是梁，是剪力墙的一部分，是剪力墙的水平支座，没有锚固问题，剪力墙竖筋应穿过暗梁，这要区别于边框梁，剪力墙遇边框梁时竖向钢筋应锚入边框梁，锚入边框梁长度为 $l_a(l_{ae})$；

（3）剪力墙的竖筋应穿过暗梁，伸入顶层楼板顶再弯折水平段不小于 12d，原平法要求从屋面板或楼板底部锚入板内一个锚固长度 l_a（从楼板底起算、而不是从暗梁的底部起算）；

（4）竖向钢筋伸入楼（屋面）板顶上部，再水平弯折≥12d；

（5）明梁、暗梁的设置情况：明梁宽度比墙宽，暗梁宽度同墙宽。

【讲解 59】剪力墙与暗梁、暗柱之间钢筋施工的相互关系

参考 11G329-1 第 41 页，见图 3-7、图 3-8。

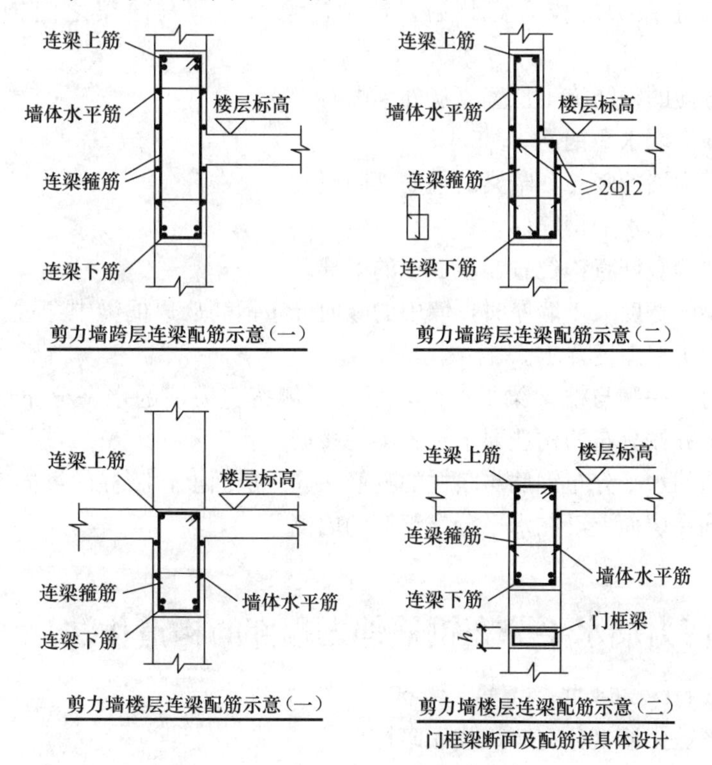

图 3-7　11G329-1 第 41 页截图（一）

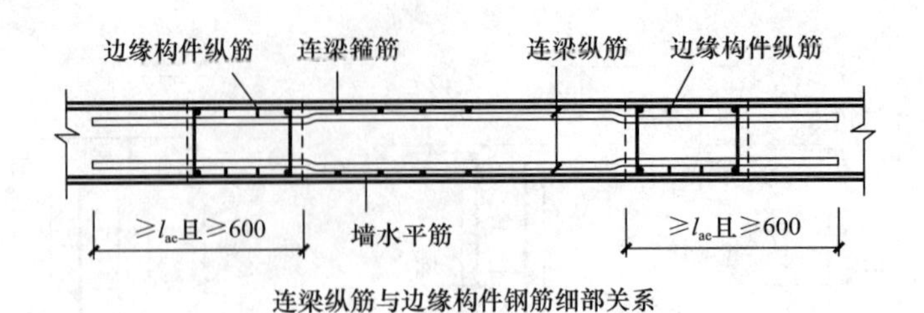

图 3-8　11G329-1 第 41 页截图（二）

参见 11G101-1 第 70 页，见图 3-9。

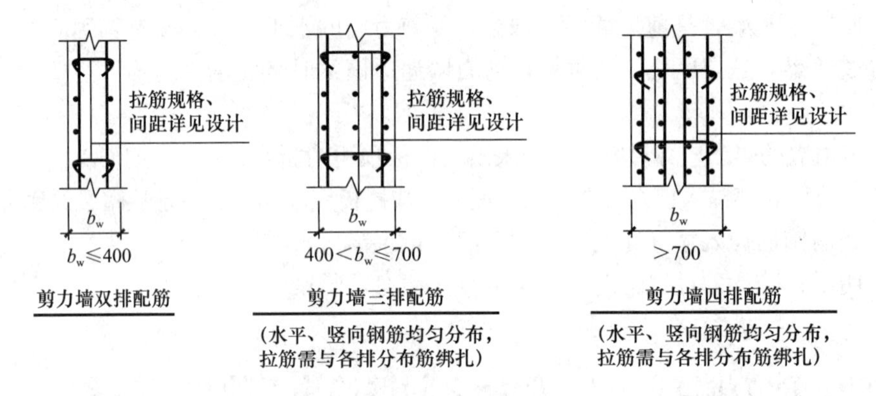

图 3-9　11G101-1 第 70 页截图

钢筋及混凝土保护层概念修订后，特别注意剪力墙与暗梁之间钢筋施工的相互关系。

（1）比较方便的钢筋施工位置（从外到内）：

第一层：剪力墙水平钢筋。

第二层：剪力墙的竖筋和暗梁的箍筋（同层）。

第三层：暗梁的水平钢筋。

（2）剪力墙的竖筋直钩位置在屋面板的上部。

（3）边框梁的宽度大于墙厚时，墙中的竖向分布钢筋从边框梁中穿过，墙与边框梁分别满足各自的保护层厚度要求。

（4）当剪力墙一侧与框架梁平齐时，平齐一侧按剪力墙的水平分布钢筋间距要求设置，另一侧不平齐按分布的构造要求设置梁的腰筋。

（5）剪力墙的水平分布钢筋与暗柱的箍筋在同一层面上，暗柱的纵向钢筋和墙中的竖向分布钢筋在同一层面上，在水平分布钢筋的内侧。

【讲解 60】剪力墙水平分布钢筋伸入端部的构造作法

参见 11G101-1 第 68 页、69 页。

（1）一字形剪力墙（分有暗柱或无暗柱）：

暗柱不是墙的水平支座，钢筋不存在锚固问题，而是连接，无论配置了多少拉筋，水平分布钢筋，水平分布钢筋应伸至墙端部（有暗柱时，要过暗柱）再水平弯折不小于 10d（原平法弯折水平段为 15d，洞边暗柱根据墙厚取 10d～15d），当墙厚度较薄时水平弯折 10d 不能满足要求，可以采用搭接连接，也可采用 U 型箍（长度要满足搭接的长度）（如图 3-10 和图 3-11）。

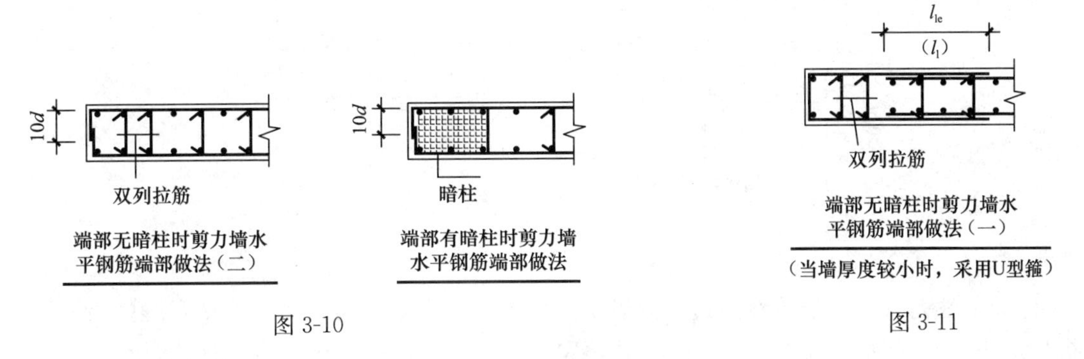

图 3-10　　　　图 3-11

（2）端部有翼墙：

内墙两侧水平分布钢筋，应伸至翼墙外边并分别向两侧水平弯折 15d（向外）；如图 3-12。

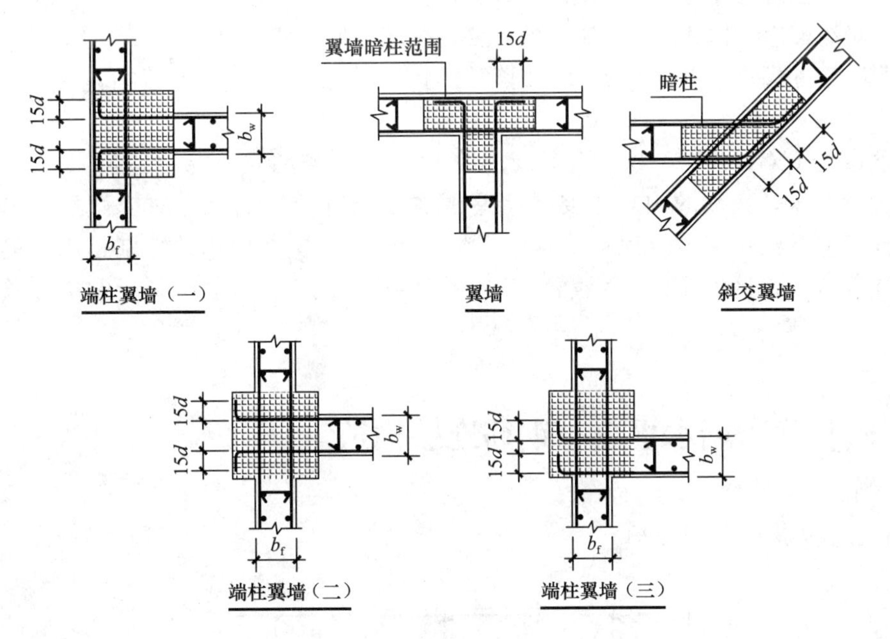

图 3-12

（3）在端柱内锚固

剪力墙的水平分布钢筋应全部锚入柱内。一般情况下，剪力墙的水平分布钢筋直径不大，墙中竖向和水平分布钢筋直径不会大于墙厚的 1/10，水平分布钢筋伸入端柱内可以满足直锚长度要求时，端部可不必弯折，但必须伸至端柱对边竖向钢筋内侧位置；当水平钢筋直径较大且不满足直锚要求时，可采用弯折锚固，弯折前不小于 0.6l_{abe}（l_{ae}）且伸至远端，弯折后投影长度为 15d（直线段为 12d）或采用伸至边框柱对边做机械锚固方法来满足锚固情况（如图 3-13）。

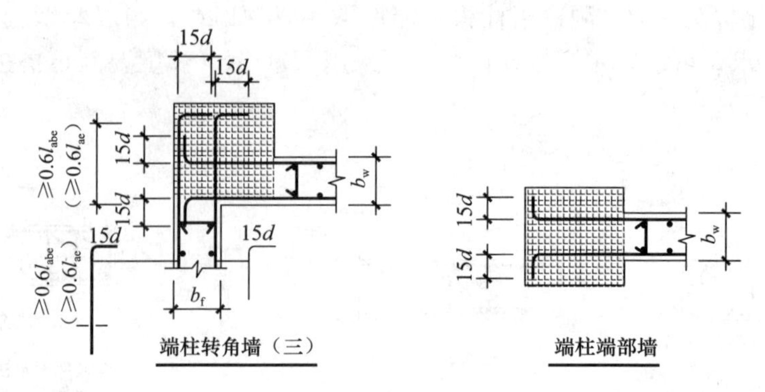

图 3-13

（原平法是外侧钢筋连续通过，内侧钢筋伸入端柱平直段长度要≥0.4l_a(l_{ae}）且伸到边框柱对边的竖向钢筋内侧再做水平弯折，弯折后的水平段为 15d）。

（4）满足钢筋在端柱中锚固的端柱尺寸：柱截面宽度≥2b_w 墙厚，柱截面高度≥柱截面宽度，其足够的端柱尺寸可以满足对剪力墙的约束，在框架剪力墙结构中存在这种结构，通常端柱截面尺寸一般同本层的框架柱，所以不必担心锚长不够；

（5）对约束边缘构件的非阴影区的箍筋、拉筋、伸入此段墙身的水平分布筋，要求设计者注明布筋方式，对于在非阴影区用箍筋的，要将箍筋伸入阴影区内包住第二列竖向纵筋。

本条参见 11G101-1 第 15 页第 3.2.3 条中第 3 小条墙柱的标注和第 71 页，将节点样式增加到 8 个，扩展的内容主要是将原平法中只有拉筋的节点对应做箍筋节点的构造，去掉了原平法中的“约束边缘构件沿墙肢长度 LC”判定表。特别是用箍筋时要注意箍筋要伸入阴影区的第二列纵筋上。这是吸取近年来工程中一些新做法经验增补的内容。

【讲解 61】剪力墙水平分布钢筋连接构造

参见 11G101-1 第 68 页、69 页：

（1）等截面墙（如图 3-14）：

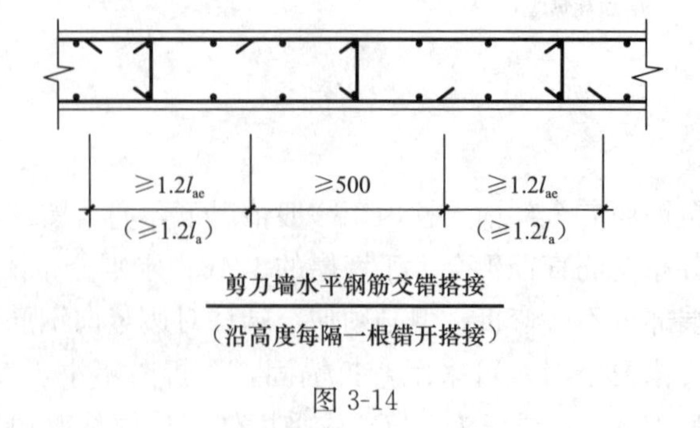

图 3-14

1）采用搭接连接时，一、二级底部加强区部位，接头位置应错开，同一截面数量不宜超过总量的50%，错开净距不宜小于500mm；

2）其他情况可在同一截面连接；

3）搭接长度不应小于1.2l_{ae}（1.2l_a）。

（2）变截面墙（如图3-15）：

1）平齐一侧水平分布钢筋拉通；

2）变截面一侧，厚度较薄墙内水平分布钢筋伸入较厚墙内不应小于1.2l_{ae}（1.2l_a）；

3）厚度较厚墙内水平分布钢筋伸至远端水平弯折15d。

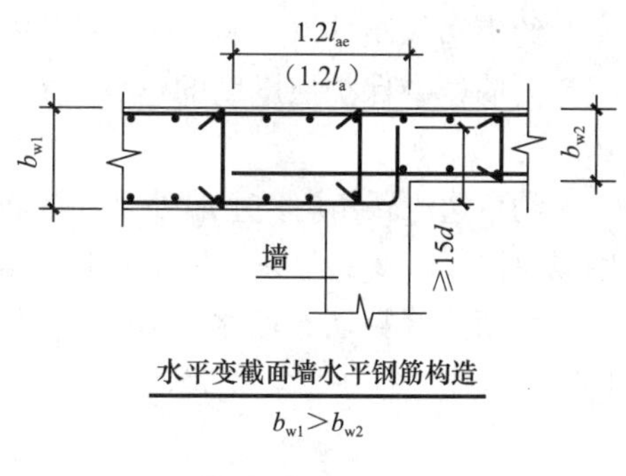

图3-15

【讲解62】剪力墙水平钢筋计入约束边缘构件体积配箍率的构造做法

参见11G101-1第72页，新平法增加的内容（图3-16）。

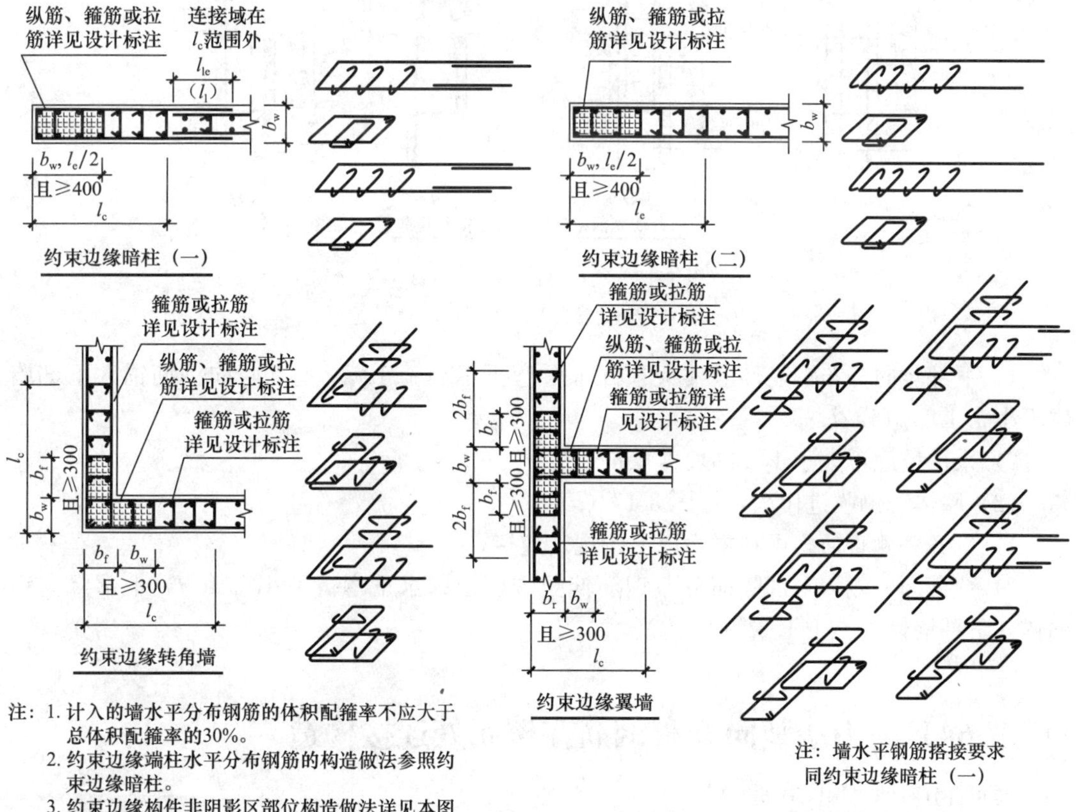

图3-16 11G101-1第72页截图

约束边缘暗柱（一），图示要求墙体的水平钢筋在l_c外侧与柱内U形水平筋进行连接，U形水平筋可替代一层箍筋的外箍。

约束边缘暗柱（二），主墙水平筋可直接伸入墙端头，由于替代了箍筋，故在墙端头应弯同墙厚减保护层厚度的弯头，并应弯135°钩钩住暗柱主筋，不是11G101-1第68页的10d长。

约束边缘转角墙，主墙外侧水平筋连续通过墙转角，内侧钢筋直接伸入墙端头，弯同墙厚减保护层厚度的弯头，并应弯135°钩钩住暗柱主筋，不是11G101-1第68页的15d长。

约束边缘翼墙，墙水平筋直接伸入墙端头，弯同墙厚减保护层厚度的弯头，并应弯135°钩钩住暗柱主筋，不是11G101-1第69页的15d长。

【讲解63】剪力墙变截面处竖向分布钢筋构造

参见11G101-1第70页。

（1）墙体两侧同时收进作法，如图3-17（a）：

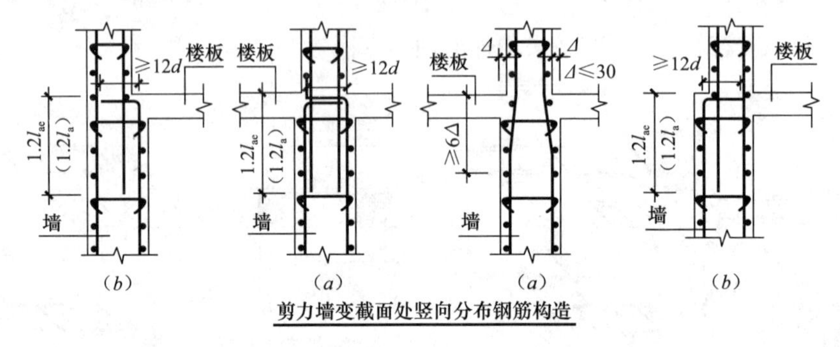

图3-17　11G101-1第70页截图

（a）墙体两侧同时收进；（b）墙体一侧收进

1）下部竖向分布钢筋伸至楼板顶部水平弯折不小于12d，上部竖向钢筋锚入下部墙体不小于$1.2l_{ae}(1.2l_a)$；

2）采用坡度不大于1/6的坡度弯折通过。

（2）墙体一侧收进作法，如图3-17（b）：

1）平齐一侧直通，可在楼面以上按规定连接；

2）变截面一侧，下部竖向分布钢筋伸至楼板顶部水平弯折不小于12d，上部竖向钢筋锚入下部墙体不小于$1.2l_{ae}(1.2l_a)$。

【讲解64】剪力墙竖向分布钢筋在楼面处连接构造

参见11G101-1第70页。

（1）剪力墙抗震等级为一、二级时，底部加强区部位采用搭接连接，应错开搭接；采用HPB235（HPB300）钢筋端部加180°钩，如图3-18。

（2）剪力墙抗震等级为一、二级的非底部加强区部位或三、四级、非抗震时，采用搭接连接，可在同一部位搭接（齐头），采用HPB235（HPB300）钢筋端部加180°钩，如图3-19。

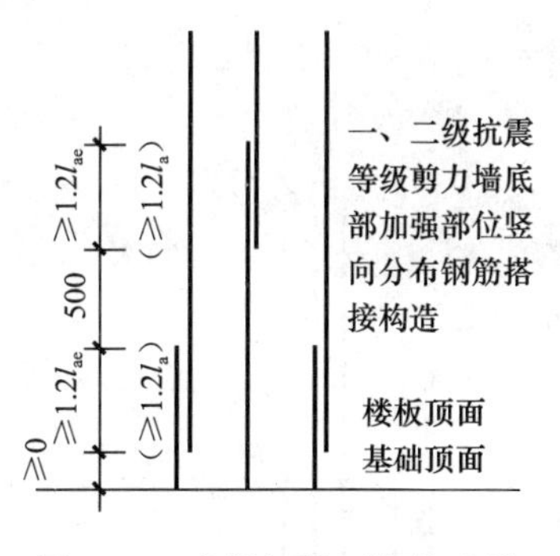

图 3-18 底部加强区绑扎连接

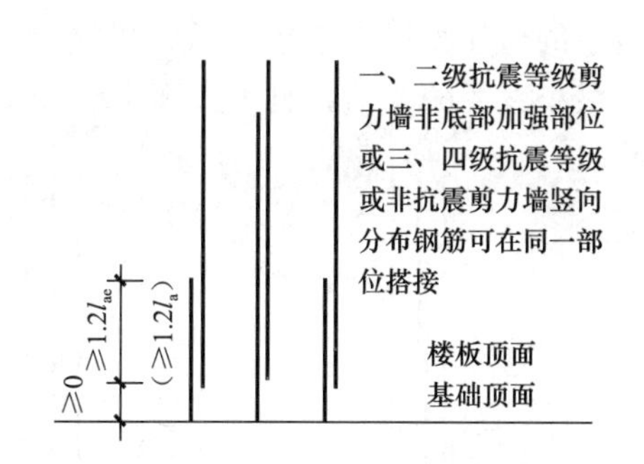

图 3-19 非底部加强区绑扎连接

(3) 各级抗震等级或非抗震，当采用机械连接时，连接点应在结构面 500mm 高度以上，相邻钢筋应交错连接，错开净距不小于 35d，如图 3-20。

(4) 各级抗震等级或非抗震，当采用焊接连接时，连接点应在结构面 500mm 高度以上，相邻钢筋应交错连接，错开净距不小于 35d 且不小于 500mm，如图 3-21。

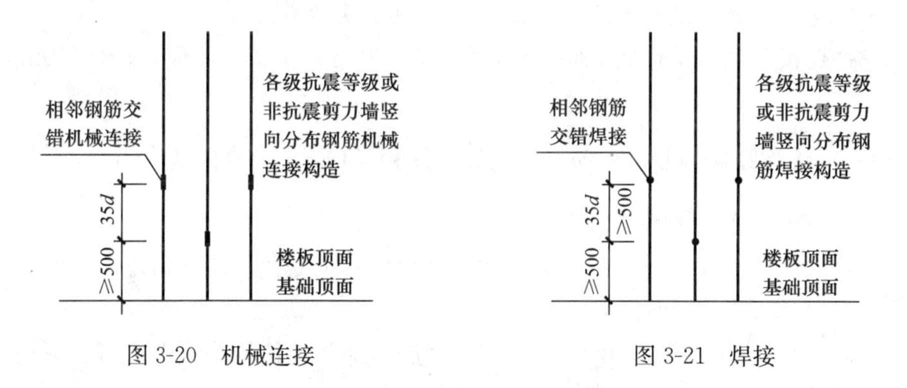

图 3-20 机械连接

图 3-21 焊接

(5) 在剪力墙的底部加强区与非加强区的交接部位以及［讲解 63］提到的剪力墙变截面处，遇到楼层上、下层的交接部位出现钢筋的直径或间距不同时，应本着“能通则通”的原则。

竖向分布钢筋的间距相同而上层直径小于下层直径时，可根据抗震等级和连接方式在楼板以上处连接，搭接长度按上部竖向分布钢筋直径计算；竖向分布钢筋的间距不相同而直径相同时，上层竖向分布钢筋应在下层剪力墙中锚固，其锚固长度不小于 $1.2l_{ae}$($1.2l_a$)，下层竖向分布钢筋在楼板上部处水平弯折，弯折后的水平段长度为 15d（投影长度）。

【讲解 65】剪力墙边缘构件竖向分布钢筋在楼面处连接构造

参见 11G101-1 第 73 页，见图 3-22：

(1) 绑扎搭接连接应高出结构面 500mm，连接长度为 l_{le}(l_l)，两次连接点净距≥$0.3l_{le}$($0.3l_l$)；以上连接构造适用于约束边缘构件阴影部分和构造边缘构件的纵向钢筋；对于此处规则要求：搭接长度范围内，约束边缘构件阴影部分、构造边缘构件、扶壁柱及非边缘暗柱的箍筋直径应不小于纵向搭接钢筋最大直径的 0.25 倍。箍筋间距不大于纵向搭接钢筋最小直径的 5 倍，且不大于 100mm。

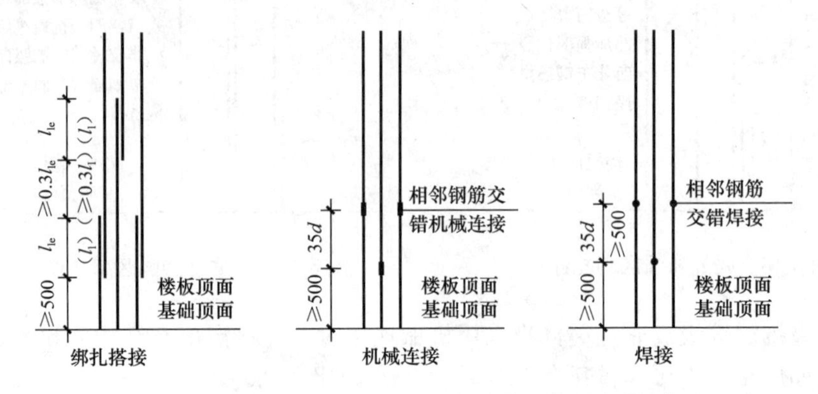

图 3-22　剪力墙边缘构件竖向分布钢筋在楼面处连接构造

注：剪力墙边缘构件竖向分布钢筋在楼面处连接构造采用绑扎搭接区别于剪力墙竖向分布钢筋在楼面处连接构造。

(2) 机械连接应高出结构面 500mm，两次连接距离为 35d。

(3) 焊接连接应高出结构面 500mm，两次连接距离为 35d，且不应小于 500mm。

【讲解 66】底部加强区部位的确定和剪力墙、暗柱底部加强区箍筋加密的规定

据新抗规、高规、混凝土规范，底部加强区部位发生变化，取剪力墙高度的 1/10（原来是 1/8，不小于二层，不小于 15m）。

《建筑抗震设计规范》第 6.1.10 条：抗震墙底部加强部位的范围，应符合下列规定：

(1) 底部加强部位的高度，应从地下室顶板算起。

(2) 部分框支抗震墙结构的抗震墙，其底部加强部位的高度，可取框支层加框支层以上两层的高度及落地抗震墙总高度的 1/10 二者的较大值。其他结构的抗震墙，房屋高度大于 24m 时，底部加强部位的高度可取底部两层和墙体总高度的 1/10 二者的较大值；房屋高度不大于 24m 时，底部加强部位可取底部一层。

(3) 当结构计算嵌固端位于地下一层的底板或以下时，底部加强部位尚宜向下延伸到计算嵌固端。

原来的规范，规定底部加强区，做适当的加密，很多工程采用 400×400，上部为 600×600，都是采用“隔一拉一”梅花布置，新规范取消了剪力墙底部加强区需要加密的要求，施工企业可以节省下钢筋，没有必要进行加密，但暗柱底部加强区需要加密。请详见本书［讲解 64］、［讲解 65］，在平法图集 11G101-1 第 70 页注解中写到端柱、小墙肢的竖向钢筋与箍筋构造与框架柱相同，并区分抗震、非抗震竖向钢筋构造与箍筋构造。

【讲解 67】剪力墙端柱和小墙肢在顶层的锚固问题

(1)《建筑抗震设计规范》2010 版第 6.4.6 条规定：抗震墙的墙肢长度不大于墙厚的

3 倍时（指各个方向的墙肢长度不大于墙厚的 3 倍），应按柱的有关要求进行设计；矩形墙肢的厚度不大于 300mm 时，尚宜全高加密箍筋。

参见 11G101-1 第 62 页抗震框架柱和小墙肢箍筋加密区高度选用表：小墙肢即墙肢长度（截面高度）不大于墙厚（宽度）4 倍的剪力墙，矩形小墙肢的厚度不大于 300mm 时，箍筋全高加密（注意本条与抗规的区别）。

原平法 03G101-1 表述的小墙肢为墙肢长度不大于墙厚 3 倍的剪力墙。

（2）端柱及小墙肢纵向钢筋在顶层连接及锚固按框架结构构造。

在框架-剪力墙结构体系中，部分剪力墙的端部设有端柱，当顶层设有边框梁时，剪力墙中的端柱应按框架柱在顶层的连接做法；由于剪力墙的开洞，部分剪力墙形成了小墙肢，小墙肢中的纵向钢筋与水平构件楼板可靠连接，按剪力墙竖向分布钢筋在顶部的构造做法处理。

（3）中部小墙肢当顶层有框架梁时，伸入梁内满足直锚长度时，可不弯折锚固，否则按弯锚要求（本条注意区别顶层有暗梁时，剪力墙的竖筋应穿过暗梁，伸入顶层楼板顶）。

【讲解 68】剪力墙竖向钢筋在连梁中的锚固

参见 11G101-1 第 70 页，如图 3-23：

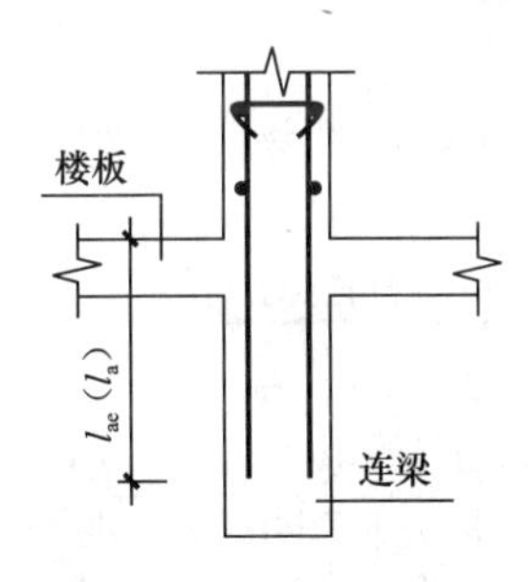

图 3-23　剪力墙竖向分布钢筋锚入连梁构造

（1）连梁上部的剪力墙竖向钢筋在连梁内的锚固长度不小于 $l_{ae}(l_a)$；

（2）当抗震等级为一级剪力墙时，应验算水平施工缝处的抗滑移（可以采用短筋形式-附加钢筋）。

【讲解 69】部分框支剪力墙在框支梁中锚固及其他构造要求

（1）部分框支剪力墙结构属竖向不规则结构体系，如果一个结构单元的转换层以上为剪力墙，转换层以下为框架，那么转换层以下的楼层为框支层，框支层是薄弱部位，有抗震设防要求时，这个部位通常为底部加强区，设计上应采取加强措施；（参见《建筑抗震设计规范》2010 版第 6.1.9 条、6.1.10 条）在实际工程中有采用框支主次梁方案的，即框支主梁承托剪力墙并承托转换次梁及其上的剪力墙，在框支梁上部相邻的剪力墙均为底部加强区；

（2）框支梁剪力墙的端部有较大的应力集中区，竖向和水平分布钢筋在此范围内需要加强，以保证钢筋与混凝土共同承担竖向压力；

（3）剪力墙端部竖向分布钢筋的加强范围，从端柱边 $0.2l_n$；如图 3-24；

（4）框支梁上剪力墙水平分布筋的加强范围，从框支梁上皮 $0.2l_n$；如图 3-24；

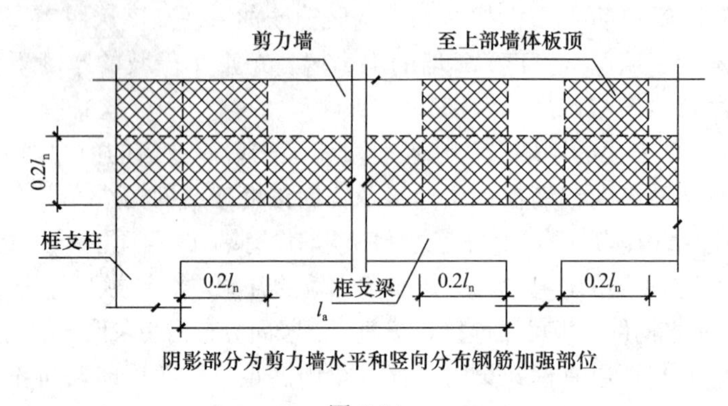

图 3-24

（5）剪力墙竖向分布钢筋在框支梁中的锚固构造要求与其他部位的锚固要求是不同的，施工中由于此处留有施工缝，为防止钢筋产生滑移，在此处剪力墙竖向分布钢筋宜采用 U 形插筋伸入框支梁内或锚入框支梁内 $1.2l_{ae}$（$1.2l_a$），宜与梁内箍同一位置，插筋与梁内箍绑扎搭接；参见 11G101-1 第 90 页，如图 3-25：

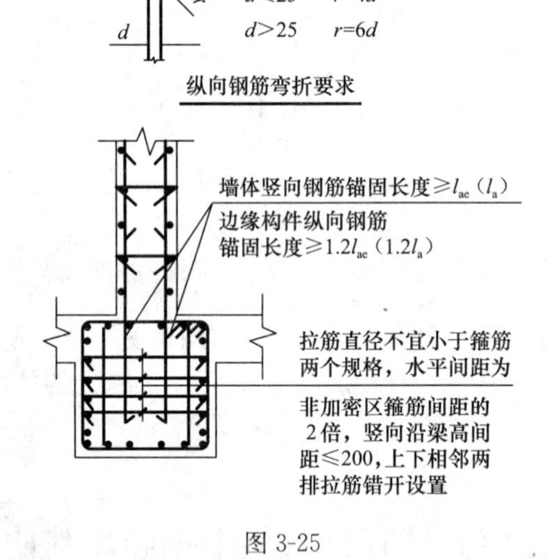

图 3-25

（6）竖向分布钢筋的连接按剪力墙底部加强区的构造要求，参见 11G101-1 第 70 页；

（7）转换梁上的剪力墙及一级抗震剪力墙，采用插筋时，水平施工缝处应进行抗滑移验算；如果不满足要求，钢筋面积不足时，可以设置附加插筋并在上、下墙内有足够的锚固长度。

【讲解 70】剪力墙和暗柱中拉结钢筋的保护层厚度

（1）原《混凝土规范》墙分布钢筋保护层最小厚度不应小于 10mm，这条规范，施工时拉结钢筋易露筋；

（2）现《混凝土结构设计规范》最小保护层厚度不应小于 15mm，大于 50mm 应采取防裂措施，并以 C30 为分界；

（3）拉结钢筋应拉住最外侧钢筋，在边缘构件中，拉结钢筋有代替箍筋的作用，不是简单的拉住受力钢筋，要同时拉住箍筋和纵向钢筋。

【讲解 71】楼面梁与剪力墙或核心筒墙肢在平面外刚接时的构造

（1）墙厚不宜小于梁截面宽度（梁宽不大于墙厚，以减小出平面的弯曲，如果楼面梁宽出剪力墙外会造成很大的弯矩，由于平面外弯曲不足而发生破坏，平面内的刚度非常大，断面薄，无法避免时，可布置些小梁）。

注：设计中遇到在两个剪力墙中设置框架梁，顶部锚固值会不够，因为有负弯矩存在，尽量避免布置这种梁，如果不能避免，在这个部位，应设计成铰接，上部钢筋会小，跨中按剪肢配筋后，边支座为跨中配筋的 25%，如下部配 4 根Φ25，顶部可配 1 根Φ25，相当于 2 根Φ16，一般 200mm 宽的剪力墙，上部筋最多为Φ14，否则水平锚固长度不足 0.4 倍。

（2）地震力是一种作用，不是一种荷载，通常这种情况在墙内设置扶壁柱。墙内设置扶壁柱时，截面宽度不小于梁宽。

（3）墙内设置暗柱时，暗柱的截面高度同墙厚，暗柱的截面宽度为梁宽加 2 倍墙厚度。

（4）扶壁柱及暗柱的配筋率是经计算确定的，并满足最小配筋率要求。

（5）楼面梁水平钢筋应满足锚固长要求，水平段不能满足时，可将梁头伸出墙面（施工很难实现）。

（6）暗柱和扶壁柱应设置箍筋，箍筋间距：一～三级抗震不应大于 150mm，四级抗震和非抗震不应大于 200mm。

【讲解 72】施工图中剪力墙的连梁（LL）被标注为框架梁（KL）

参见 11G101-1 第 74 页，见图 3-26。

（1）在剪力墙结构体系中，不应有框架的概念，框架必须有框架柱、框架梁；剪力墙由于开洞而形成上部的梁应是连梁，而不是框架梁，连梁和框架梁受力钢筋在支座的锚固、箍筋的加密等构造要求是不同的。

（2）剪力墙的连梁（LL）被标注为框架梁（KL），也是连梁，在高规中有这样的规定，也应按框架梁构造措施设计。根据《高规》中的规定：

1）高跨比小于 5 的梁按连梁设计（由于竖向荷载作用下产生的弯矩所占比例较小，水平荷载作用下产生的反弯使它对剪切变形十分敏感，容易出现斜向剪切裂缝）；

2）高跨比不小于 5 的梁宜按框架梁设计（竖向荷载下作用下产生的弯矩比例较大）。

在实务中不能仅凭 LL 和 KL 编号，判定一定为框架梁。

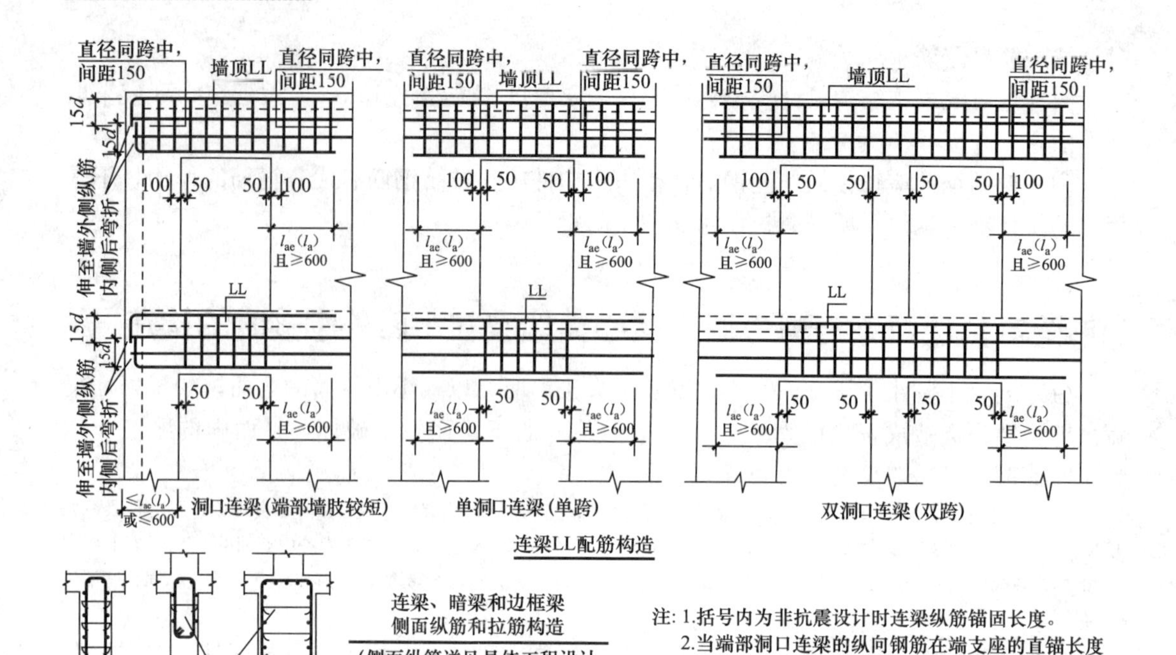

注：1.括号内为非抗震设计时连梁纵筋锚固长度。

2.当端部洞口连梁的纵向钢筋在端支座的直锚长度$\geqslant l_{aE}(l_a)$且≥600时，可不必往上（下）弯折。

3.洞口范围内的连梁箍筋详具体工程设计。

4.连梁设有交叉斜筋、对角暗撑及集中对角斜筋的做法见本图集第76页。

图 3-26　11G101-1 第 74 页剪力墙 LL、AL、BKL 配筋构造截图

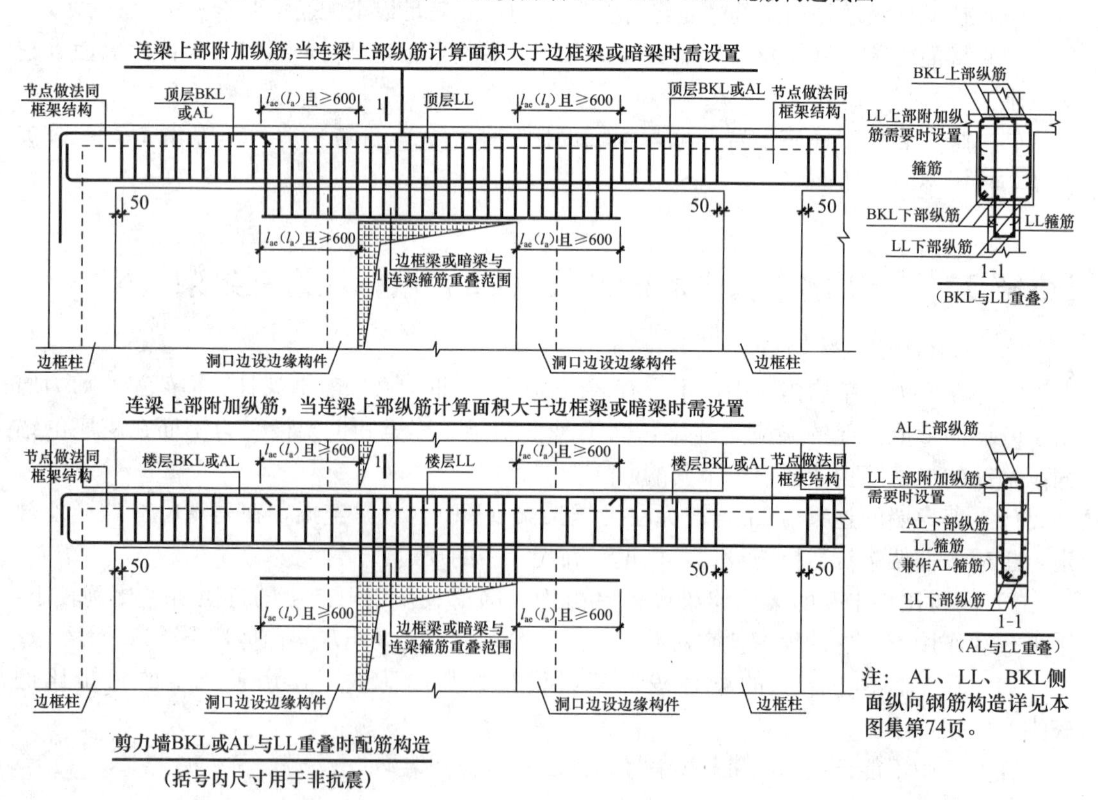

注：AL、LL、BKL侧面纵向钢筋构造详见本图集第74页。

图 3-27　11G101-1 第 75 页剪力墙 BKL 或 AL 与 LL 重叠时配筋构造截图

（3）按连梁标注时箍筋应全长加密：

为什么要有箍筋加密区？是由于反复的水平荷载作用，会有塑性铰的出现，楼板的嵌固面积不应大于 30%，否则应采取措施，楼板在平面内的刚度是非常大的，是可以传力的，在这种状况下的框架梁与实际框架结构中的框架梁，受力状况是不一样的。

（4）按框架梁标注时，应有箍筋加密区（或全长加密）。

（5）框架梁与连梁纵向受力钢筋在支座内的锚固要求是不同的，洞口上边构件编号是框架梁（KL），纵向受力钢筋在支座内的锚固应按连梁（LL）的构造要求，采用直线锚固而不采用弯折锚固。

（6）顶层按框架梁标注时，要注意箍筋在支座内的构造要求。

特别强调：如果顶层按框架梁标注时，顶层连梁和框架梁在支座内箍筋的构造要求是不同的，应按连梁构造要求施工，在支座内配置相应箍筋的加强措施，框架梁没有此项要求。到顶部，地震作用力比较大，会在洞边产生斜向破坏，设计院在此要注明箍筋在支座内的构造。

【讲解 73】剪力墙 BKL 或 AL 与 LL 重叠时配筋构造

参见 11G101-1 第 75 页，见图 3-27。

当边框梁、暗梁与洞口连梁重叠时，新平法是将梁纵向钢筋重复布置，不能用边框梁、暗梁的纵筋替代连梁的纵筋。当连梁的宽度与边框梁等宽时连梁的箍筋可替代边框梁、暗梁的箍筋。连梁上部的纵筋当计算面积大于边框梁或暗梁时，连梁的上部纵筋需正常设置，否则可用边框梁或暗梁的上部钢筋替代，连梁的边侧筋在边框梁内可由边框梁的边侧筋代替。

【讲解 74】剪力墙第一根竖向分布钢筋距边缘构件的距离是多少，水平分布钢筋距地面的距离是多少

剪力墙端部或洞口边的边缘构件分两类：约束边缘构件、构造边缘构件。当边缘构件是暗柱或翼墙柱，作为剪力墙的一部分，不能作为单独的构件来考虑。竖向分布钢筋在边缘构件之间排布，水平分布钢筋遇到有暗梁、连梁等构件，仍按照楼层间排布。遇有特殊情况：当设计未注写连梁侧面构造纵筋时，墙体水平分布筋作为连梁侧面构造纵筋在连梁范围内拉通连续布置。遇有楼板，剪力墙水平分布钢筋应穿过楼板负筋，确保楼板负筋的正确位置。

剪力墙第一根竖向分布钢筋距边缘构件的距离，应根据墙的长度及竖向分布钢筋的设计间距整体考虑，遇有端柱的距离可按设计间距考虑，第一根钢筋距端柱近边的距离不大于 100mm；遇有暗柱，暗柱是剪力墙的一部分，可按设计的间距要求设置，如不足间距的整数倍，根据钢筋的整体摆放设计后，将最小的间距安排在靠边缘构件处。

剪力墙的水平分布钢筋，应按设计要求的间距排布，根据墙体整体排布设计后，第一根水平分布钢筋距楼板的上、下结构表面（基础顶面）的距离不大于 100mm。也可从基础顶面开始连续排布水平分布钢筋。该讲解见图 3-28。

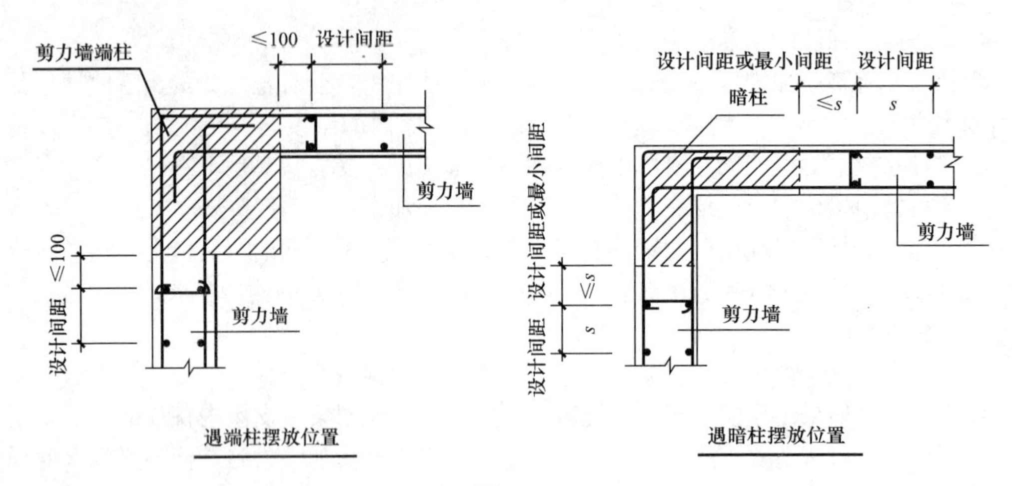

图 3-28

【讲解 75】剪力墙洞口边补强钢筋的“缺省”标注，连梁中部预留圆洞时的构造要求

补强钢筋的“缺省”标注，请参见 11G329-1 第 18 页。

(1) 当矩形洞口的洞宽、洞高均≤800mm 时，此项注写为洞口每边补强钢筋的具体数值，如果按标准构造详图设置补强钢筋时可不注，施工图未注明时，洞口每边加 2Φ12，且不小于同向被切断钢筋面积的 50%。当洞宽、洞高方向补强钢筋不一致时，分别注写洞宽方向、洞高方向补强钢筋，以“(洞宽方向)/(洞高方向)”分隔。

(2) 当矩形或圆形洞口的洞宽或直径≥800mm 时，在洞口上、下需设置补强暗梁，此项注写为洞口上、下每边暗梁的纵筋与箍筋的具体数值，在标准构造详图中高度 400mm 为“缺省”标注（纵筋间的间距），当设计者采用与标准构造详图不同的做法时，应另行注明，圆形洞口尚需注明环向加强钢筋的具体数值。

(3) 当洞口上、下为剪力墙的连梁时，不再增设补强暗梁，此项免注。

(4) 当洞口为“缺省”标注时，洞口两侧竖向边缘构件，设计应另行表达，给出具体的做法。

(5) 洞口补强钢筋应满足锚固长度的规定。

(6) 连梁中部预留洞，宜预留套管洞边补强钢筋应按设计要求，且直径不应小于 12mm，连梁不能在梁高 1/3 上下范围内开洞，应设置在连梁中部 1/3 范围，补强的钢筋锚固不能小于 l_{ae}。

(7) 当圆形洞口设置在墙身或暗梁、边框梁位置，且洞口直径不大于 300mm 时，此项注写为洞口上下、左右每边布置的补强钢筋的具体数值。

(8) 当圆形洞口直径大于 300mm，但不大于 800mm 时，其加强钢筋在标准构造详图中系按照外圆切正六边形的边长方向布置，设计仅注写六边形中一边补强钢筋的具体数值。

该部分内容参见 11G329-1 第 45 页，见图 3-29：

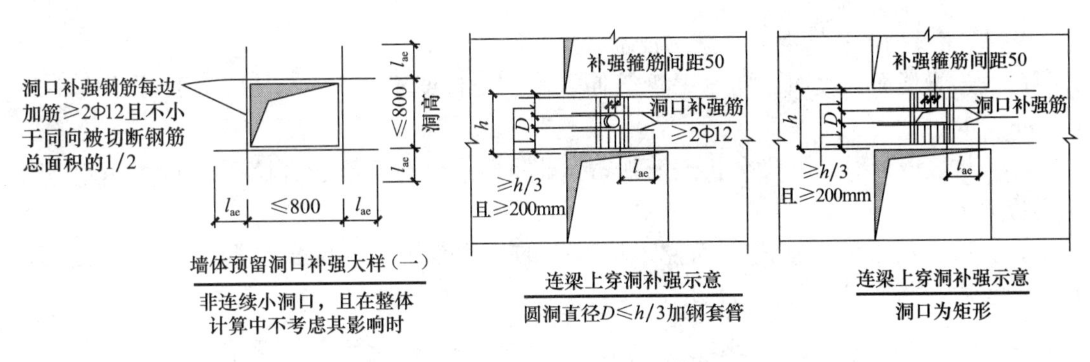

图 3-29　11G329-1 第 45 页截图

（注意：设计“缺省”标注）

【讲解 76】在剪力墙的连梁中腰筋设置要求

（1）连梁高度范围内的墙肢水平分布钢筋应在连梁内拉通作为连梁的腰筋，如果设计不注，施工按标准构造详图的要求即可；

当墙身水平分布筋不能满足连梁（暗梁、边框梁）梁侧面纵向构造筋的要求时，应在表中补充注明梁侧面纵筋的具体数值，其在支座的锚固要求同连梁中受力钢筋，注写时以 N 打头，后续注写直径与间距。

（2）当连梁的跨度比不大于 2.5 时，两侧腰筋总面积配筋率不应小于 0.3%，这需设计验算，由于墙体水平分布筋直径小，这样经验算可保证连梁的抗剪要求。

（3）拉结钢筋间距为腰筋的 2 倍，且应“隔一拉一”。

（4）当连梁的高度大于 700mm，腰筋的直径不小于 8mm，间距不大于 200mm。伸入墙内满足锚固要求（《高层建筑混凝土结构技术规程》第 7.2.27 条，取消了强条）。

（5）《混凝土结构设计规范》2010 版 11.7.11 条（抗震）规定，连梁腹板高度不小于 450mm，腰筋直径不应小于 10mm，间距不应大于 200mm。

说明：第 4 条与第 5 条，规范是否是矛盾的？

关于《高层建筑混凝土结构技术规程》第 7.2.27 条与《混凝土结构设计规范》第 11.7.11 条的关系问题，两本规范并不矛盾。

因为《高层建筑混凝土结构技术规程》第 7.2.27 条适用于抗震和非抗震两种情况，而《混凝土结构设计规范》第 11.7.11 条仅适用于抗震设计情况。

因此，抗震设计时，应按《混凝土结构设计规范》要求（同时也就满足了《高层建筑混凝土结构技术规程》要求），非抗震设计时，按《高层建筑混凝土结构技术规程》规定设计。

（6）连梁腰筋与墙肢水平分布钢筋直径不同时，应在伸入剪力墙内搭接连接，搭接百分率不大于 50%，搭接长度为 $1.2l_{ae}$，净距 500mm，错层搭接。

【讲解 77】剪力墙连梁配筋构造

参见 11G329-1 第 40 页，如图 3-30。

（1）高跨比小于 5 的连梁按连梁设计（构造），高跨比不小于 5 的连梁宜按框架梁设计（构造）（《高层建筑混凝土结构技术规程》7.1.3 条）。

（2）连梁顶面、底面纵向水平钢筋伸入墙肢内长度不应小于 l_{ae}（l_a），且均不应小于 600mm。

（3）抗震设计时，沿梁全长箍筋加密，非抗震设计时，箍筋直径不应小于 6mm，间距不应大于 150mm。

（4）顶层连梁纵向水平钢筋伸入墙肢内的长度范围内应配置箍筋，间距不宜大于 150mm，直径与连梁箍筋相同。

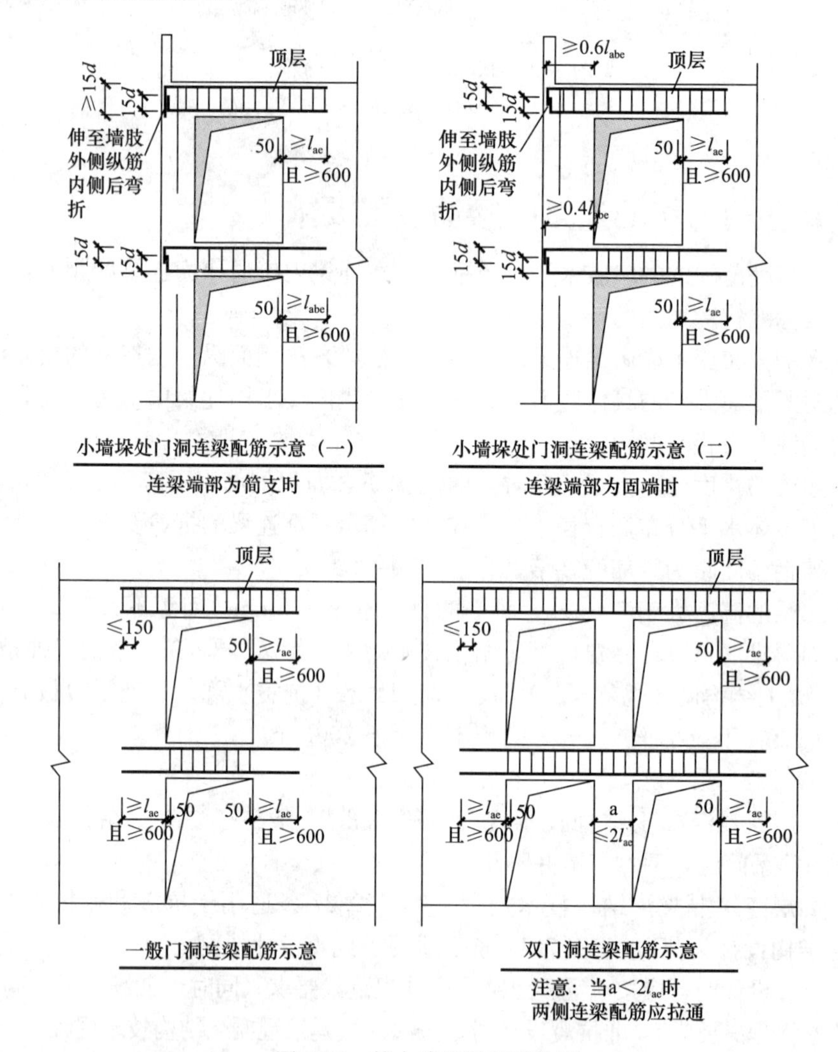

图 3-30　剪力墙连梁配筋构造

（5）剪力墙连梁箍筋构造，如表 3-1（参见 11G329-1 第 39 页）。

剪力墙连梁箍筋构造　　**表 3-1**

抗震等级	箍筋最大间距（mm）	箍筋最小直径（mm）
一级	纵筋直径的 6 倍，连梁高的 1/4 和 100 中的最小值	10
二级	纵筋直径的 8 倍，连梁高的 1/4 和 100 中的最小值	8

续表

抗震等级	箍筋最大间距（mm）	箍筋最小直径（mm）
三级	纵筋直径的8倍，连梁高的1/4和150中的最小值	8
四级	纵筋直径的8倍，连梁高的1/4和150中的最小值	6

注：1. 当连梁纵向受拉钢筋配筋率大于2%时，表中箍筋最小直径应增大2mm；
2. 一、二级抗震等级剪力墙连梁，当连梁箍筋直径大于12mm、数量不少于4肢且肢距不大于150mm时，最大间距应允许适当放宽，但不得大于150mm；
3. 连梁端设置的第一个箍筋距墙肢边缘不应大于50mm。

【讲解78】剪力墙连梁内配置斜筋的构造

参见平法11G101-1图集及《混凝土结构设计规范》第11.7.9～11.7.11条。

（1）对于一、二级抗震等级的框架—剪力墙结构及筒体结构中的连梁，当跨高比不大于2.5时除配置箍筋外宜另配斜向交叉钢筋（标注：LL(JX)）。

1）当连梁的宽度不小于250mm时，可采用斜筋交叉配置。

参见11G101-1第76页，11G329-1第55页、第56页。如图3-31：

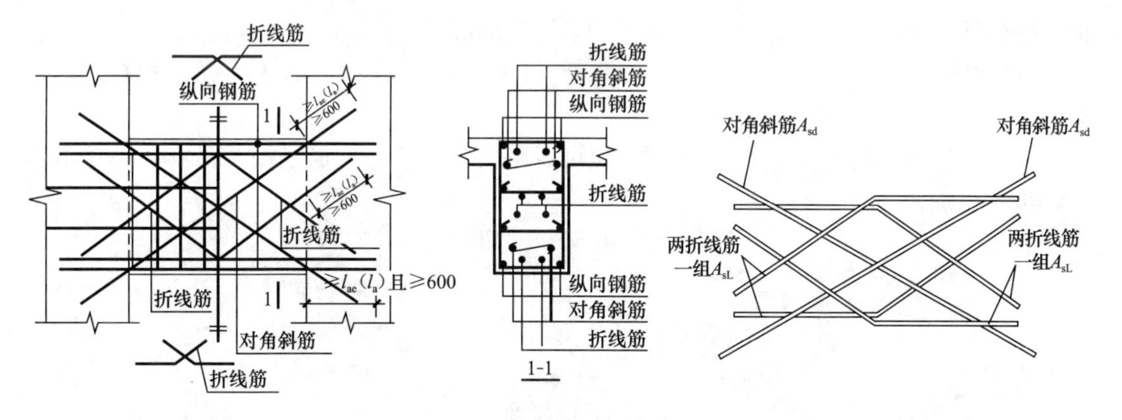

图3-31　连梁交叉斜筋配筋构造

2）交叉斜筋连梁中，单向对角斜筋不宜少于2Φ12，单组折线筋直径不宜小于12mm。

3）交叉斜筋连梁中，对角斜筋在梁端部应设置不少于3根拉筋，拉筋间距不应大于连梁宽度和200mm较小值，直径不宜小于6mm。

4）交叉斜筋伸入墙内的锚固长度不应小于$l_{ae}(l_a)$，且不应小于600mm。

5）交叉斜筋连梁的水平钢筋及箍筋形成的钢筋网之间应采用拉筋拉结，直径不宜小于6mm，间距不宜大于400mm。

连梁交叉斜筋配筋平法注写：代号为LL(JX) XX，注写连梁一侧对角斜筋的配筋值，并标注×2表明对称设置；注写对角斜筋在连梁端部设置的拉筋根数、规格及直径，并标注×4表示四个角都设置；注写连梁一侧折线筋值，并标×2表明对称设置。注意：此类钢筋的平直段长度和斜向长度的起止点，斜向锚入支座是斜向长，不是水平投影长。

(2) 当连梁宽度不小于 400mm 时，可采用集中对角斜筋配筋；(标注：LL(DX))

参见 11G101-1 第 76 页，11G329-1 第 55 页、第 57 页。如图 3-32。

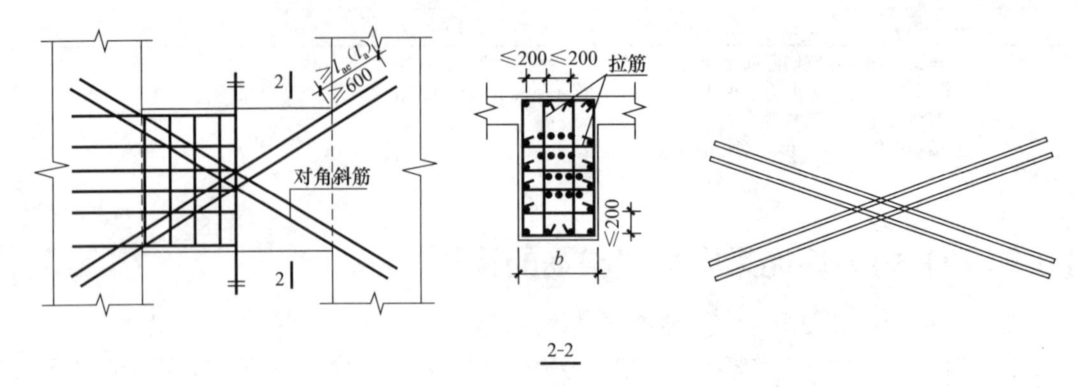

图 3-32　连梁集中对角斜筋配筋构造

集中对角斜筋连梁中，每组对角斜筋应至少由 4 根直径不小于 14mm 的钢筋组成。

集中对角斜筋配筋应在梁截面内沿水平方向及竖直方向设置双向拉筋，拉筋应钩住纵向外侧钢筋，间距不大于 200mm，直径不应小于 8mm。

连梁集中对角斜筋配筋构造平法注写：代号为 LL(DX) XX，注写一条对角线上的对角斜筋，并标注×2 表明对称设置。

(3) 当连梁宽度不小于 400mm 时，也可以采用对角暗撑配筋（LL(JC)）(此条取消了端部箍筋加密要求)。

参见 11G101-1 第 76 页，11G329-1 第 55 页、第 57 页。如图 3-33。

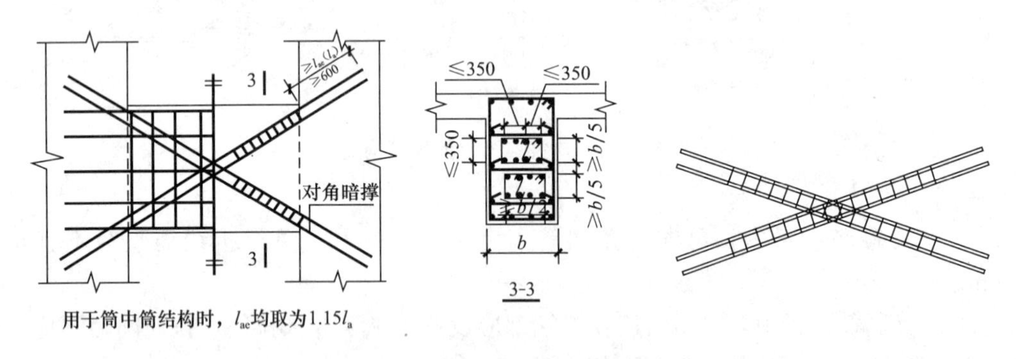

图 3-33　连梁对角暗撑配筋构造

对角暗撑连梁中，每组对角斜筋应至少由 4 根直径不小于 14mm 的钢筋组成。

对角暗撑连梁的水平钢筋及箍筋形成的钢筋网之间应采用拉筋拉结，直径不宜小于 6mm，间距不宜大于 400mm。

对角暗撑配筋连梁中暗撑箍筋的外缘沿梁截面宽度方向不宜小梁宽的一半，另一方向不宜小于梁宽的 1/5；对角暗撑约束箍筋肢距不应大于 350mm。

连梁对角暗撑配筋构造平法注写：代号为 LL(JC) XX，注写暗撑的截面尺寸（箍筋外皮尺寸）；注写一根暗撑的全部纵筋，并标注×2 表明两根暗撑相互交叉；注写暗撑箍筋的具体数值。

对比 11G101-1 第 16 页制图规则、第 76 页连梁交叉斜筋配筋构造、连梁集中对角斜筋配筋构造、连梁对角暗撑配筋构造和 03G101-1 第 14 页制图规则、第 52 页连梁斜向交叉暗撑构造（见图 3-34），与新平法构造的不同。

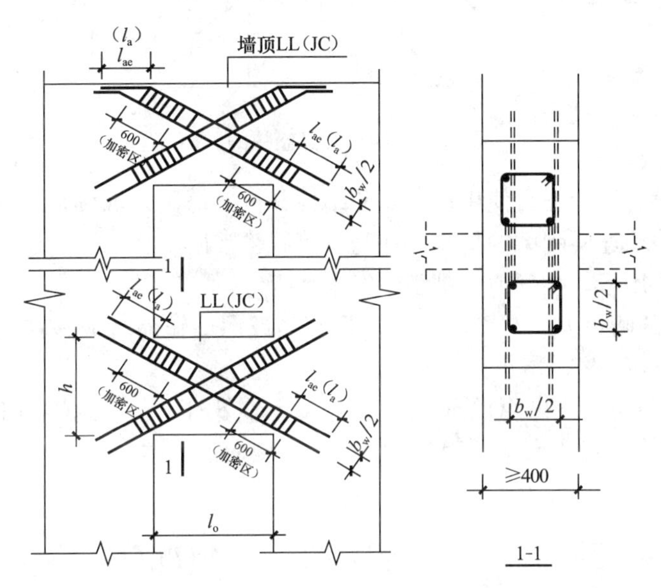

图 3-34　03G101-1 第 52 页连梁斜向交叉暗撑构造截图

【讲解 79】框筒梁和内筒连梁配筋构造

框剪结构为在框架结构中，设置部分剪力墙，使框架和剪力墙二者结合起来，取长补短，共同抵抗水平荷载，这就是框架-剪力墙结构体系。

框筒结构属于筒体结构的一种，如果把剪力墙布置成筒体，围成的竖向箱形截面的薄臂筒和密柱框架组成的竖向箱形截面，可称为框架-筒体结构体系。具有较高的抗侧移刚度，被广泛应用于超高层建筑。筒体结构适用于 30～50 层的房屋建筑。

框筒结构，高度不超过 60m，可以按框架剪力墙设计。

《高层建筑混凝土结构技术规程》第 9.3.8 条：

（1）高跨比不大于 2 的框筒梁和内筒连梁宜增配对角斜向钢筋。

（2）高跨比不大于 1 的框筒梁和内筒连梁宜采用交叉暗撑，如图 3-35。

（3）交叉暗撑应符合下列规定：

1）梁截面宽度不宜小于 400mm。

2）全部剪力有暗撑承担，每个暗撑应由不小于 4 根纵向钢筋组成，直径不应小于 14mm。

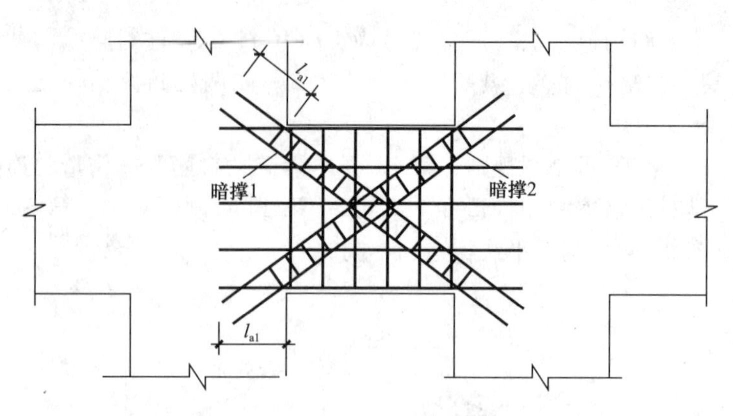

图 3-35　梁内交叉暗撑的配筋

很多设计院没有进行正常使用状态下的结构分析，都认为抗震是最安全的，采用抗震验算，特别是剪力墙连梁刚度的折减，在竖向荷载正常使用状态下，连梁的刚度是不允许折减的，在地震作用下，全部剪力都由暗撑来承担。

3）两个方向的暗撑纵向钢筋应采用矩形箍筋或螺旋箍筋绑成一体，箍筋间距不应大于 150mm，直径不应小于 8mm。

4）水平纵筋和交叉暗撑纵筋伸入墙内长度不应小于 l_{a1}，非抗震时为 l_a，抗震时为 $1.15l_a$（G101 图集没有标注水平锚固长度，只标注斜向的）。

【讲解 80】剪力墙连梁斜向剪切裂缝震害情况分析

由于剪力墙连梁水平钢筋配置不足，竖向钢筋很少，没有配置斜筋，在地震作用下，受力分散，形成斜向剪切破坏。为实现连梁的强剪弱弯，推迟剪切破坏，提高延性，连梁应与剪力墙取相同的抗震等级，增大实际抗弯配筋（如图 3-36）。

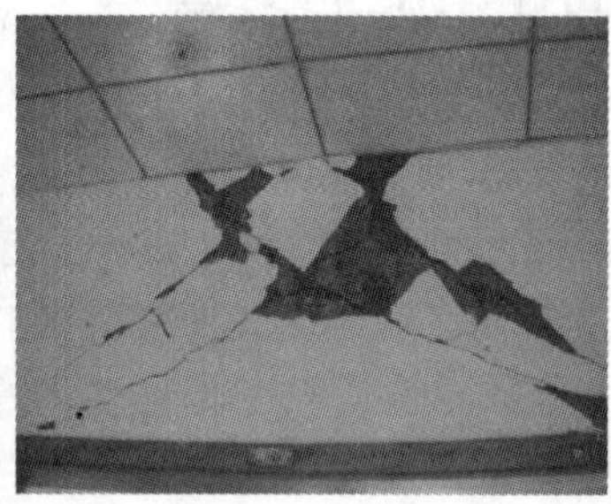

图 3-36　剪力墙连梁斜向剪切裂缝破坏情况示意图

【讲解 81】剪力墙的底部加强区高度的规定

剪力墙的底部加强区设计的目的：在加强区范围内采取增加边缘构件的箍筋和墙体横向钢筋等必要的抗震加强措施，避免剪力墙的底部脆性剪切破坏，改善整个结构的抗震性能。

剪力墙底部加强区，根据轴压比，经常设计一些约束边缘构件，要求设计院在结构设计说明中对底部加强区高度给予明确，高层建筑物给出一个竖向的表格（列明层号，建筑高度，结构高度，底部加强区的高度，表示出约束边缘构件的高度），约束边缘高度为底部加强区及向上延伸一层。

剪力墙的底部加强区的高度（《建筑抗震设计规范》第 6.1.10 条）为底部塑性铰范围及其以上一定范围。

（1）部分框支剪力墙结构的抗震墙，其底部加强部位的高度：取框支层加框支层以上二层的高度及落地剪力墙总高度的 1/10（原规范为框支层及以上二层、落地剪力墙总高度的 1/8，取以上二者较大者且不大于 15m。新规范取消了 15m 的规定。）两者较大者；

（2）其他结构的剪力墙，房屋高度大于 24m 时，底部加强区的高度：取底部二层和剪力墙肢总高度的 1/10（原规范为 1/8）两者较大者；房屋高度不大于 24m 时，底部加强区的高度：可取底部一层；

（3）底部加强区高度，应从地下室顶板算起；

（4）带大底盘的高层（含筒体结构）及裙房与主楼相连的高层，底部加强区的高度：取地下室顶板以上剪力墙肢总高度的 1/10（原规范为 1/8）；向下延伸一层到地下一层；高出大底盘顶板和裙房顶板一层；塔楼与裙房相连的外围柱、剪力墙、从嵌固端至裙房屋面上一层，柱纵向钢筋的最小配筋率宜提高，剪力墙按规程设置约束边缘构件；在裙房屋面上、下层范围内（这个部位是纵向刚度突变的地方，容易出现薄弱层），柱箍筋宜全高加密（《高层建筑混凝土结构技术规程》第 10.6.4 条）；

（5）结构计算嵌固部位位于地下一层的底板或以下时，底部加强部位宜向下延伸到计算嵌固端（《建筑抗震设计规范》第 6.1.10 条）。

【讲解 82】剪力墙底部加强区震害破坏情形分析

（1）框架—剪力墙结构，剪力墙底部混凝土压碎，边缘构件破坏，箍筋间距明显偏大，主筋压屈，如图 3-37。

（2）台湾集集地震中，彰化县的彰农大厦在地震中倒塌，底部加强区出现问题，但整体性刚度非常好，如图 3-38。

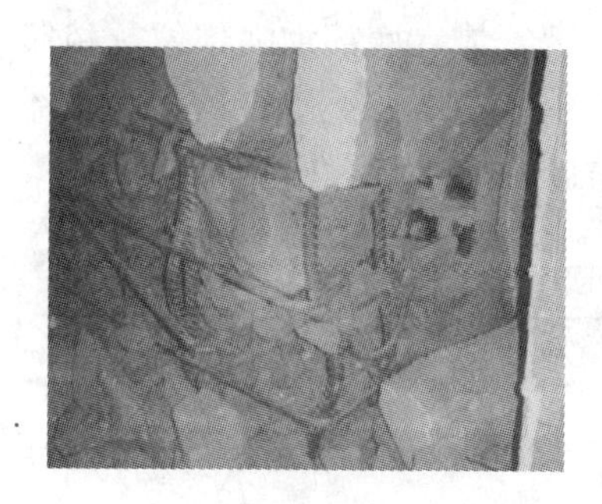

图 3-37　框架-剪力墙底部混凝土压碎，主筋压屈

图 3-38　彰农大厦倒塌情况

【讲解 83】剪力墙的约束边缘构件

剪力墙约束边缘构件（以 Y 字开头），包括约束边缘暗柱、约束边缘端柱、约束边缘翼墙、约束边缘转角墙四种。抗震墙两端和洞口两侧应设置边缘构件，边缘构件包括暗柱、端柱和翼墙。设计文件未按 11G101-1 规定要求编号时，应注明（参见 11G329-1 第 35 页，如图 3-39）。

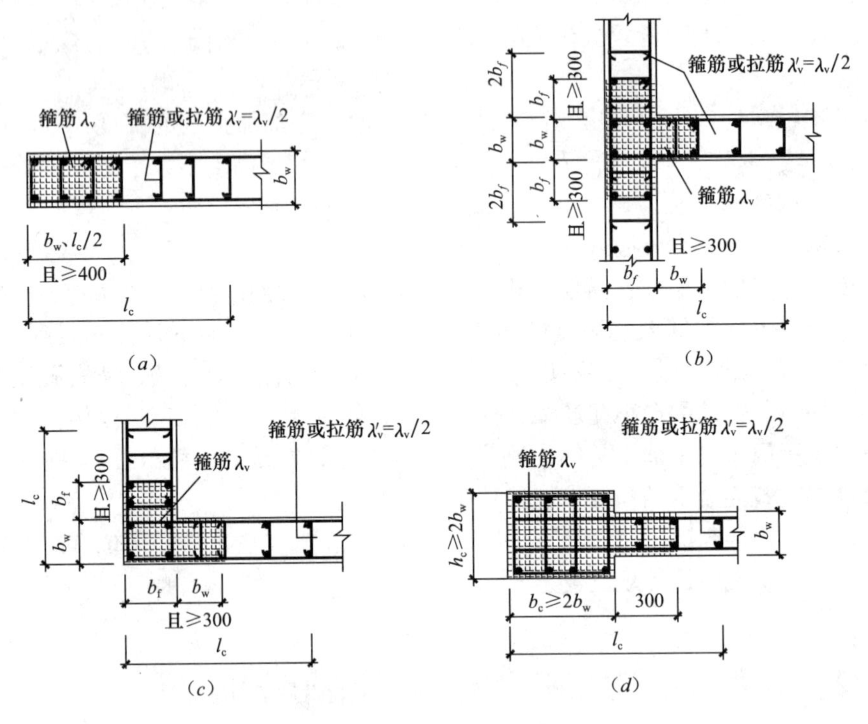

图 3-39 剪力墙的边缘约束构件

(*a*) 暗柱；(*b*) 有翼墙；(*c*) 转角墙（L 形墙）；(*d*) 有端柱

（1）约束边缘构件的设置：

《建筑抗震设计规范》第 6.4.5 条：底层墙肢底截面的轴压比大于规范规定（见表 3-2）的一～三级抗震墙，以及部分框支抗震结构的抗震墙，应在底部加强部位及相邻上一层设置；（原规范：剪力墙结构、部分框支剪力墙结构，一、二级抗震等级剪力墙底部加强部位及相邻上一层设置约束边缘构件）无抗震设防要求的剪力墙不设置底部加强区。

抗震墙设置构造边缘构件的最大轴压比 **表 3-2**

抗震等级或烈度	一级（9 度）	一级（7、8 度）	二、三级
轴压比	0.1	0.2	0.3

《建筑抗震设计规范》第 6.1.14 条：地下室顶板作为上部结构的嵌固部位时，地下一层抗震墙墙肢端部边缘构件纵向钢筋的截面面积，不应少于地下一层对应墙肢边缘构件纵

向钢筋的截面积。

(2) 约束边缘构件的纵向钢筋，配置在阴影范围内；图 3-39 中 l_c 为约束边缘构件沿墙肢长度，与抗震等级、墙肢长度、构件截面形状有关。

1) 不应小于墙厚和 400mm；

2) 有翼墙和端柱时，不应小于翼墙厚度或端柱沿墙肢方向截面高度加 300mm。

剪力墙平面布置图中应注明约束边缘构件沿墙肢长度 l_c，当约束边缘翼墙中沿墙肢长度尺寸为 $2b_f$ 时可不注。

(3)《建筑抗震设计规范》第 6.4.5 条：抗震墙的长度小于其 3 倍厚度，或端柱截面边长小于 2 倍墙厚时，按无翼墙、无端柱考虑。

(4) 沿墙肢长度 L_c 范围内箍筋或拉筋由设计文件注明，其沿竖向间距：

1) 一级抗震（8、9 度）为 100mm；

2) 二、三级抗震为 150mm。

约束边缘构件墙柱的扩展部位是与剪力墙身的共有部分，该部位的水平筋是剪力墙的水平分布筋，竖向分布筋的强度等级和直径按剪力墙身的竖向分布筋，但其间距小于竖向分布筋的间距，具体间距值相应于墙柱扩展部位设置的拉筋间距。设计不注写明，具体构造要求见平法详图构造。

(5) 墙上生根剪力墙约束边缘构件的纵向钢筋，应伸入下部墙体内锚固 $1.2l_{ae}$。参见 11G101-1 第 73 页，如图 3-40。

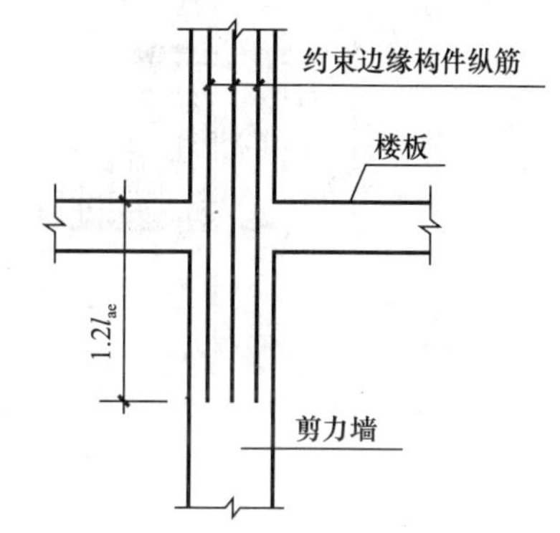

图 3-40 剪力墙上起约束边缘构件纵筋构造

【讲解 84】剪力墙的构造边缘构件

剪力墙构造边缘构件（以 G 字开头），包括构造边缘暗柱、构造边缘端柱、构造边缘翼墙、构造边缘转角墙四种（参见 11G329-1 第 73 页，如图 3-41）。

(1) 构造边缘构件的设置位置：

剪力墙的端部和转角等部位设置边缘构件，目的是改善剪力墙肢的延性性能。

《建筑抗震设计规范》第 6.4.5 条：对于抗震墙结构，底层墙肢底截面的轴压比不大于规范规定（见表 3-2）的一、二、三级抗震墙及四级抗震墙，墙肢两端、洞口两侧可设置构造边缘构件；除【讲解 83】第一条设置约束边缘构件以外的其他部位。

抗震墙的构造边缘构件范围如图 3-42。

(2) 底部加强部位的构造边缘构件，与其他部位的构造边缘构件配筋要求不同（底部加强区的剪力墙构造边缘构件配筋率为 0.7%，其他部位的边缘约束构件的配筋率为 0.6%）。

《高层建筑混凝土结构技术规程》第 7.2.16 条剪力墙构造边缘构件箍筋及拉结钢筋的无支长度（肢距）不宜大于 300mm（02 规程为不应大于 300mm）；箍筋及拉结钢筋的水平间距不应大于竖向钢筋间距的 2 倍，转角处宜采用箍筋（《建筑抗震设计规范》第 6.4.5 条）（如图 3-43）。

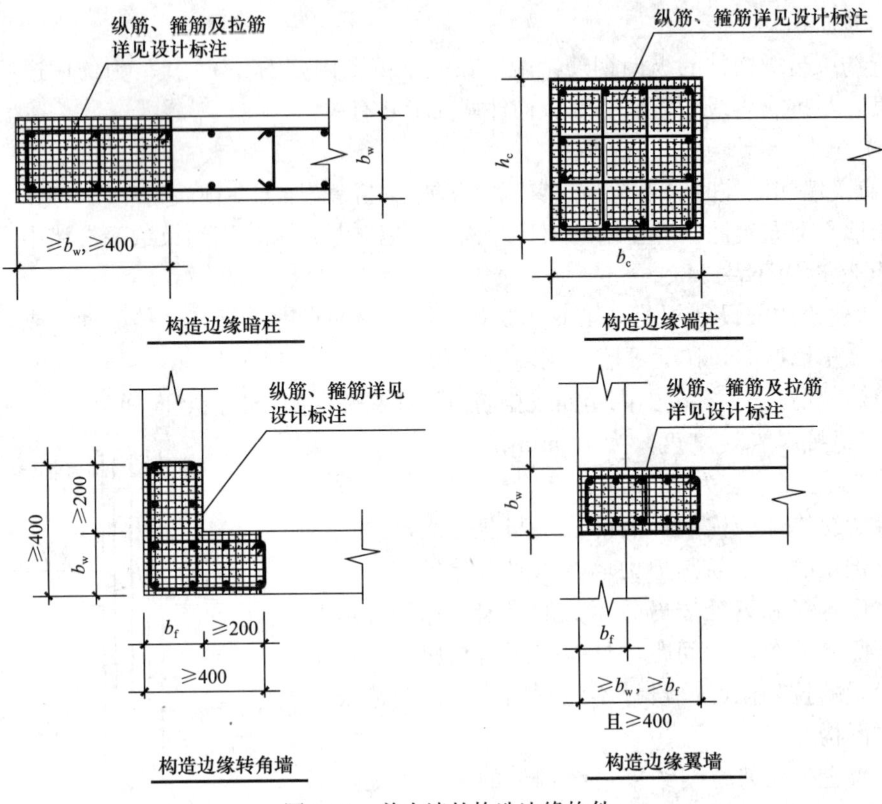

图 3-41　剪力墙的构造边缘构件

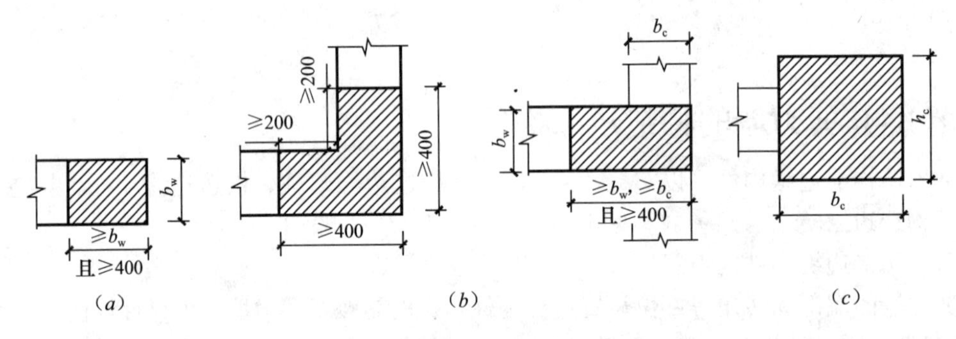

图 3-42　抗震墙的构造边缘构件

(a) 暗柱；(b) 翼柱；(c) 端柱

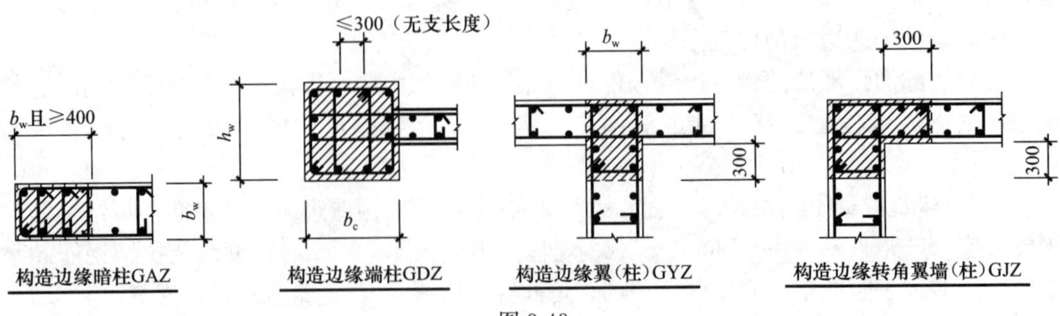

图 3-43

有抗震设防要求时，对于复杂的建筑结构中剪力墙构造边缘构件，不宜全部采用拉结筋，宜采用箍筋或箍筋和拉筋结合的形式。

当构造边缘构件是端柱时，端柱承受集中荷载，其纵向钢筋和箍筋应满足框架柱的配筋及构造要求。构造边缘构件的钢筋宜采用高强钢筋，可配箍筋与拉筋相结合的横向钢筋。

(3) 剪力墙受力状态，平面内的刚度和承载力较大，平面外的刚度和承载力较小，当剪力墙与平面外方向的梁相连时，会产生墙肢平面外的弯矩，当梁高大于2倍墙厚时，梁端弯矩对剪力墙平面外不利，因此，当楼层梁与剪力墙相连时会在墙中设置扶壁柱或暗柱；在非正交的剪力墙中和十字交叉剪力墙中，除在端部设置边缘构件外，在非正交墙的转角处及十字交叉处也设有暗柱。

如果施工设计图未注明具体的构造要求时，扶壁柱按框架柱，暗柱应按构造边缘构件的构造措施（扶壁柱及暗柱的尺寸和配筋是根据设计确定）。

【讲解85】剪力墙洞口局部错位时，边缘构件竖向钢筋的锚固作法

参见11G329-1第46、47、48页。如图3-44。

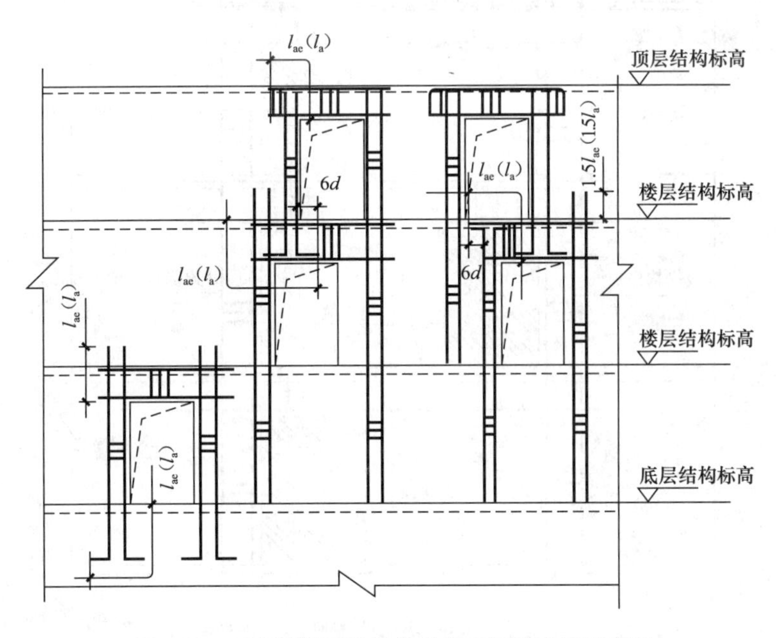

图3-44 局部错洞口边缘构件纵向钢筋连接示意图

(1) 当边缘构件不需要贯通时，其纵向钢筋伸入上层墙体内锚固 $1.5l_{ae}(1.5l_a)$；

(2) 下层边缘构件纵向钢筋遇上层洞口时，伸入洞口后的锚固长度为 $l_{ae}(l_a)$，水平段不小于 $6d$；

(3) 上层边缘构件纵向钢筋遇下层连梁时，伸入洞口的锚固长度为 $l_{ae}(l_a)$，水平段不小于 $6d$；

(4) 错洞口约束边缘构件的竖向钢筋，应向下延伸一层；

(5) 底层墙体局部开洞时，边缘构件的纵向钢筋向下锚固 $l_{ae}(l_a)$，上部过洞口锚固 $l_{ae}(l_a)$。

【讲解 86】剪力墙叠合错洞改规则洞口时，墙边缘构件纵向的配筋构造做法

(1) 剪力墙叠合错洞时会引起局部应力集中，易使剪力墙发生剪切破坏；

(2) 设计时采取可靠措施保证墙肢荷载传递途径；

(3) 形成规则洞口后，连梁的跨高比会大于 5，注意顶层连梁的支座箍筋加密；

(4) 补洞采用砌体加构造柱时，砌体与结构主体的拉结应采用柔性；

(5) 构造柱顶部应预留 20mm，防止连梁的跨数改变。

该讲解内容参考图 3-45。

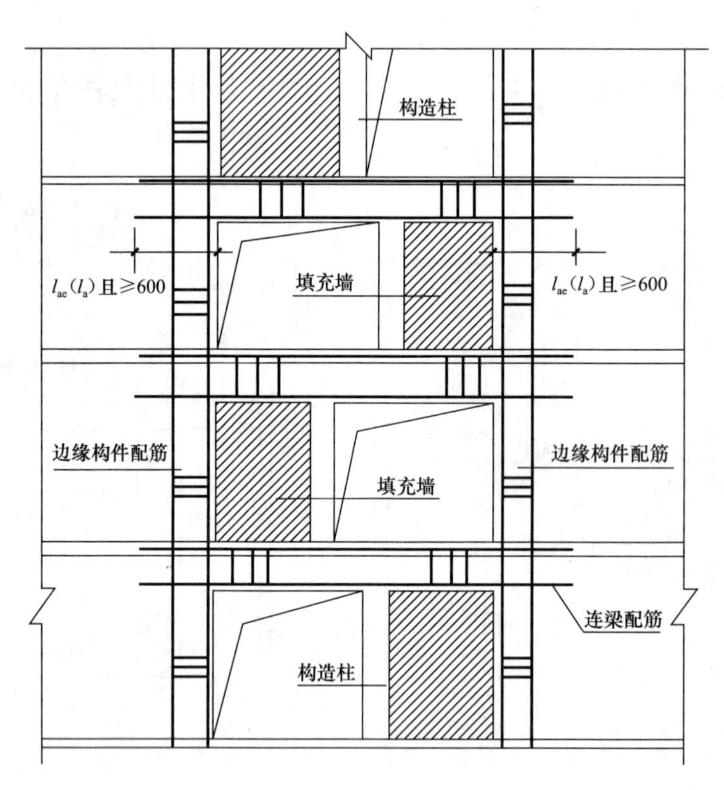

图 3-45 叠合错洞改规则洞口构造

【讲解 87】剪力墙叠合错洞口时，墙边缘构件纵向的配筋构造做法

(1) 按最大洞口边边缘构件通长设置；

(2) 叠合错洞口处另设置边缘构件；

(3) 连梁应通长设置在最大洞口上部，在墙中形成暗框架；

(4) 非贯通的边缘构件的纵向钢筋，伸入上、下层内锚固长度满足 $l_{ae}(l_a)$ 的要求；

(5) 连梁内的箍筋应全长加密；

(6) 顶层连梁应注意在支座内箍筋配置的要求。

该讲解内容参考图 3-46。

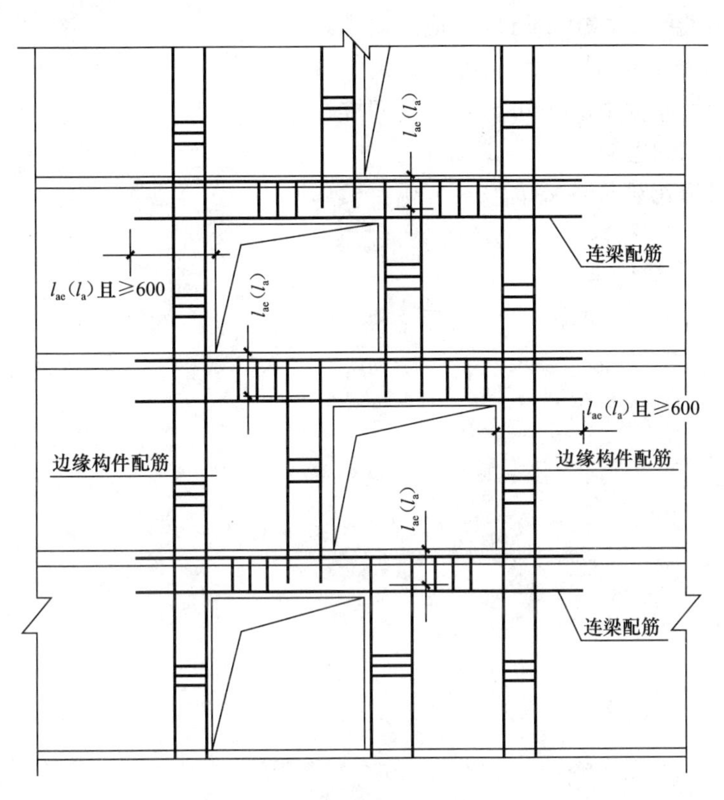

图 3-46　剪力墙叠合错洞口构造

【讲解 88】剪力墙标注示例

剪力墙平法施工图平面注写，参见 11G101-1 第 24 页；列表注写，参见 11G101-1 第 21、22 页；截面注写，参见 11G101-1 第 23 页。

例 1：地下室外墙 DWG2（①-⑥），b_w＝300

Os：h⌀18@200，V⌀20@200；

IS：H⌀16@200，V⌀18@200；

TB：φ6@400@400 双向。

表示 2 号外墙，长度范围为①-⑥轴之间，墙厚 300；Os 外侧水平贯通筋为⌀18@200，竖向贯通筋为⌀20@200；IS 内侧水平贯通筋为⌀16@200，竖向贯通筋为⌀18@200；TB 双向拉筋为φ6，水平间距为 400，竖向间距为 400。

非贯通筋如果采用“隔一布一”方式，实际分布间距为各自标注间距的 1/2。

地下室外墙非贯通筋伸出长度值，从支座外边缘算起，两侧对称伸出时，可单侧标注。

例 2：剪力墙 QXX（X 排）2 排时为省略标注

非抗震：剪力墙厚度≥160mm 时，应配双排；

剪力墙厚度＜160mm 时，宜配双排。

抗震：剪力墙厚度＜400mm 时，应配双排；

400mm≤剪力墙厚度＜700mm 时，宜配三排；

剪力墙厚度≥700mm 时，宜配四排。

拉筋双向@3*a*3*b*（*a*≤200，*b*≤200）。

拉筋梅花双向@4*a*4*b*（*a*≤150，*b*≤150）。

第四章　梁构造常见问题

【讲解 89】当梁的下部作用有均布荷载时，附加钢筋的配置

《混凝土结构设计规范》9.2.11 条文解释：位于梁下部或梁截面高度范围内的集中荷载，应全部由附加横向钢筋承担，以防止集中荷载影响区下部混凝土的撕裂与裂缝，并弥补间接加载导致的梁斜截面受剪承载力的降低，在集中荷载影响区范围内配置附加横向钢筋；不允许用集中荷载区的受剪箍筋代替附加横向钢筋，附加横向钢筋宜采用箍筋，当采用附加吊筋时，弯起段应伸到梁的上边缘，其尾部按规定设置水平锚固段，承担均布荷载的剪力（如图 4-1）。

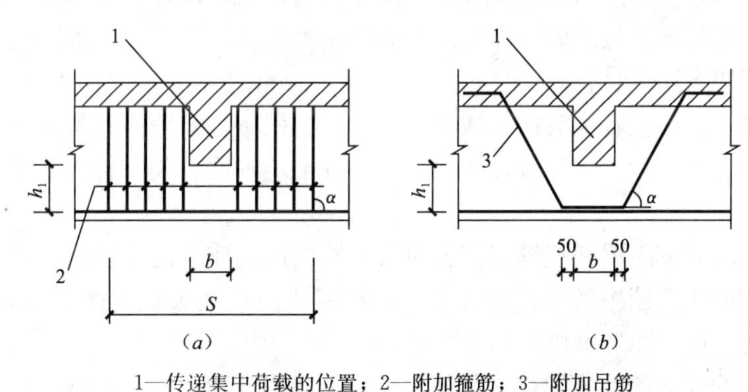

1—传递集中荷载的位置；2—附加箍筋；3—附加吊筋

图 4-1　附加钢筋的配置

(*a*) 附加箍筋；(*b*) 附加吊筋

由于悬臂梁剪力较大且全长承受负弯矩，“斜弯作用”及“沿筋劈裂”及引起的受力状态更为不利，悬臂梁的负弯矩纵向受力钢筋不宜切断，且必须有不少于两根上部钢筋（不少于第一排纵筋的 1/2）伸到梁端，并向下弯折锚固不小于 $12d$；其余梁的钢筋不应在上部截断，按规范规定的弯起点（$0.75l$）向下弯折，弯折后的水平段不小于 $10d$。在悬臂梁伸出尽端与梁交叉处增加附加箍筋（参见 11G101-1 第 89 页）。

当梁下部有悬挑跨度较大的悬挑板，有抗震设防要求时，悬挑板下部设置构造钢筋，通常在施工图设计文件中会有明确的要求。梁中箍筋仅考虑承担扭矩和剪力，不作为横向附加抗剪钢筋考虑，需要增设附加竖向钢筋来承担剪力。

7 度设防，2m 长的悬挑构件；8 度设防，1m 长的悬挑构件，要进行竖向地震力的验算。当悬臂板的跨度≥1000mm（原规范为 1200mm）时应设置附加悬吊钢筋；当有抗震设防要求时，较大悬挑板（长度≥1000mm）的下部应设置构造钢筋，这种构造不能按连续板、简支板进行设计，因为连续板、简支板支座处锚固要求是 $5d$、至少过中心线，对悬臂板是不可以这样要求；长悬挑结构的下部钢筋为受力钢筋，其构造应满足锚固长度的

要求（l_a+12d）；楼（屋）面板与梁下皮平时，应设置附加悬吊钢筋承担均布荷载的剪力，由计算确定数量。必要时可加腋。

如图 4-2：吊筋伸入梁和板内的锚固长度弯折段，不宜小于 20d，d 为吊筋的直径。

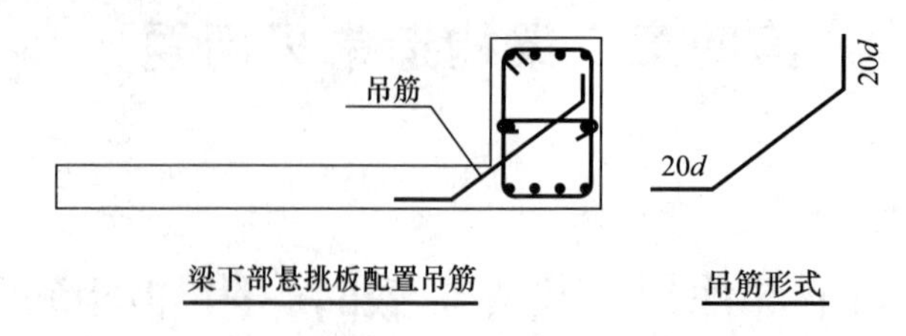

图 4-2　吊筋伸入梁和板内的锚固

【讲解 90】当框架梁和连续梁的相邻跨度不相同时，上部非通长钢筋的长度的确定

（1）上部非通长钢筋向两跨内延伸的长度是按弯矩包络图计算配置确定的；

（2）相邻跨度相同或接近时（净跨跨度相差不大于 20％时，认为是等跨的）钢筋的截断长度，按相邻较大跨度计算；

（3）相邻跨长度相差较大时的作法，根据弯矩包络图，短跨是正弯矩图，所以较小跨的上部通长钢筋应通长设置，原位标注优先，设计上应标注，集中标注满足要求时，不需要进行原位标注；

（4）对不等跨的框架梁和连续梁，相对较小跨内的支座和跨中往往有负弯矩，在较小跨的上部通长钢筋应按图中的原位标注设置，按两支座中较大纵向受力钢筋的面积贯通，如果按本跨净跨长度的 1/3 截断，是不安全的；

（5）非抗震的框架梁及连续梁，包括次梁，不需要设置上部通长钢筋。

如图 4-3：在非抗震设计且相邻梁的跨度相差不大时，支座负筋延伸长度为（1/3～1/4）l_n，为施工方便，通常上部第一排钢筋的截断点取相邻较大跨度净跨长度 l_n 的 1/3 处，第二排在 1/4 处。

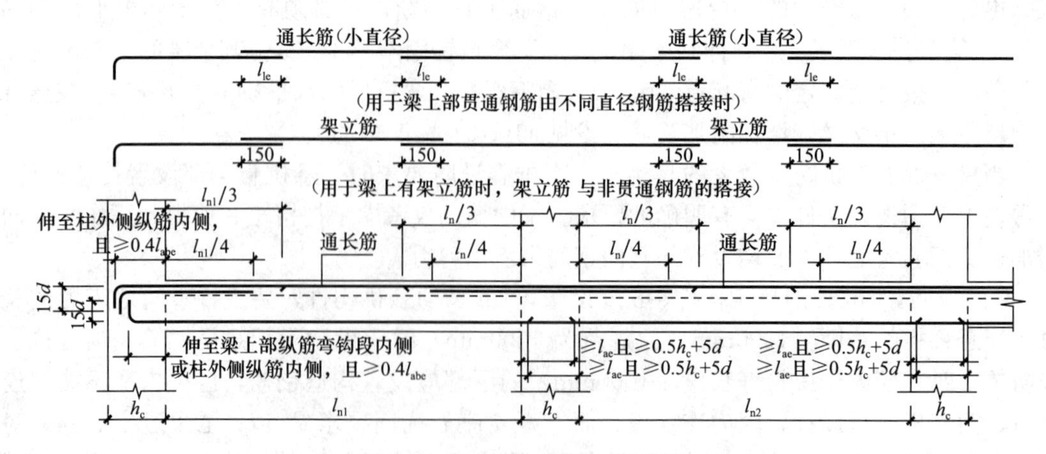

图 4-3　11G101-1 第 79 页截图

【讲解91】框架梁上部钢筋在端支座的锚固问题

(1) 直锚的长度应不小于 l_{ae} (l_a) 要求，且应伸过柱中心线 $5d$，取 $0.5h_c+5d$ 和 l_{ae} 较大值。

(2) 直锚的长度不足时，梁上部钢筋可采用90°弯折锚固，水平段应伸至柱外侧钢筋内侧并向节点内弯折，含弯弧在内的水平投影长度≥$0.4l_{abe}$ ($0.4l_{ab}$) 且包括弯弧在内的投影长度不应小于 $15d$ 的竖向直线段。

参见图集11G101-1第79页、11G329-1第28页，如图4-4：

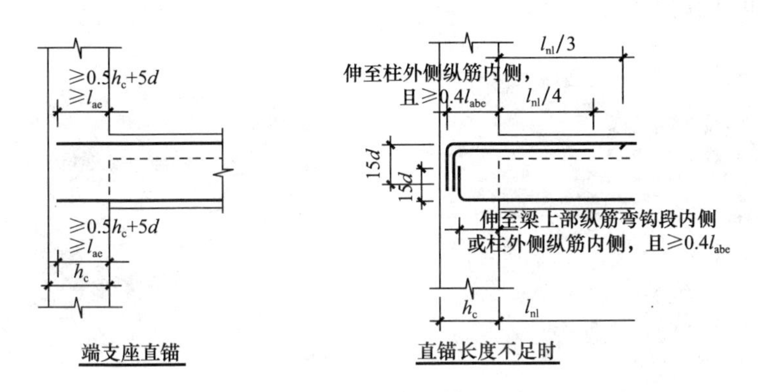

图4-4　端支座锚固

(3) 水平长度不满足 $0.4l_{abe}$ ($0.4l_{ab}$) 时，不能用加长直钩达到总长度满足 l_{abe} (l_{ab}) 的做法，在实际工程中，由于框架梁的纵向钢筋直径较粗，框架柱的截面宽度较小，会出现水平段长度不满足要求的情况，这种情况不得采用通过增加垂直段的长度来补偿使总长度满足锚固要求的做法，这些都是通过框架节点试验证明。

(4) 柱截面尺寸不足时，可以采用减小主筋的直径，或采用钢筋端部加锚头（锚板，按预埋铁件考虑）的锚固方式；钢筋宜伸至柱外侧钢筋内侧，含机械锚头在内的水平投影长度应≥$0.4l_{ae}$ ($0.4l_a$)，过柱中心线水平尺寸不小于 $5d$。

参见图集11G101-1第79页、11G329-1第28页，如图4-5。

(5) 注意上部钢筋采用弯锚时，钢筋的内半径的要求。如图4-6。

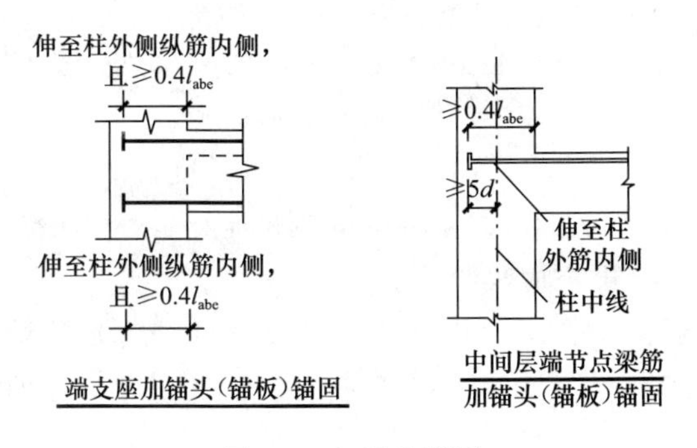

图4-5　加锚头锚固

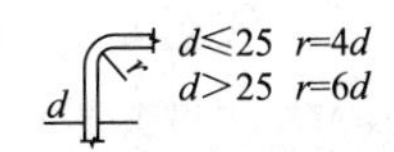

图4-6　纵向钢筋弯折要求

（6）在框剪结构中，框架梁端支座为剪力墙时，支承在翼墙、端柱、转角墙处应为主梁（编号为 KL_{XX}），支承在其他部位为次梁（编号为 L_{XX}）。当次梁与剪力墙垂直相交为端支座时，墙内设置扶壁柱或暗柱，次梁端支座按简支考虑。

【讲解 92】框架梁上部钢筋在端支座震害情形分析

（1）框架主体结构发生轻微破坏，框架梁端弯曲裂缝，有竖向裂缝，不是剪切破坏，其上部受拉钢筋锚固不够，或产生了抗滑移，对于一类环境，规定最大裂缝大于 0.3mm 是不安全的，其肉眼可观察的是 0.2mm。如图 4-7。

（2）强梁弱柱破坏，节点核心区无箍筋，梁上部钢筋水平段长度不够。如图 4-8。

图 4-7　破坏示意图（一）
框架梁端弯曲裂缝破坏

图 4-8　破坏示意图（二）
强梁弱柱破坏，节点核心区无箍筋

【讲解 93】框架梁下部纵向受力钢筋在端支座的锚固

框架梁在支座处，正弯矩在上方，在地震作用下，竖向荷载与水平地震力作用产生的弯矩叠加，柱端在竖向荷载弯矩比例小的话，梁端的下部是不会产生正弯矩，上部钢筋要满足水平锚固要求，下部钢筋可以少些但也要满足锚固的要求。

（1）直线锚固长度不应小于 $l_{ae}(l_a)$ 时，且过柱中心线 $5d$；

（2）柱截面尺寸不足时，也可以采用减小钢筋直径或采用钢筋端部加锚头的锚固方式，其水平段投影长度不小于 $0.4l_{abe}(0.4l_{ab})$，伸至柱纵向钢筋的内侧；

（3）不可以使总锚固长度满足 $l_{ae}(l_a)$ 的要求，而减少水平段的长度；

（4）弯折锚固时，伸至上部下弯纵向钢筋的内侧或柱纵筋内侧上弯，水平段投影长度不小于 $0.4l_{abe}$（$0.4l_{ab}$）时，竖直段投影长度不应小于 $15d$；

（5）水平段应伸至支座对边柱钢筋内侧，不可以在满足 $0.4l_{abe}(0.4l_{ab})$ 后就向上弯折，要过柱中心线，向上弯折要弯折在节点核心区，不要弯折在竖向构件中，不宜向下弯折锚固。

参见图 11G101-1 第 80 页，如图 4-9、图 4-10。

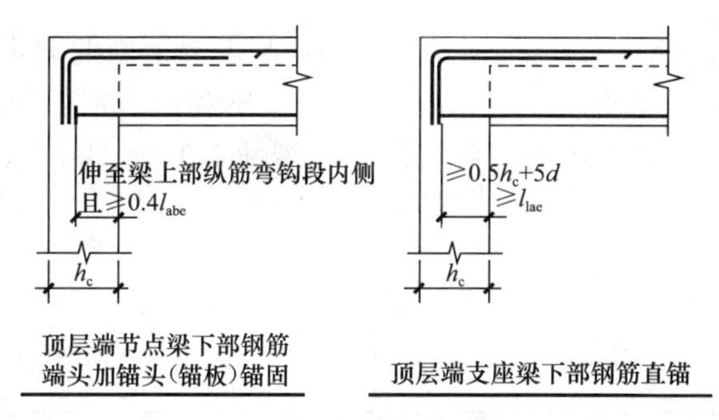

图 4-9　11G101-1 第 80 页截图（一）

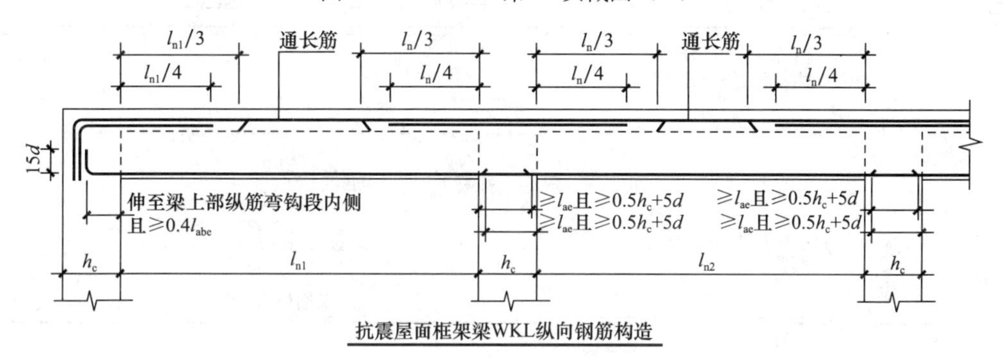

图 4-10　11G101-1 第 80 页截图（二）

【讲解 94】框架梁端部破坏情形分析

原因：框架梁端部抗剪不足，如图 4-11。

图 4-11　破坏示意图

【讲解 95】框架梁下部钢筋在中间支座的锚固及连接

参见图集 11G101-1 第 33 页。

对非抗震设计的框架梁下部纵筋，在中间支座的锚固长度与锚固方式，本图集构造详图中是按计算中充分利用钢筋的抗拉强度考虑的，与上部钢筋的规定相同，图集 11G101-1 第 81 页图示还是按锚入平直段≥0.4l_{ab}，当计算中不利用该钢筋的抗拉强度或仅利用该钢筋的抗压强度时，其伸入支座的锚固长度对于带肋钢筋为 12d，对于光圆钢筋为 15d，此时设计者应注明。如图 4-12。

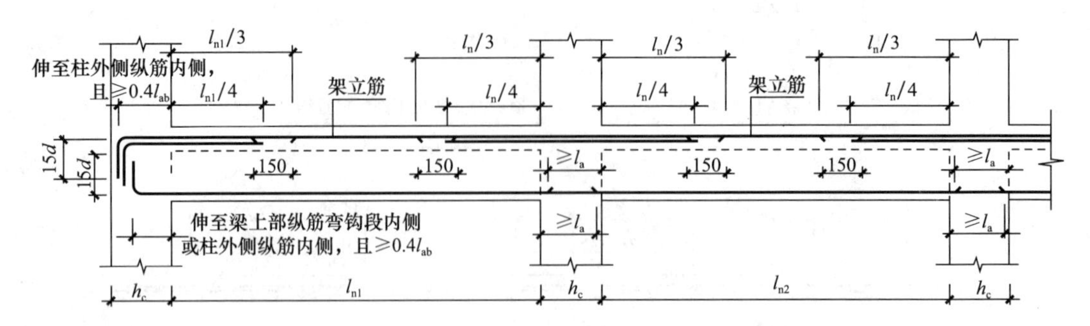

图 4-12　非抗震楼层框架梁 KL 纵向钢筋构造

参见图集 11G101-1 第 79 页、第 80 页、第 54 页，如图 4-13、图 4-14、图 4-15。

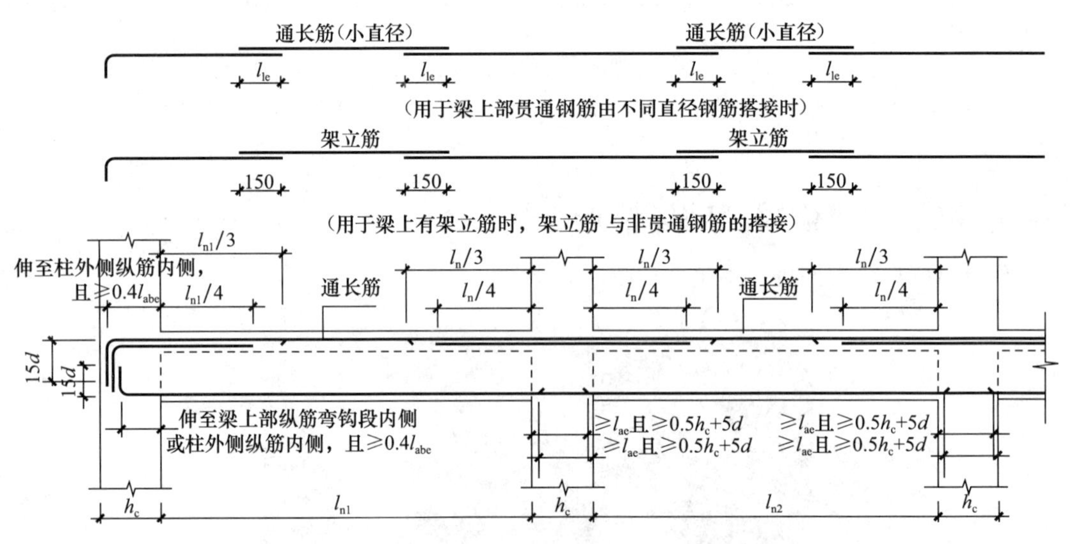

图 4-13　11G101-第 79 页截图，抗震楼层框架梁 KL 纵向钢筋构造

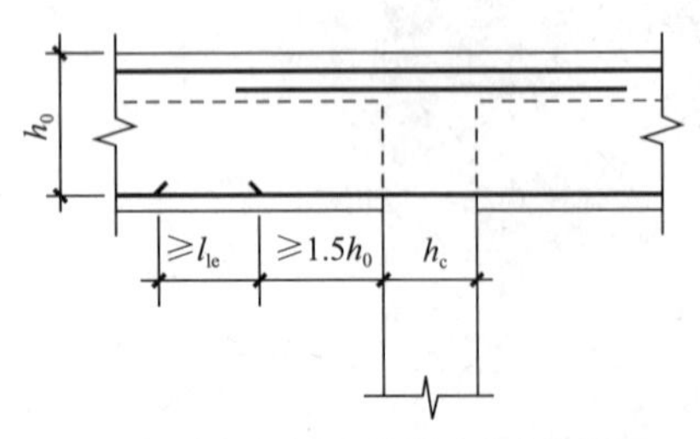

顶层中间节点梁下部筋在节点外搭接

（梁下部钢筋不能在柱内锚固时，可在节点外搭接。相邻跨钢筋直径不同时，搭接位置位于较小直径一跨）

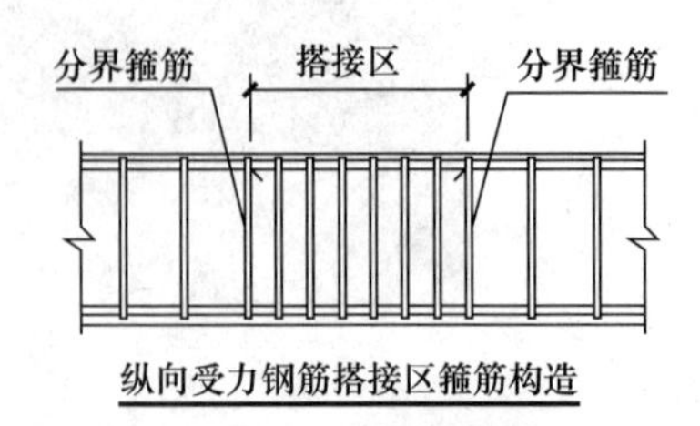

纵向受力钢筋搭接区箍筋构造

注：1.本图用于梁、柱类构件搭接区箍筋设置。
2.搭接区内箍筋直径不小于d/4（d为搭接钢筋最大直径），间距不应大于100mm及5d（d为搭接钢筋最小直径）。
3.当受压钢筋直径大于25mm时，尚应在搭接接头两个端面外100mm的范围内各设置两道箍筋。

图 4-14　11G101-1 第 80 页，第 54 页截图

（1）框架梁的下部纵向受力钢筋在中间支座的锚固要求，对有抗震和无抗震设防要求时是不完全相同的。对于无抗震设防要求的框架梁，下部纵向钢筋应锚固在节点内，采用直线锚固形式，伸入框架柱支座内，直线锚固长度为 l_a，也可以采用带 90°的弯折锚固形式，弯折前水平段为 $0.4l_{ab}$，弯折后竖直段为 $15d$。有抗震设防要求时，下部纵向钢筋伸入支座内的长度为 l_{ae}，且过柱中心线加 $5d$；

（2）柱断面尺寸不满足直锚长度要求，可伸入另侧梁内，满足总锚长度（取消了在柱内弯折锚固的作法，考虑在节点区钢筋布置方便，混凝土浇筑振捣问题）；

（3）当两侧梁不等高时，低梁锚入另一侧梁中，高梁可采用弯折锚固，水平段投影长度不少于 $0.4l_{abe}(0.4l_{ab})$，且伸至柱远端纵筋内侧向上弯折，垂直段水平投影长度不少于 $15d$；

（4）框架梁下部钢筋，可以在支座以外 $1.5h_o$（结构的计算高度，对于一级框架，为 $2h_o$）处搭接连接，搭接长度为 $l_{le}(l_l)$，这就避免了钢筋在节点核心区内太密集。但要注意接头百分率和箍筋加密的规定，对于抗震结构，不允许接头百分率大于 50%；对于非抗震结构，最好不要大于 50%；如图 4-14；

（5）采用机械连接时，可在非连接区，但连接钢筋的面积不应大于总面积的 50%。

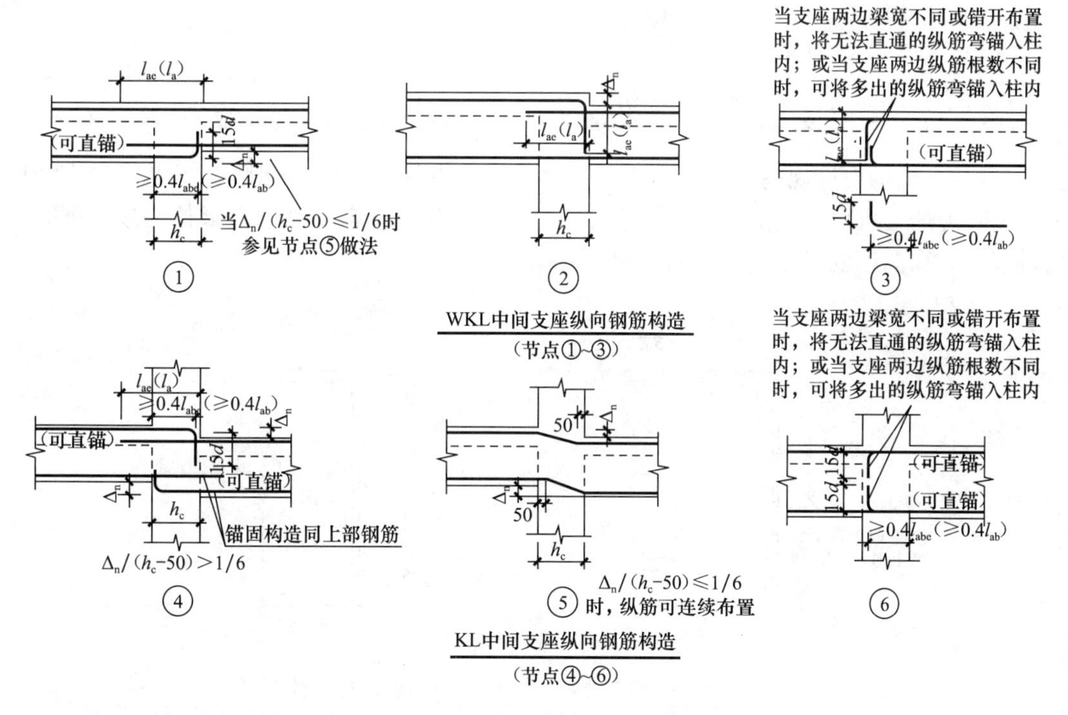

图 4-15　11G101-1 第 84 页截图

《混凝土结构设计规范》第 9.3.5 条：框架中间层中间节点或连续梁中间支座，梁的上部纵向钢筋应贯穿节点或支座。梁的下部纵向钢筋的锚固应符合下列要求：

1）当计算中不利用该钢筋的强度时，伸入节点或支座的锚固长度对带肋钢筋不小于 $12d$，对光面钢筋不小于 $15d$，d 为钢筋的最大直径；

2）当计算中充分利用钢筋的抗压强度时，钢筋应按受压钢筋锚固在中间节点或中间支座内，锚固长度不应小于 $0.7l_a$；

3）当计算中充分利用钢筋的抗拉强度时，钢筋可采用直线方式锚固在节点或支座内，锚固长度不应小于钢筋的受拉锚固长度 l_a；如图 4-16；

4）当柱截面尺寸不足时，可采用钢筋端部加锚头的机械锚固措施，或 90°弯折锚固方式；

5）钢筋也可在节点或支座外梁中弯矩较小处设置搭接接头，搭接长度起始点至节点或支座边缘的距离不应小于 $1.5h_0$，如图 4-16。

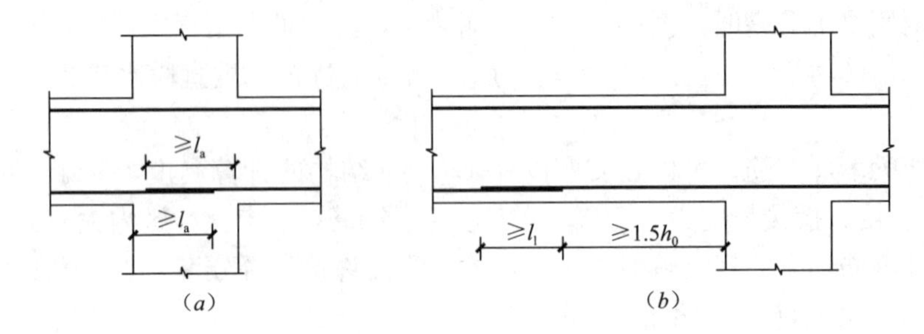

图 4-16 梁下部纵向钢筋在中间节点或中间支座范围的锚固与搭接

（a）下部纵向钢筋在节点中直线锚固；（b）下部纵向钢筋在节点或支座范围外的搭接

【讲解 96】框架顶层端节点梁纵向钢筋搭接连接的构造要求

《混凝土结构设计规范》第 9.3.7 条：顶层端节点柱外侧纵向钢筋可弯入梁内作为梁上部纵向钢筋；也可将梁上部纵向钢筋与柱外侧纵向钢筋在节点和附近部位搭接，框架顶层端节点梁纵向钢筋搭接连接的构造要求。见图 4-17。

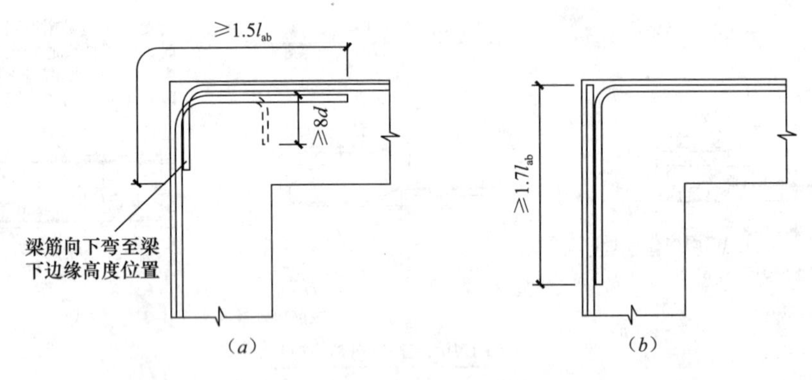

图 4-17 顶层端节点中梁、柱纵向钢筋在节点内的锚固

（a）搭接接头沿顶层端节点外侧及梁端顶部布置；（b）搭接接头沿节点外侧直线布置

（1）梁上部钢筋和柱外侧钢筋数量不多时，可采用设在节点外侧和梁端顶面的钢筋按 90°弯折塔接，梁上部纵筋 90°下弯至梁下边缘，当柱外侧纵筋配筋率大于 1.2%时，伸入梁内柱纵向钢筋可分两批截断，截断点之间的距离不宜小于 $20d$（d 为柱外侧纵向钢筋直径）。如图 4-17（a），并参考第二章【讲解 25】图 2-6。

（2）梁上部钢筋也可用梁、柱钢筋直线搭接，接头位于柱顶外侧，搭接长度不应小于

$1.7l_a$。当梁外侧纵筋配筋率大于 1.2%时，可分两批截断，截断点之间的距离不宜小于 $20d$（d 为梁外侧纵向钢筋直径）。如图 4-17（b），并参考第二章【讲解 25】图 2-7。

（3）本次修订补充了梁、柱截面较大而钢筋相对较细时，钢筋的搭接方法：当梁截面较大时，柱纵筋从梁底算起的直线搭接长度未延伸至柱顶已满足 $1.5l_{ab}$时，应将搭接长度延伸至柱顶并满足 $1.7l_{ab}$搭接长度的要求；当柱截面较大时，柱纵筋从梁底算起的弯折搭接长度未延伸至柱内侧边缘已满足 $1.5l_{ab}$时，尚应保证弯折后的包括弯弧在内的水平段长度不小于 $15d$（d 为柱纵向钢筋直径）。

【讲解 97】非框架梁纵向受力钢筋在支座的锚固长度

参见图集 11G101-1 第 33 页，见图 4-18：非框架梁的下部纵向钢筋在中间支座和端支座的锚固长度，在本图集的构造详图中是按照不利用钢筋的抗拉强度考虑的，规定对于带肋钢筋应满足 $12d$，对于光面钢筋应满足 $15d$（此处无过柱中心线的要求）。当计算中充分利用下部纵向钢筋的抗压强度或抗拉强度，或具体工程有特殊要求时，其锚固长度由设计者按照《混凝土结构设计规范》GB 50010—2010 的相关规定进行变更。

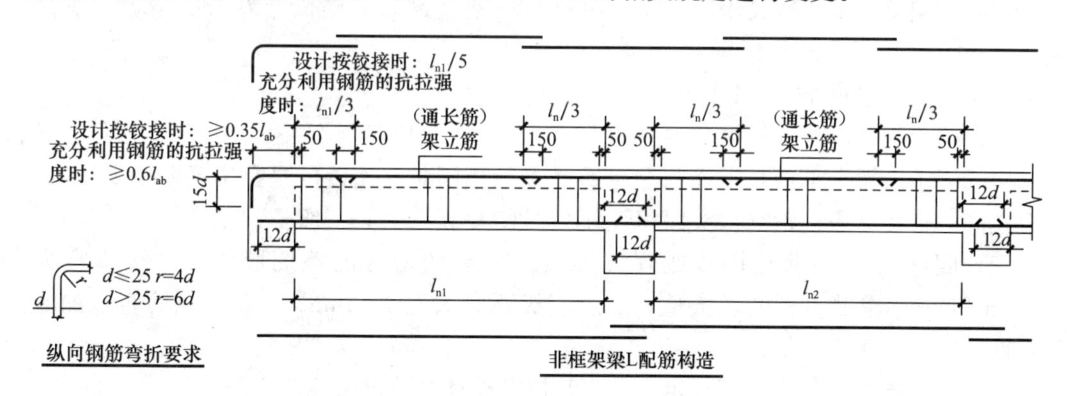

图 4-18　11G101-1 第 86 页截图

（1）非框架梁在支座的锚固长度按一般梁考虑；

（2）次梁不需要考虑抗震构造措施，包括锚固、不设置箍筋加密区、有多少比例的上部通长筋的确定；在设计上考虑到支座处的抗剪力较大，需要加密处理，但这不是框架梁加密的要求；

（3）上部钢筋满足直锚长度 l_a 可不弯折，不满足时，可采用 90°弯折锚固，弯折时含弯钩在内的投影长度可取 $0.6l_{ab}$（由于端支座处为简支座，配置的钢筋是不是没有完全发挥抗拉强度？配置的构造钢筋是不是没有完全恢复抗拉强度？这一点设计院要给予界定，通常没有界定时，采用 $0.6l_{ab}$）（当设计按铰接时，不考虑钢筋的抗拉强度，取 $0.35l_{ab}$），弯钩内半径不小于 $4d$，弯后直线段长度为 $12d$（投影长度为 $15d$）（在砌体结构中，采用 135°弯钩时，弯后直线长度为 $5d$）；

（4）对于弧形和折线形梁，下部纵向受力钢筋在支座的直线锚固长度应满足 l_a，也可以采用弯折锚固；注意弧形和折线形梁下部纵向钢筋伸入支座的长度与直线形梁的区别，直线形梁下部纵向钢筋伸入支座的长度：对于带肋钢筋应满足 $12d$，对于光面钢筋应满足

15d；弧形和折线形梁下部纵向钢筋伸入支座的长度同上部钢筋；

（5）锚固长度在任何时候均不应小于基本锚固长度 l_{ab} 的 60%及 200mm（受拉钢筋锚固长度的最低限度，《混凝土结构设计规范》第 8.3.1 条解释）。

说明：图集 11G101-1 第 33 页第 4.6.1 条，根据新混规、高规的要求，新平法将普通梁（非框架梁、井字梁）的上部纵向钢筋在端支座的锚固分为铰接和充分利用钢筋的抗拉强度两种方式来计算锚固长度，具体采用何种构造方式应该由设计统一写明，并将少数不同之处在图中注明。

【讲解 98】抗震设防框架梁上部钢筋通长钢筋直径不相同时的搭接，通长钢筋与架立钢筋的搭接

（1）通长钢筋通常在集中标注中列示，对于短跨梁在原位标注中标明，抗震设防的框架梁均应设置上部通长钢筋，通长钢筋会在集中标注与原位标注列示出现（支座与跨中配筋会不同），由于通长钢筋直径不同（注意：一、二级；三、四级的区别，连接形式会有不同，见第 3 条说明），如支座是 4Φ25，通长筋是 2Φ22，可考虑在跨中 1/3 搭接范围内进行搭接连接，满足抗震搭接长度为 l_{le} 且不小于 300mm。

（2）框架梁上部非通长钢筋（支座纵筋）与架立钢筋搭接长度为 150mm，要满足截断长度。

以上两条可参见 11G101-1 第 80 页，如图 4-13。

（3）受力钢筋的搭接长度与钢筋的直径、混凝土强度等级有关，并注意搭接位置及箍筋加密的要求，梁上部通长钢筋与非贯通筋直径相同时，连接位置宜位于跨中 $l_{n1}/3$ 范围内且在同一连接区段内钢筋接头面积百分率不宜大于 50%；一级框架梁宜采用机械连接，二、三、四级可采用绑扎搭接或焊接连接；梁端加密区的箍筋肢距，一级不宜大于 200mm 和 20 倍箍筋直径的较大值，二、三级不宜大于 250mm 和 20 倍箍筋直径的较大值，四级不宜大于 300mm。

（4）框架梁纵向受力钢筋规定（《建筑抗震设计规范》第 6.3.4 条）：

1）梁端纵向受拉钢筋配筋率不宜大于 2.5%（原规范为不应，但不应大于 2.75%，并取消了强条）。

2）沿梁全长顶面、底面配筋：

抗震等级为一、二级不应少于 2Φ14，且分别不应少于梁顶面、底面两端纵向配筋中较大截面面积的 1/4。

抗震等级为三、四级不应少于 2Φ12。

通长钢筋和架立钢筋一般都设在箍筋的角部，通长钢筋是为抗震设防构造的要求而设置，无抗震设防要求的框架梁和次梁，除计算需要配置上部纵向钢筋外，没有通长设置的要求。架立钢筋是为固定箍筋而设置。

（5）由于很多的宽扁梁的存在，配筋率放宽，并不是强度控制，而是裂缝宽度与挠度控制，梁端配筋高，钢筋多，施工难度大，对于设计院设计时要满足支座处的强剪弱弯，因为宽扁梁断面尺寸小，抗剪能力弱，此处要求防止脆性破坏，通常通过构造解决，吸收能量与抵抗变形的能力，这也是设计者易忽略的地方。

所以通常在梁中配置大直径的钢筋，在柱中配置较小直径的钢筋，便于在节点区钢筋

的绑扎与贯通。框架梁内贯通中柱纵向钢筋直径规定（设计者易忽略）（《建筑抗震设计规范》第 6.3.4 条）：

1）一、二、三级框架梁内贯通中柱的每根纵向钢筋直径，对框架结构不应大于矩形截面柱在该方向截面尺寸的 1/20，或纵向钢筋所在位置圆形截面柱弦长的 1/20。

2）对其他结构类型的框架不宜大于矩形截面柱在该方向截面尺寸的 1/20，或纵向钢筋所在位置圆形截面柱弦长的 1/20。

【讲解 99】梁纵向受力钢筋在搭接区段内的处理措施

梁纵向受力钢筋在搭接区段内的处理措施一般在深受弯构件中，一般梁跨高比在 4 以上，如果跨度比较小，也是受弯构件，为深受弯构件，或为短梁，这样在水平方向往往会出现水平方向的搭接。

（1）对于轴心受拉及小偏心受拉杆件的梁纵向受力钢筋不得采用绑扎搭接的构件；其他构件中的钢筋采用绑扎搭接时，受拉钢筋直径不宜大于 25mm，受压钢筋直径不宜大于 28mm（《混凝土结构设计规范》第 8.4.2 条，原为受拉钢筋直径＞28mm、受压钢筋直径＞32mm）。

（2）钢筋绑扎搭接连接区段长度为 1.3 倍搭接长度，凡搭接接点中点位于该连接区段长度内的搭接接头视为在同一搭接区段，如图 4-19。

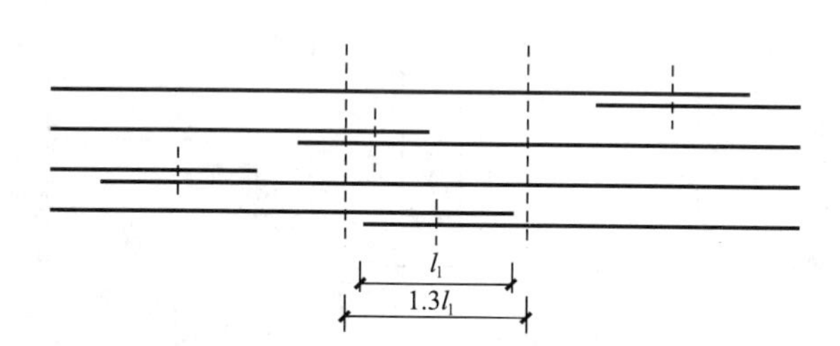

图 4-19　同一连接区段内纵向受拉钢筋的绑扎搭接接头

（3）梁、柱类构件内纵向受力钢筋，搭接长度范围内箍筋应加密，和墙、板不完全一样，无论是抗震还是非抗震，在搭接范围内要进行箍筋加密（按《混凝土结构设计规范》第 8.3.1 条的要求）。

（4）当直径不同的钢筋搭接时，按较小的钢筋计算，但不能小于 300mm。

（5）当受压钢筋直径大于 25mm 时，应在搭接接头两个端面外 100mm 的范围内各设置两道箍筋。（《混凝土结构设计规范》第 8.4.6 条）如图 4-14。

【讲解 100】梁侧面钢筋（腰筋）的构造要求

《混凝土结构设计规范》第 9.2.13 条：当梁的腹板高度 H_w≥450mm（梁有效计算高度：矩形截面，取有效高度；T 形截面，取有效高度减去翼缘高度；工字形截面，取腹板高度）时，要在梁的两侧沿高度配置纵向构造钢筋，以避免梁中出现枣弧形裂缝和温度收缩裂缝。

（1）抗扭腰筋（N）：

1）锚固长度应满足受拉钢筋的 l_{ae}（l_a）要求，任何情况下直锚长度均不得少与 200mm（原为 250mm）。如框支梁、托柱梁、包括砌体结构的托墙梁，这些构件钢筋的锚固长度，按构造要求，在支座锚固长度应满足受拉钢筋的 l_{ae}，l_a 要求；

2）采用弯折锚固时，要求同梁纵向受力钢筋锚固长度（$0.6l_{ab}+15d$）；

3）腰筋在跨内搭接的长度满足 l_l（l_{le}）的要求，均不得小于 300mm，并在搭接范围内要进行加密。

（2）构造钢筋（G）：

1）锚固长度：带肋钢筋应不小于 $12d$，光面钢筋为 $15d$（考虑温度原因设置时，应另注明或按受力钢筋规定）；

2）腰筋在跨内搭接长度可取 $15d$；

3）每侧纵向构造钢筋-腰筋（不包括梁上、下部受力钢筋及架立钢筋）的竖向间距不应大于 200mm，但当梁宽较大时可适当放松；

（3）侧面腰筋配置的拉筋规定：当梁宽 $b\leqslant350$mm 时，拉筋直径为 6mm；梁宽 $b>350$mm 时，拉筋直径为 8mm（设计与平法规定不同时，依据设计规定，设计图纸会列示腰筋表）。无特殊要求时，拉结钢筋应是非加密区箍筋间距的两倍，当设有多排拉筋时，上下两排拉筋竖向错开布置。如图 4-20。

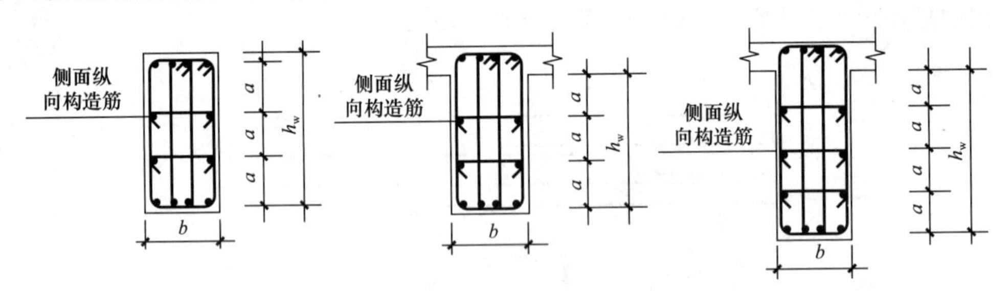

图 4-20　梁侧面纵向构造钢筋和拉筋

【讲解 101】非框架梁上部钢筋伸入跨内的长度

（1）非框架梁（次梁）不设置上部通长钢筋。简单的单跨次梁可采用集中标注。

（2）边支座负筋锚固与伸入跨内长度的规定：

如图 4-18：非框架梁端支座上部纵筋锚固有两个构造选项：一个按铰接构造，锚固长度取平直段长度为$\geqslant0.35l_{ab}$，弯段 $15d$，且伸入跨内长度为 1/5 净跨长；一个按充分利用钢筋抗拉强度构造，锚固长度取平直段长度为$\geqslant0.6l_{ab}$，弯段 $15d$，且伸入跨内长度为 1/3 净跨长。

（3）设计文件应注明边支座的支承条件，是按铰接设计，还是按刚接设计。

（4）中间跨支座负筋长度，未作特殊说明时，第一排钢筋为 $1/3l_n$，第二排钢筋为 $1/4l_n$（计算净跨长）。

（5）相邻净跨不同时，按较大跨计算；当相差较大时，较小跨应通长设置，并原位标注。

（6）截断长度有特殊要求时，应特别注明。

当相邻两跨使用荷载变化较大，完全按照G101图集负弯矩钢筋截断长度，不能满足要求时，结构设计时要注明。

【讲解102】框架梁下部纵向钢筋不伸入支座的作法

参见图集11G101-1第87页，如图4-21

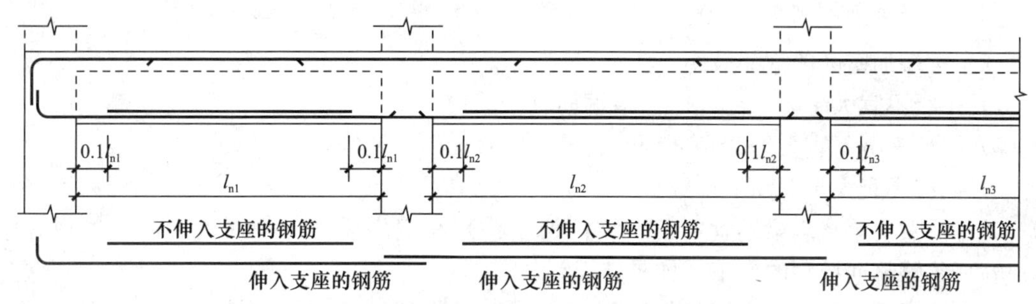

图4-21　11G101-1第87页截图

（1）由结构工程师根据计算和构造来确定，并在原位标注处用符号表示数量。

例1：梁下部纵向钢筋注写为6⏀25 2（−2)/4，则表示上排纵筋为2⏀25，且不伸入支座；下一排纵筋为4⏀25，全部伸入支座。

例2：梁下部纵向钢筋注写为2⏀25+3⏀22（−3)/5⏀25，则表示上排纵筋为2⏀25和3⏀22，其中3⏀22不伸入支座；下一排纵筋为5⏀25，全部伸入支座

（2）框支梁一般为偏心受拉构件，并承受较大的剪力。框支梁纵向钢筋的连接应采用机械连接接头，框支梁中的下部钢筋应全部伸入支座内锚固，不可以截断。

（3）在支座下部，有时是没有那么多正弯矩的，不需要所有钢筋都伸入支座，对于非抗震次梁，弯矩较大，配筋较多，但是在支座下部是没有负弯矩的。标准构造详图给出的断点距支座边0.1l_{ni}为统一取值，具体数量和位置要结构工程师确定。

（4）箍筋（包括复合箍筋）的角部纵向钢筋（与箍筋四角绑扎的纵筋）应全部伸入支座内。

（5）不可以随意截断钢筋而不伸入支座内锚固，施工企业不可自作主张，要按结构设计而定。

【讲解103】抗震框架梁端箍筋加密区长度

参见图集11G101-1第85页。

（1）梁端箍筋加密要求（《建筑抗震设计规范》第6.3.3（强条）)，见表4-1：

框架梁端部箍筋加密区的构造要求 **表 4-1**

抗震等级	加密区长度（采用较大值）(mm)	箍筋最大间距（采用最小值）(mm)	箍筋最小直径（mm）
一	$2h_b$，500	$h_b/4$，$6d$，100	10
二	$1.5h_b$，500	$h_b/4$，$8d$，100	8
三	$1.5h_b$，500	$h_b/4$，$8d$，150	8
四	$1.5h_b$，500	$h_b/4$，$8d$，150	6

注：1. d 为纵向钢筋直径，h_b 为梁截面高度；
2. 箍筋直径大于 12mm、数量不少于 4 肢且肢距不大于 150mm 时，一、二级抗震等级的框架梁箍筋加密的最大间距允许适当放宽，但不得大于 150mm。第一个箍筋距框架节点边缘不应大于 50mm。

（2）梁端加密区的箍筋肢距：

1）一级不宜大于 200mm 和 20 倍箍筋直径的较大值；

2）二、三级不宜大于 250mm 和 20 倍箍筋直径的较大值；

3）四级不宜大于 300mm。

（3）注意扁梁（扁梁不宜用于一级框架结构）和宽扁梁（以争取更大的建筑设计空间）容易忽略箍筋肢距的要求，详具体设计。

（4）注意框架梁因填充墙设置而形成短梁，可通长加密配置箍筋，或采取有效措施（加入斜向钢筋）避免兼过梁处产生剪切破坏。

（5）KL、WKL 的梁尽端以梁为支座，按新平法构造在此端箍筋可不加密。不能仅凭构件编号中的结构类型代号确定钢筋构造，还应对支座条件加以考虑，要注意实际工程中的具体设计要求（如图 4-22）。

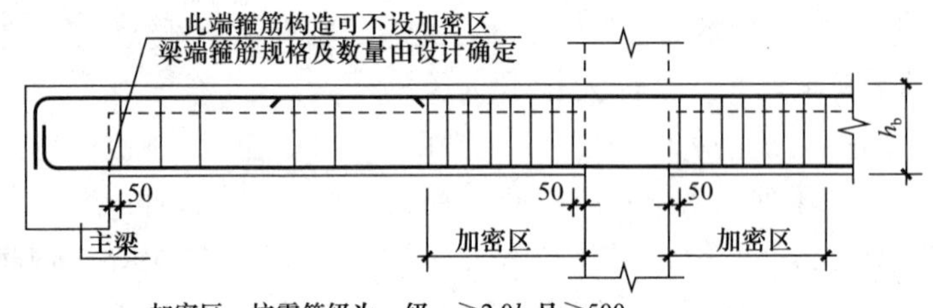

图 4-22 11G101-1 第 85 页图集截图

【讲解 104】抗震框架梁端部震害情形分析

（1）框架结构办公楼，框架梁端出现裂缝，形成塑性铰，没有超出箍筋加密区，形成的斜向裂缝，地震能量被这个梁端节点吸收了。如图 4-23：

（2）底框柱节点核心区破坏，下部钢筋是不允许在非连接区进行搭接的，箍筋配置太小，上部面筋配筋率小，对梁下纵向钢筋的约束力不够，在节点区发生破坏。如图 4-24：

（3）框架梁因填充墙形成短梁发生剪切破坏，破坏形态同剪力墙连梁，框架梁兼窗过梁，两边墙对上部梁产生约束，梁根部没有发生破坏，是在跨中发生抗剪破坏。如图 4-25：

图 4-23　破坏示意图（一）
框架梁端裂缝破坏

图 4-24　破坏示意图（二）
底框柱节点核心区破坏

图 4-25　破坏示意图（三）
框架梁因填充墙形成短梁剪切破坏

【讲解 105】梁内集中力处抗剪附加横向钢筋的设置

参见图集 11G101-1 第 87 页。

梁的顶部是不考虑配置附加横向钢筋的，位于梁的中间或下部（由于有集中荷载）要考虑附加横向钢筋，集中力处的抗剪全部由附加横向钢筋承担，附加横向钢筋有两种形式：吊筋，箍筋。设计图纸中往往用描述的语言一带而过，在结构设计说明中表述，没有很好地进行支座应力集中分析，最好是在支座处标注附加横向钢筋，施工时按设计要求配置。附加横向钢筋要有一个配置范围 S，不能超出这个范围，采用加密箍筋时，除附加箍筋外，梁内原箍筋不应减少，照常放置，不允许用布置在集中荷载影响区内的受剪箍筋代替附加横向钢筋。

如图 4-26：附加箍筋应在集中力两侧布置，每侧不小于 2 个，附加横向钢筋第一个箍筋距次梁外边的距离为 50mm，配置范围为 $S=2h$(h 为次梁高)$+3b$(b 为次梁宽)；采用吊筋，每个集中力外吊筋不少于 2Φ12；吊筋下端水平段应伸至梁底部的纵向钢筋处，上端伸入梁上部的水平段为 $20d$（不是锚固的概念）；吊筋的弯起角度：梁高 800mm 以下为 45°，梁高 800mm 以上为 60°。

配置范围 S 为集中荷载影响区，在些范围内增设附加横向钢筋，以防止集中荷载影响区下部混凝土拉脱，可弥补间接加载导致的梁斜截面受剪承载力的降低。附加横向钢筋宜采用箍筋，在 S 范围内，也有采用吊筋，必要时箍筋和吊筋可同时设置。

主次梁相交范围内，主梁箍筋的设置规定：

1）次梁宽度小于 300mm 时，可不设置附加横向钢筋；

2）次梁宽度不小于 300mm 时应设置附加横向钢筋（如图 4-27：图中在主次梁相交范围内显示 2 根），且间距不宜大于 300mm；

3）注意宽扁次梁与主梁相交时，应在主次梁相交范围内设置箍筋。

梁总的箍筋数量为梁两端箍筋加密区箍筋数量，加上非加密区箍筋数量，再加上集中荷载处增加的附加箍筋数量三部分组成。

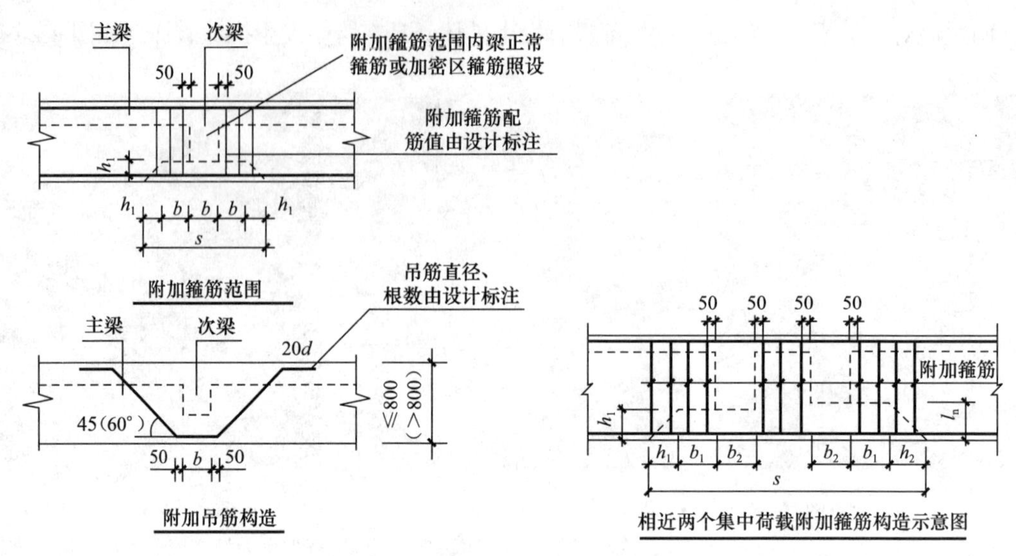

图 4-26　11G101-1 第 87 页截图一

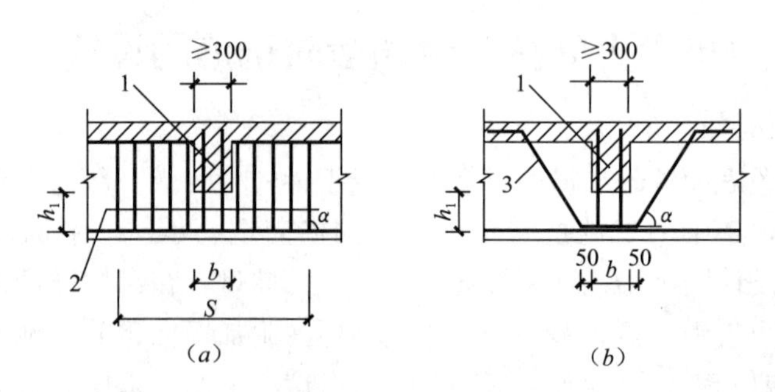

图 4-27　梁截面高度范围内有集中荷载作用时附加横向钢筋的布置

注：图中尺寸单位 mm

1—传递集中荷载的位置；2—附加箍筋；3—附加吊筋

（a）附加箍筋；（b）附加吊筋

【讲解 106】框架梁一端支座为框架柱，另一端支座为梁时的构造做法

框架梁一端支座为框架柱，另一端支座为梁时的构造做法，这种做法从抗震角度，形成一个不完整的框架结构体系，抗震地区应避免，但由于结构布置不可避免时，《高层建筑混凝土结构技术规程》第 6.1.8 条：不与框架柱（包括框架-剪力墙结构中的柱）相连之次梁，可按非抗震要求进行设计。与框架柱相连，应根据有无抗震设防要求的框架节点采取相应的措施。

见图 4-28：如图中 L1 梁，不与框架柱相连，因而不参与抗震，所以 L1 梁的构造可按非抗震要求；图中 L2 梁，一端与框架柱相连，一端与梁相连；与框架柱相连端应按抗震设计，其要求就与框架梁相同，与梁相连端构造同 L1 梁。

如图 4-29：次梁梁端（以主梁为支座）不要求进行箍筋加密，不要求按抗震锚固长度计算，此处节点构造如何处理，需要设计院给予明确的做法，施工图设计文件中应表达清楚，说明非框架节点处纵向钢筋的锚固长度、上部通长钢筋、箍筋是否加密等要求（国标

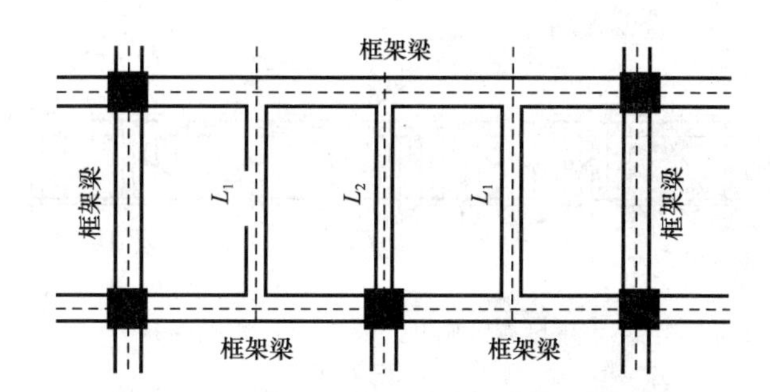

图 4-28　框架梁两端支座不同示意平面图

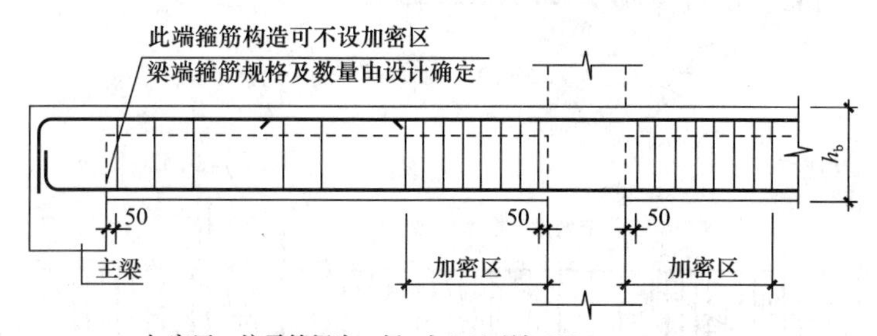

图 4-29　11G101-1 图集第 85 页截图

图集 11G101-1 无相应的构造做法）。

梁端加密位置，是在梁端与框架柱连接地方；与非框架梁相连是不需要按照抗震要求加密的，仅需满足抗剪强度要求，箍筋无须弯 135°钩，弯 90°钩即可。这样的情况抗震节点试验资料很少，建议有抗震设防要求的建筑，按抗震要求处理该处的节点钢筋锚固和箍筋加密等做法。

注：遇到的框架梁一端支座为框架柱，另一端支座为剪力墙时的构造做法，如平行于剪力墙墙身，可按框架节点的构造做法；如垂直相交于剪力墙墙身时，梁高大于 2 倍墙厚时应采取必要的措施（设置平行剪力墙、扶壁柱、暗柱、型钢）；梁高不大于 2 倍墙厚时可按非框架梁的节点处理（此时应加大梁跨中配筋）。

【讲解 107】框架梁的支座处的加腋构造

（1）垂直加腋（平法标示：用 B×H GYc_1×c_2 腋长×腋高表示，加腋部位下部斜纵筋在支座下部以下部斜纵筋 Y 打头，注写在括号内，如（Y ⌀ 25））本图集的加腋竖向构造适用于加腋部位参与框架梁的计算，配筋由设计标注，其他情况设计者应另行给出构造。

参见 11G101-1 第 83 页，如图 4-30：

1）设计垂直加腋的原因：垂直加腋相当于柱增加的“牛腿”，有的称为“梁的支托”，目的是弥补支座处抗剪能力的不足，特别是对托墙梁，托柱梁，增加梁的承载能力，加强梁的抗震性能。

2）加腋尺寸由设计注明，一般坡度为 1∶6；如图 4-31。

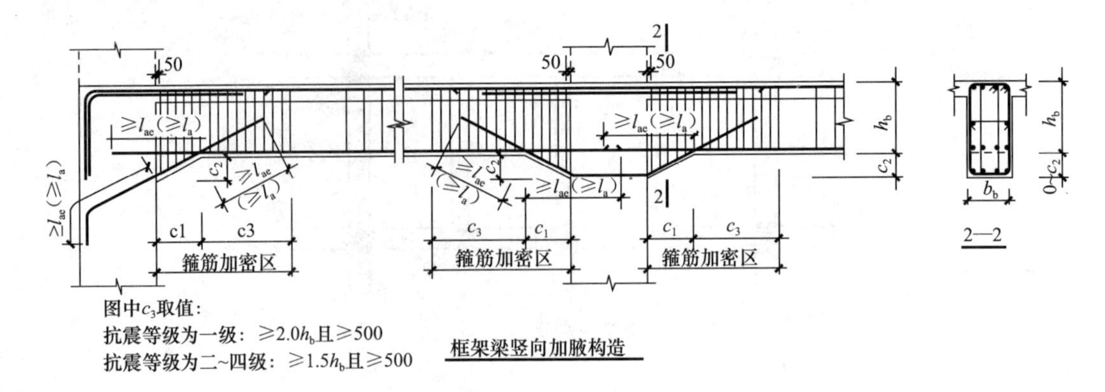

图 4-30　垂直加腋

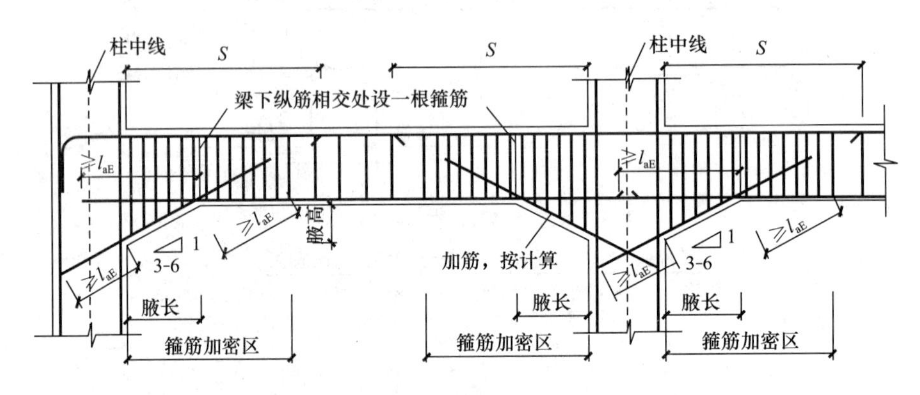

图 4-31　11G329-1 第 31 页截图

3）加腋区箍筋需要加密，当图纸未注明时，可同框架梁端箍筋加密要求的直径和间距；梁端箍筋加密区长度从弯折点（加腋端）开始计算，而不是从柱边开始，两端加腋是一样的构造；注意在梁加腋端与梁下纵筋相交处应增设一道箍筋。

4）框架梁下部纵向钢筋锚固点位置发生改变，梁的下部钢筋伸入到支座的锚固点应是从加腋端开始计算锚固长度，而不是从柱边开始，直锚时应满足 l_{ae}、l_a 且过柱中心线 $5d$。在中间节点处钢筋能贯通的贯通，如果不能贯通，也要满足从加腋端开始计算锚固长度，满足直线段长度，还要过柱中心 $5d$（两侧要求一样）；

5）加腋范围内增设纵向钢筋不少于 2 根并锚固在框架梁和框架柱内；垂直加腋的纵向钢筋由设计确定，为方便施工放置，插空布置，一般比梁下部伸入框架内锚固的纵向钢筋减少 1 根。

（2）水平加腋（平法标示：用 B×H PYc_1×c_2 腋长×腋宽表示，水平加腋内上、下部斜纵筋应在加腋支座上以 Y 打头写在括号内，上下部斜纵筋用“/”分隔，如（Y⏀25/⏀25））。

参见 11G101-1 第 83 页，如图 4-32。

1）设计水平加腋的原因：由于柱的断面比较大，梁的断面比较小，梁、柱中心线不能重合，梁偏心对梁柱节点核心区会产生不利影响。高规规定：当梁、柱中心线之差（偏心距 e）大于该方向柱宽（b_c）的 1/4 时，宜在梁支座处设置水平加腋，可明显改善梁柱

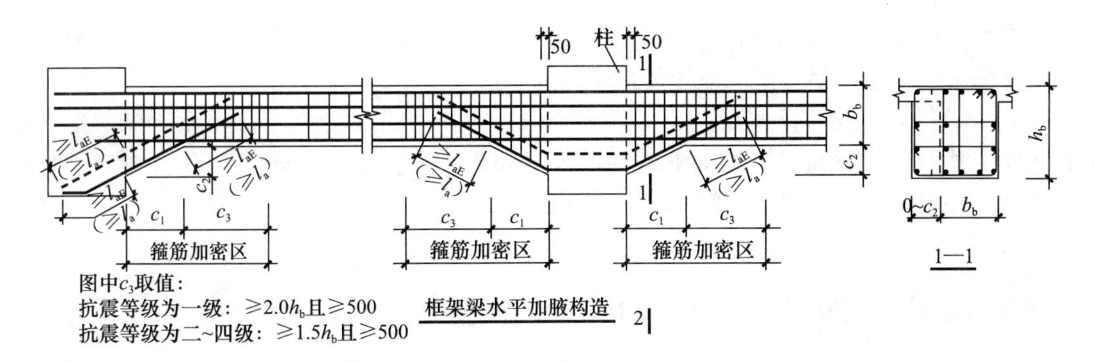

图 4-32　11G101-1 第 83 页截图

节点的承受反复荷载性能，减小偏心对梁柱节点核心区受力的不利影响。在计算时要考虑偏心的影响，要考虑一个附加弯矩，有很多结构计算时都是忽略的，这对结构是不安全的，根据试验结果，要采用水平加腋方法。在非抗震设计和 6～8 度抗震设计时也可采取增设梁的水平加腋措施减小偏心对梁柱节点核心区受力的不利影响，对于抗震设防烈度为 9 度时不会采取水平加腋的方法。

2）加腋尺寸由设计注明，加腋部分高度同梁高，水平尺寸按设计要求，水平加腋的构造做法同竖向加腋，一般坡度为 1∶6；如图 4-33。

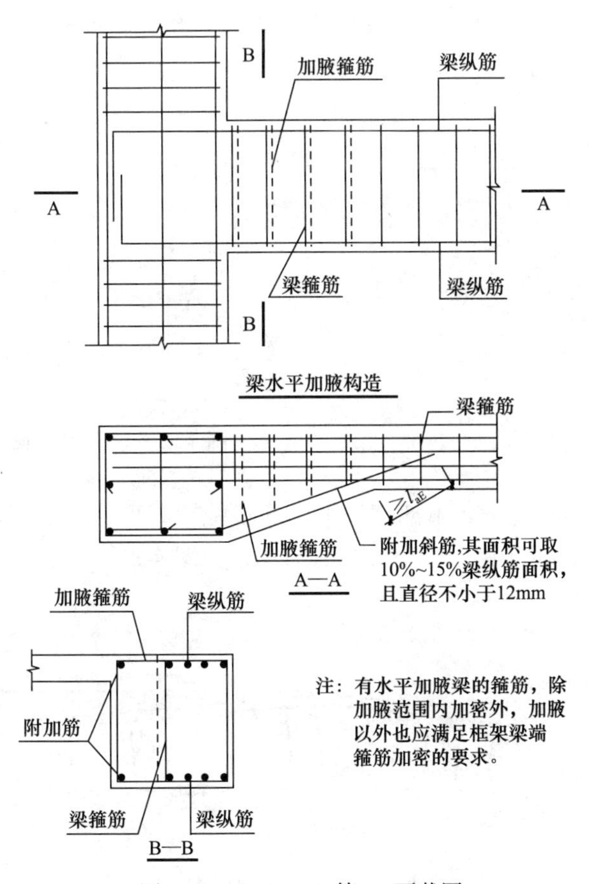

图 4-33　11G329-1 第 32 页截图

3）加腋区箍筋需要加密，梁端箍筋加密区长度从弯折点计；除加腋范围内需要加密外，加腋以外也应满足框架梁端箍筋加密的要求。

4）水平加腋部位的配筋设计，在平法施工图中未给出时，其梁腋上下部斜纵筋（仅设置第一排）直径分别同梁内上下纵筋，水平间距不宜大于200mm；水平加腋部位侧面纵向构造筋的设置及构造要求同梁内侧面纵向构造筋。

【讲解108】折线梁（垂直弯折）下部受力纵筋的配置

（1）折线梁，如坡屋面，当内折角小于160°时，折梁下部弯折角度较小时会使下部混凝土崩落而产生破坏，所以下部纵向受力钢筋不应用整根钢筋弯折配置，应在弯折角处纵筋断开，各自分别斜向伸入梁的顶部，锚固在梁上部的受压区，并满足直线锚固长度要求；上部钢筋可以弯折配置。如图4-34。

（2）考虑到折梁上部钢筋截断后不能在梁上部受压区完全锚固，因此在弯折处两侧各$S/2$的范围内，增设加密箍筋，来承担这部分受拉钢筋的合力，这不是简单的箍筋加密区，是根据计算确定的钢筋直径和间距，范围S根据内折角的角度α有关，也和梁的高度h有关，通常由设计给出详图。

参考《钢筋混凝土结构构造手册》，公式：$S=h\text{tg}(3\alpha/8)$

（3）当内折角小于160°时，也可在内折角处设置角托，加底托满足直锚长度的要求，斜向钢筋也要满足直线锚固长度要求，箍筋的加密范围比第一种要大；如图4-35。

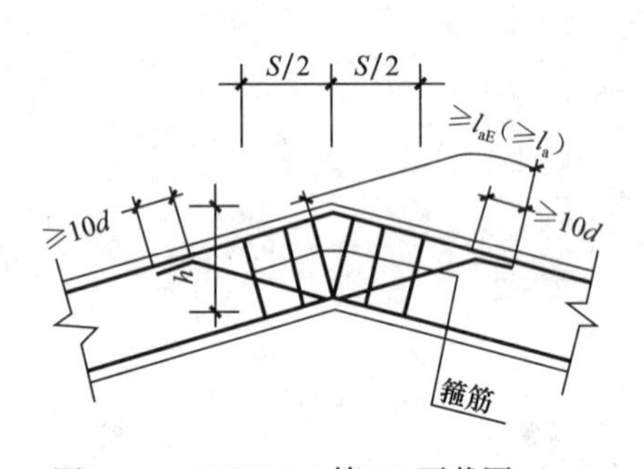

图4-34 11G101-1第88页截图（一）

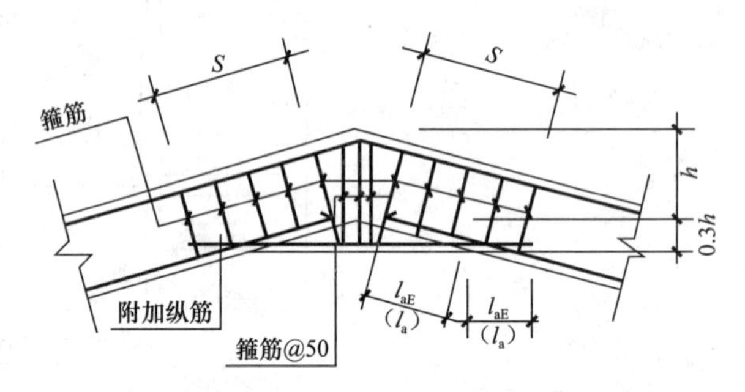

图4-35 11G101-1第88页截图（二）

（4）当内折角≥160°时候，下部钢筋可以通长配置，采用折线型，不必断开，箍筋加密的长度和作法按无角托计算。$S=1/2h\text{tg}(3\alpha/8)$ 如图4-36。

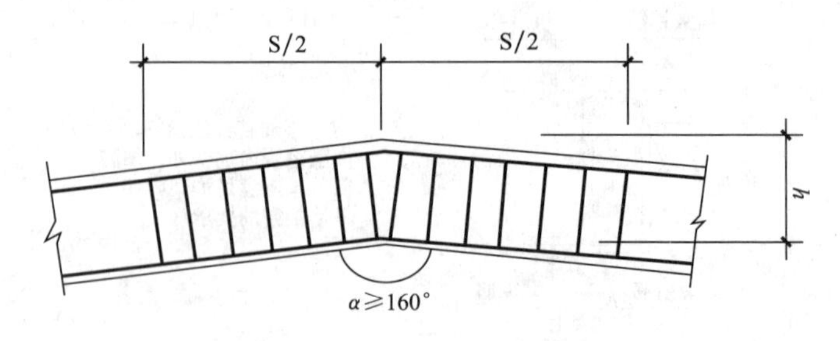

图4-36 梁内折角的配筋

【讲解109】框支梁、托柱转换梁的构造（复杂高层）

在复杂高层建筑中，对部分框支剪力墙结构（底部带托墙转换层的剪力墙结构）及框架-核心筒、筒中筒结构（底部带托柱转换层的筒体结构），结构上部的部分竖向构件（剪力墙、框架柱）不能直接贯通落地时，而设置结构转换层，称为带转换层高层建筑结构。

（1）框支梁、托柱转换梁概念

1）本次《高层建筑混凝土结构技术规程》的修订，将“框支梁”改为更广义的“转换梁”。包括部分框支剪力墙结构中的框支梁以及上面托柱的框架梁，是带转换层结构中应用最为广泛的转换层结构构件。

2）结构转换层的构件一般为：

框支梁、托柱转换梁、转换桁架、空腹桁架、箱形结构、斜撑、厚板等。对于厚板层转换层，非抗震区、6度设防的地震区可采用；对于大空间地下室，因周围有约束作用，地震反应不明显，故厚板转换层不宜用于7度及7度以上的高层建筑；在实际工程中，转换板的厚度可达2.0～2.8m，约为柱距（跨度）的1/3～1/5。板厚截面高度可由抗弯、抗剪、抗冲切承载力计算确定，为避免冲切剪切破坏，板中应设暗梁，为减小大体积混凝土收缩和提高板的韧性，板中间增设一层钢筋网。

3）结构转换层的位置（低、高位转换）：转换层位置较高的高层建筑不利于抗震，规定7度、8度地区可以采用，但限制部分框支剪力墙结构转换层设置位置：7度区不宜超过五层，8度区不宜超过三层。如转换层位置超过上述规定时，应作专门分析研究并采取有效措施（这需要进行超限审查），避免框支层破坏。

对于托柱转换层结构，考虑到其刚度变化，受力情况同框支剪力墙结构不同，对转换层位置未作限制。

4）部分框支剪力墙结构，转换层位置设置在3层及3层以上时：

框支柱、落地剪力墙的底部加强区应抗震等级宜提高一级，已为特一级可不再提高，提高其抗震构造措施。

对于托柱转换结构，因其受力情况和抗震性能比部分框支剪力墙有利，故未要求根据转换层高度采取更严格的措施。

以上参考《高层建筑混凝土结构技术规程》第10.2.5、10.2.6条。

（2）框支梁、托柱转换梁构造

参见图集11G101-1第33页、图集11G329-1第67页、68页，如图4-37。

本图集KZL用于托墙框支梁，当托柱转换梁采用KZL编号并使用本图集构造时，设计者应根据实际情况时进行判定，并提供相应的构造变更。

托墙框支梁结构分析：墙体在梁上是一个均布荷载，并且墙在梁上满布时，可对梁起到拱效应，则梁的受力可由部分受弯变为受拉。如果是托柱或短肢墙在梁上，则梁的受力将与托墙梁不同，如果柱或短肢墙在梁上是偏心的，则梁还要抵抗扭应力，所以新平法的这条说明是必需的。

1）框支梁、托柱转换梁基本都是拉弯构件，或是压弯构件，所以梁纵向钢筋接头宜采用机械连接或焊接，同一连接区段内接头的百分率不应超过50％，不允许绑扎搭接；接

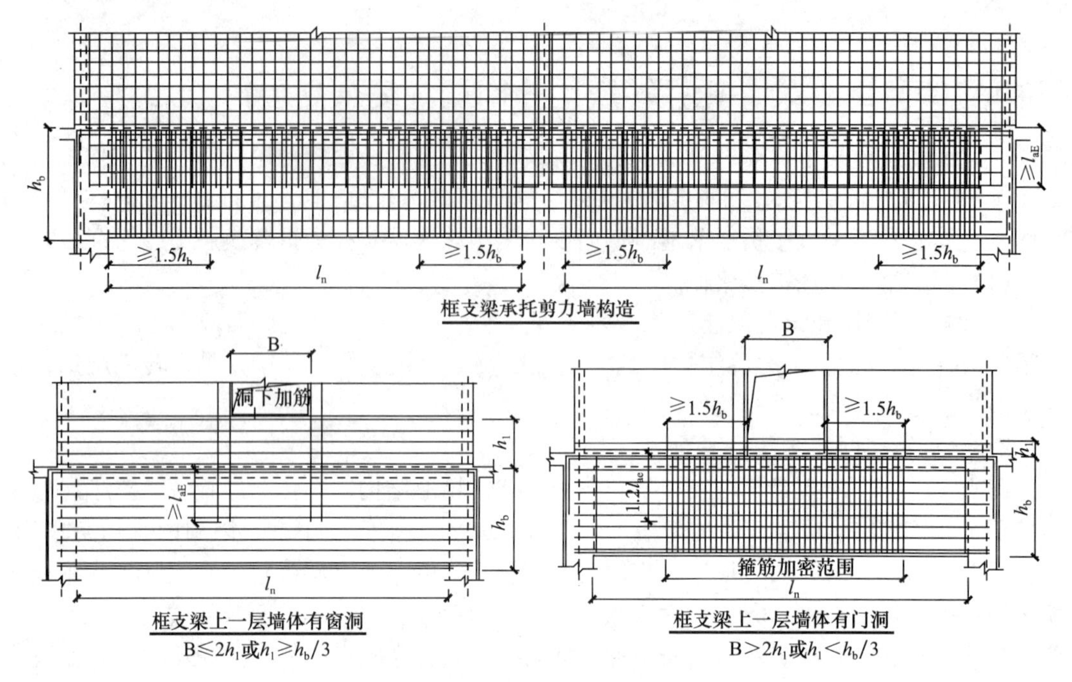

图 4-37　框支梁配筋构造

头位置应避开上部墙体开洞部位、梁上托柱部位及受力较大部位。

2）框支梁多数情况为偏心受拉构件，并承受较大的剪力；上部钢筋至少应有 50％贯通，下部钢筋应全部直通柱内锚固；如图 4-38。

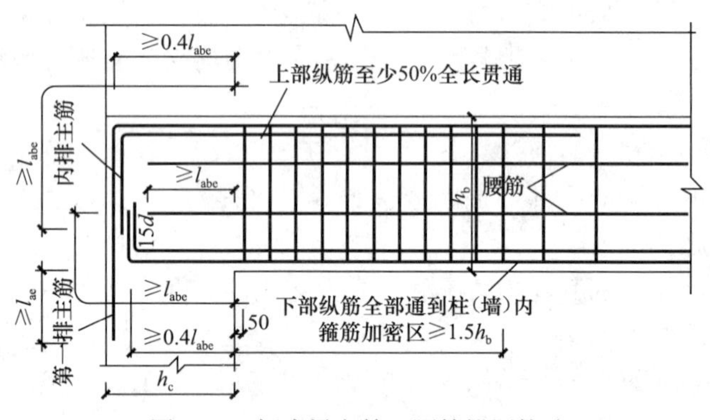

图 4-38　框支梁主筋、腰筋锚固构造

3）下部纵向钢筋和腰筋的直锚应满足 l_{ae}(l_a) 并应伸至柱外边，采用 90°弯锚时同框架梁要求。

4）上部第一排钢筋应向柱内弯折锚固，其锚固长度应从梁底算起，不小于 l_{ae}(l_a)，内排钢筋锚入柱内的长度可适当减少（这点与 03G101 不一样，原平法也是从梁算起，与第一排钢筋一样，这是超规范的，不符合高规，所以新平法修正过来），但总锚固长度（水平段加弯折段之和）不小于 l_{ae}(l_a)（从下柱内侧算起）。

5）框支梁上墙体开洞时，往往形成小墙肢，会对转换梁的受力造成很大影响，尤其是转换梁端部和边门洞部位应力急剧加大，所以框支梁上部墙体有门洞和托柱转换梁的托柱部位，梁的箍筋应加密配置，箍筋加密范围为柱边或墙边两侧各 1.5 倍转换梁高；（《高层建筑混凝土结构技术规程》第10.2.8条）如图4-39。

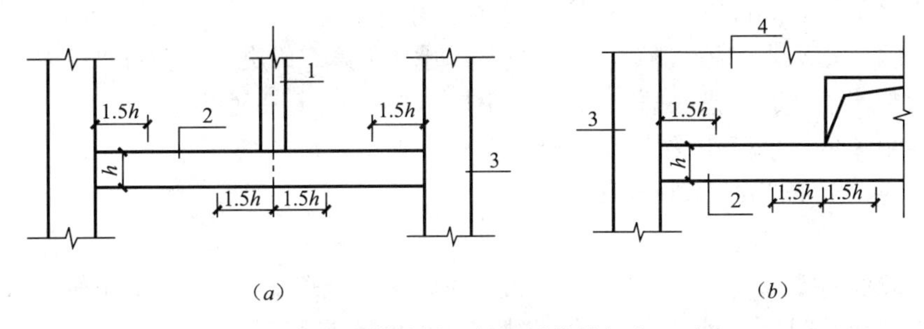

图4-39 托柱转换梁、框支梁箍筋加密区示意

1—梁上托柱；2—转换梁；3—转换柱；4—框支剪力墙

6）梁纵向钢筋接头位置应避开上部墙体开洞部位、梁上托柱部位及受力较大部位。

7）偏心受拉的转换梁，沿梁腹板高度设置间距不大于200mm、直径不小于16mm腰筋（强条）；如图4-40。

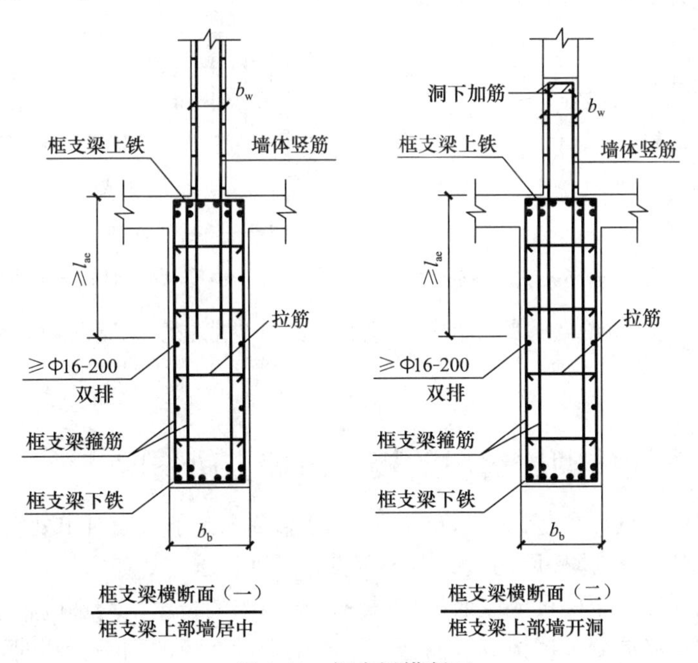

图4-40 框支梁横断面

8）托柱转换梁，应沿梁腹板高度设置直径不于6mm，间距不大于200mm的腰筋；如图4-40。

9）转换梁不宜开洞。若必须开洞时，洞边距支座边的距离不宜小于梁截面高度，因开洞形成的上、下弦杆应加强纵向钢筋和抗剪箍筋的配置。

10）托柱转换梁在转换层宜在托柱位置设置正交方向的框架梁或楼面梁。

【讲解110】在砌体结构中的混凝土梁，支座上的最小支承长度

参见图集11G329-2相关构造，并参考钢筋混凝土结构构造手册和建筑抗震设计规范。

（1）梁支承在砖墙、砖柱上：当梁高大于500mm时，支承长度不应小于240mm；当梁高小于或等于500mm时，支承长度不应小于180mm。

当支座反力较大时，应验算梁下砌体的局部承压强度，以决定是否需要扩大支承面积。

（2）承重墙梁（通常指底框建筑）在砌体、柱上不小于350mm。

（3）预制檩条、格栅小梁支承在砖墙上时，支承长度不应小于120mm，支承在混凝土梁（梁垫块）上不应小于80mm。

如图4-41。

（4）抗震设防6～8度和9度时，预制梁在砖墙上分别不小于240mm和360mm。

（5）楼梯间及门厅内墙阳角处的大梁支承长度不应小于500mm，并应与圈梁连接；（《建筑抗震设计规范》GB 50011—2010第7.3.8条）。

（6）梁支承在混凝土柱或其他混凝土构件上不应小于180mm，如图4-42。

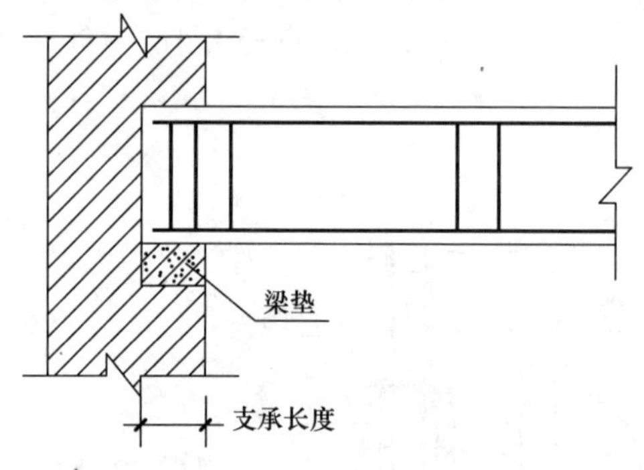

图4-41 预制檩条、格栅小梁支承在砖墙上

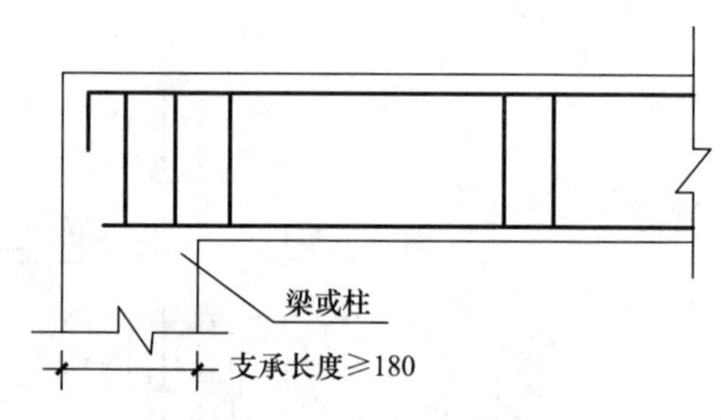

图4-42 梁在混凝土梁或柱上的支承

（7）在砌体结构中的梁、填充墙中的过梁；采用"平法"绘制时，应注明支座的搁置最小尺寸。

【讲解111】多层砖砌体房屋的楼、屋盖支座长度

参见《建筑抗震设计规范》GB 50011—2010第7.3.5条（同时出处在11G329-2第12页第4.7条），多层砖砌体房屋的楼、屋盖应符合下列要求：

（1）现浇钢筋混凝土楼板或屋面板伸进纵、横墙内的长度，均不应小于120mm。

（2）装配式钢筋混凝土楼板或屋面板，当圈梁未设在板的同一标高时，板端伸进外墙的长度不应小于120mm，伸进内墙的长度不应小于100mm或采用硬架支模连接，在梁上不应小于80mm或采用硬架支模连接。

（3）当板的跨度大于4.8m并与外墙平行时，靠外墙的预制板侧边应与墙或圈梁拉结。

（4）房屋端部大房间的楼盖，6度时房屋的屋盖和7～9度时房屋的楼、屋盖，当圈梁设在板底时，钢筋混凝土预制板应相互拉结，并应与梁、墙或圈梁拉结。

【讲解112】支承在砌体结构上的混凝土独立梁构造

（1）砌体结构为抗侧力构件，通常是纵墙与横墙，对于门厅里的独立梁与柱，不考虑抗震计算，可以考虑抗震措施，楼、屋盖的钢筋混凝土梁或屋架应与墙、柱（包括构造

柱）或圈梁可靠连接。

（2）多为单跨简支或多跨连续梁，端支座均为简支。

（3）一般不考虑抗震构造措施，下部纵向钢筋在支座内的锚固长度，带肋钢筋不小于 $12d$，光面钢筋不小于 $15d$（加 180°弯钩）（如图 4-43）。

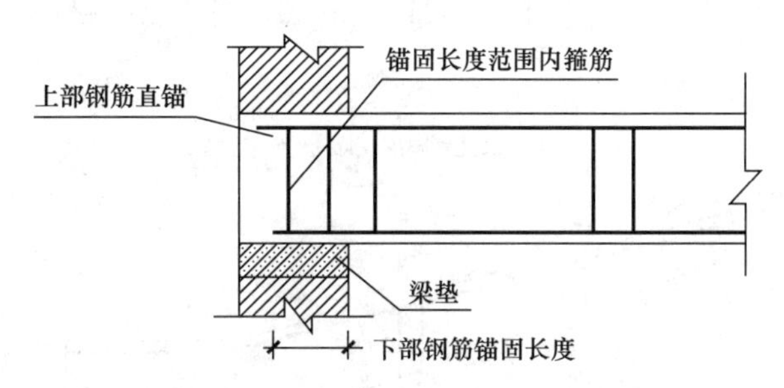

图 4-43　独立梁钢筋在支座内的锚固

（4）梁混凝土等级≤C25 时，边支座在 $1.5h$ 范围内有集中力时带肋钢筋的锚固长度≥$15d$。

（5）在支座锚固长度范围内应配置不少与两道箍筋：（与框架剪力墙结构是不一样的）

1）箍筋直径不宜小于纵筋最大直径的 0.25 倍；

2）箍筋间距不宜大于纵筋最小直径的 10 倍；

3）采用机械锚固时：箍筋间距不宜大于纵筋最小直径的 5 倍。

（6）采用“平法”绘制时，应注明纵筋锚固范围内设置箍筋的要求。

（7）纵向受力钢筋不满足直锚时，也可采用弯锚和机械锚固。如图 4-44。

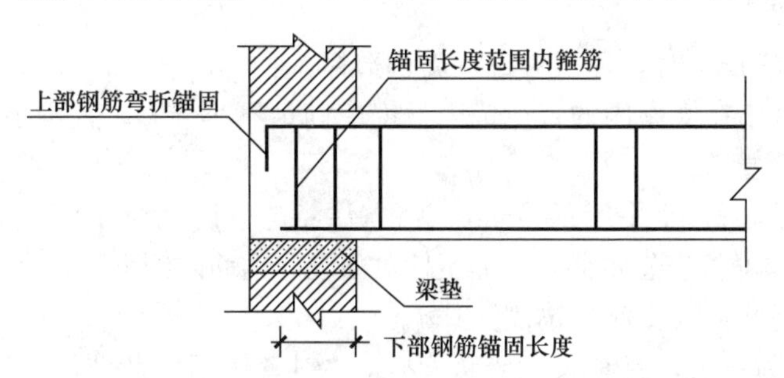

图 4-44　独立梁钢筋在支座内锚固不满足直锚时

【讲解 113】变截面斜梁箍筋的配置

（1）斜梁是倾斜向上，与柱不是正交（如火车站台、公共建筑物首层大雨篷）。

（2）箍筋与梁顶面垂直平行配置的问题：如图 4-45。

1）在支座处会出现上下箍筋间距不均匀；

2）梁下部箍筋间距较大，不满足设计要求；

3）梁上部箍筋间距较密，施工困难。

（3）可将梁中的箍筋垂直地面配置：如图 4-46。

1）斜度不大时，适当加密上部箍筋间距；

2）斜度较大时，保证梁的箍筋间距外，在下部适当增加腰筋和短箍筋。

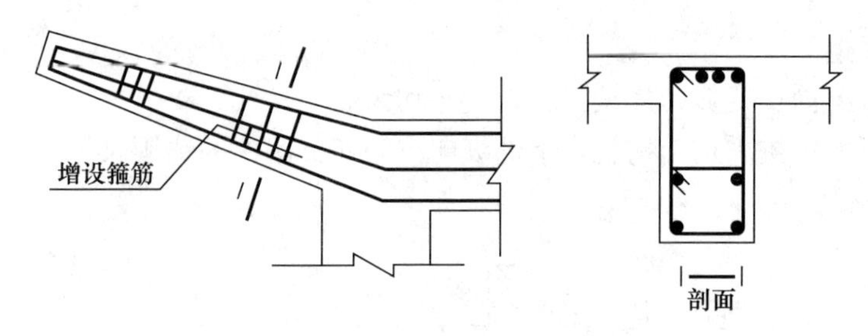

图 4-45　梁上部增设腰筋和短箍筋

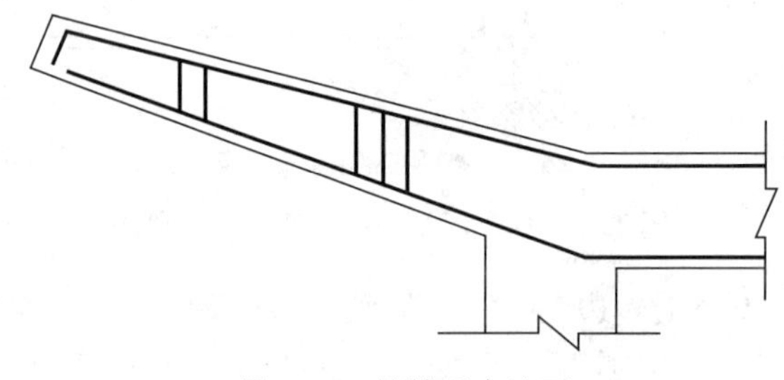

图 4-46　箍筋垂直地面

【讲解 114】混凝土结构悬臂梁配筋的构造要求

（平法截面标示参见 11G101-1 第 26 页，列示如下悬臂梁 XL　梁高 B×梁根部高度 H1/梁端部高度 H2）

（1）当梁的跨度较小时，可不考虑抗震构造措施：

1）上部纵向钢筋在支座内的直线锚固长度应满足不小于 l_a，且不小于 1/2 柱宽加 $5d$；（11G101-1 第 89 页注 1）

2）采用 90°弯锚时，水平段不小于 $0.6l_{ab}$（注意与本讲（4）的区别，平法图集中没有明确，此条考虑的是非抗震悬臂梁）且伸至柱对面纵向钢筋内侧下弯，直线段不小于 $12d$；

3）下部构造钢筋伸入支座内锚固≥$15d$。

（2）悬臂梁剪力较大，且全长承受负弯矩，“斜弯作用”及“沿筋劈裂”引起的受力状态更为不利。因此悬臂梁的负弯矩纵筋不宜切断，应按弯矩图分批下弯，且必须不少于两根边部纵筋伸至梁端，向下弯折锚固。

上部钢筋应不少于 2 根伸至悬臂外端，并向下弯折不小于 $12d$；其余钢筋不得在上部截断，可在弯起点处（$0.75l$）向下弯折，当具体工程需要将悬挑梁中的部分上部钢筋从悬挑梁根部斜向弯下时，应由设计者另加注明。如图 4-47。

参考钢筋混凝土结构构造手册：弯起钢筋弯起角度宜采用 45°或 60°；在弯终点外应留有平行于梁轴线方向的锚固长度，且在受拉区不应小于 $20d$，在受压区不应小 $10d$，d 为弯起钢筋直径。如图 4-48。

（3）内跨有框架梁时，框架梁按相应部位的构造措施。

（4）悬臂跨度较大且考虑竖向地震作用时（由设计明确），上、下部纵向钢筋应满足抗震构造措施的规定，按图集中钢筋的锚固长度为抗震锚固长度，上部纵向钢筋伸到柱外侧纵筋内侧 $0.4l_{ab}+15d$，悬臂梁下部钢筋伸入支座长度也应为 l_{ae}。

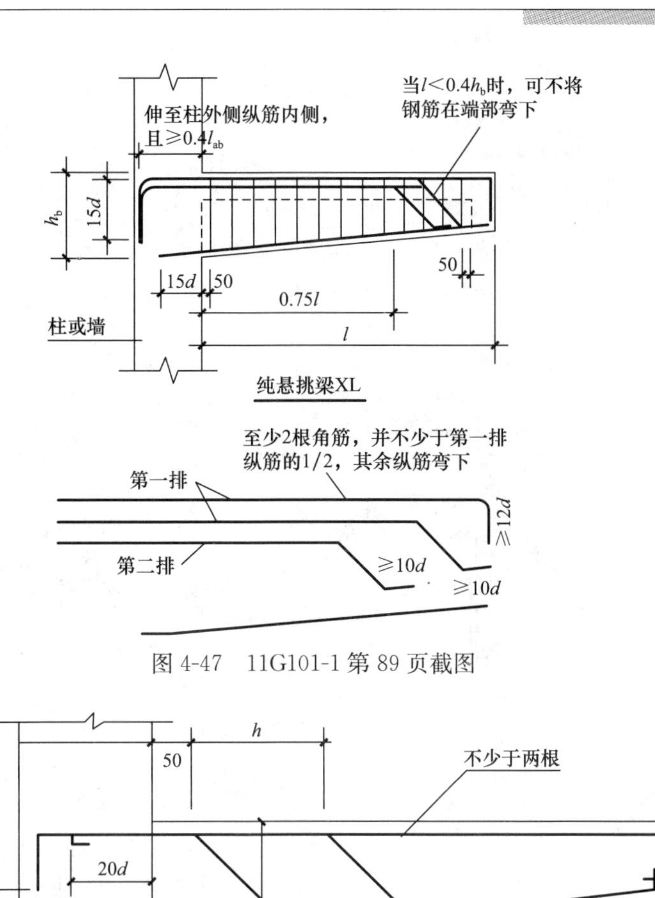

图 4-47　11G101-1 第 89 页截图

图 4-48　悬臂梁配筋

（5）砌体结构中的悬臂梁，应加强整体性，并注意局部受压承载力验算及采取保证稳定和抗倾覆措施，通常做法设一道圈梁来保证其稳定，在底部配置钢筋网片，承受局部受压承载力。如图 4-49：悬臂梁根部没有按规范设置圈梁、构造柱的破坏。

图 4-49　悬挑梁端部破坏

【讲解 115】梁箍筋构造要求

参见图集 11G101-1 第 56 页。

(1) 梁中配有计算需要的纵向受压钢筋时，梁的箍筋要求均作成封闭式，弯折 135°加直线段；对于开口式箍筋，只适用于无震动荷载或开口处无受力钢筋的现浇式 T 形梁的跨中部分，如图 4-50。

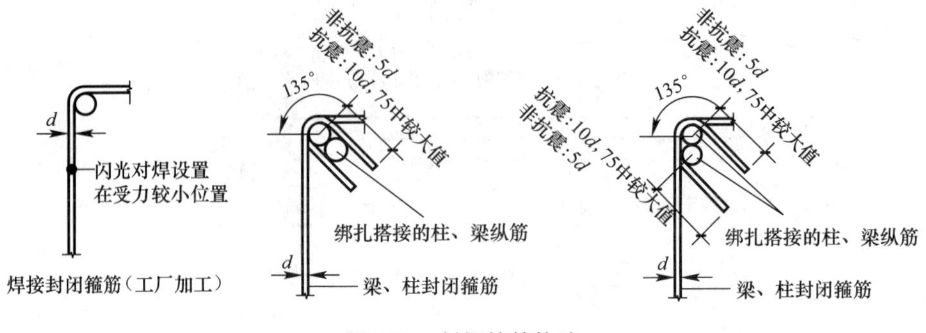

图 4-50　封闭箍筋构造

(2) 有抗震设防要求和无抗震设防要求的框架梁、次梁箍筋封闭位置都应做成 135°弯钩，只是弯钩后的平直段的长度要求不同，有抗震设防要求时直线段为 $10d$ 及 75mm 较大值，无抗震设防要求时直线段为 $5d$（注意直线段和投影长度的区别）。

抗扭梁内当采用复合箍筋时，位于截面内的箍筋不计入受扭所需要的箍筋面积，受扭箍筋（设计时以 N 判断）的末端做成 135°弯钩，弯钩端头直线长度不应小于 10 倍的箍筋直径。

(3) 梁中箍筋封闭口的位置应尽量交错放在梁上部有现浇梁板的位置，不应放在梁的下部，会被拉脱而使箍筋工作能力失效产生破坏。

如图 4-51：箍筋被拉开，原因是：一个是钢筋直径小，一个是封闭口在梁下部，如果在梁上部，因有楼板，刚度较大，一般不会发生这种破坏。

图 4-51　箍筋封闭在梁下部被拉开破坏

（4）梁上部纵向钢筋为两排时，箍筋封闭口的作法：梁的第二排钢筋不能保证在设计位置上，最好是箍筋的弯钩做长些，保证钢筋间的一个净距，再弯起。

（5）有抗震要求时，框架梁的复合箍筋宜大箍套小箍，如图4-52。

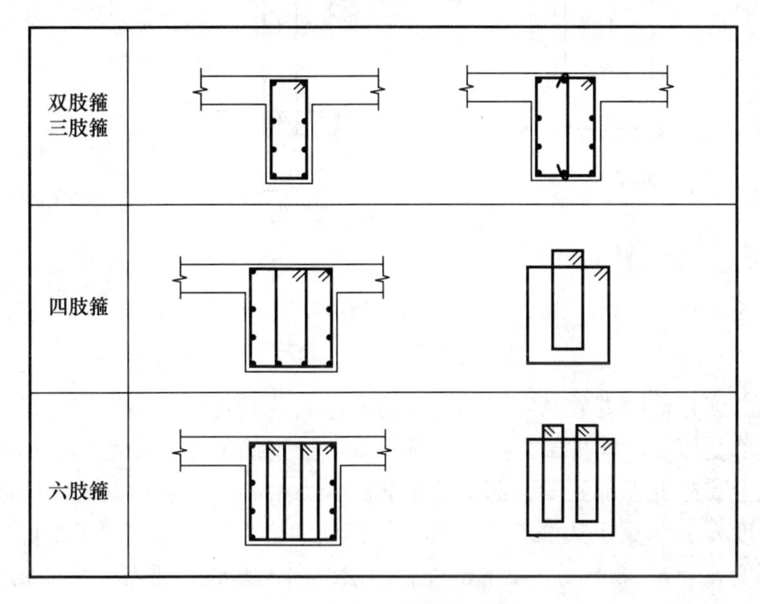

图4-52　框架梁箍筋构造做法

（6）拉结钢筋的弯钩同箍筋，且同时拉住腰筋及箍筋。如图4-53。

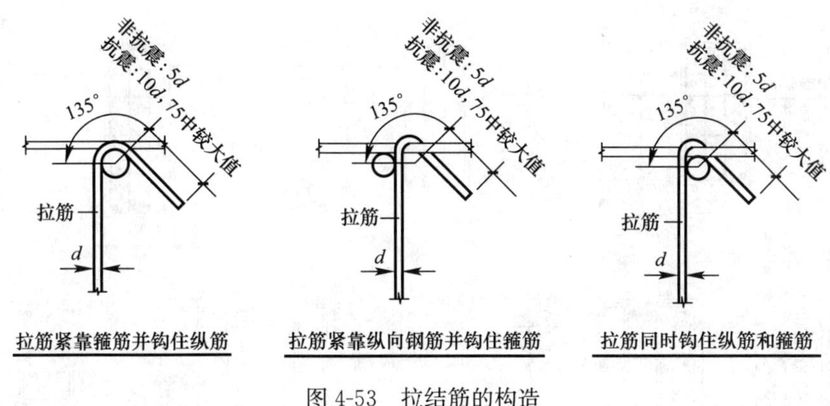

图4-53　拉结筋的构造

（7）当梁一层内的纵向受压钢筋多于3根时，应设置复合箍筋；当梁的宽度不大于400mm、且一层的纵向受压钢筋不多于4根时，可不设置复合箍筋。

【讲解116】梁需配置腰筋时，腹板（截面有效高度）h_w的计算

（1）梁腹板高度h_w的计算：对矩形截面，取有效高度h_o；对T形截面，取有效高度h_o减去翼缘高度h_i；对工字形截面，取腹板净高（如图4-54）。

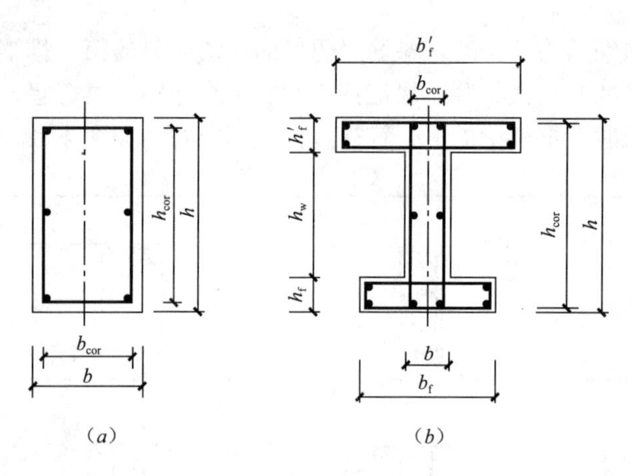

图 4-54　截面有效高度

(a) 矩形截面；(b) I 形截面

梁腹板的高度是截面有效高度，不是梁肋的净高。梁腹板的高度需要设计院说明，矩形截面：是上部受压区的构件最外边缘，到下部受拉钢筋的合力中心；T 形截面，是扣除了上翼缘，从上翼缘的下部到梁下部受拉钢筋的合力中心；工字形截面，就是腹板净高。

梁有效高度 h_o：为梁上边缘至梁下部受拉钢筋的合力中心；当梁下部配置单层纵向钢筋时，有效高度 $h_o=h-35$mm；梁下部配置两层纵向钢筋时，梁有效高度 $h_o=h-70$mm。

（2）梁的腹板高度 $h_w \geqslant 450$mm 时，在梁的两侧沿高度范围需配置纵向构造腰筋，其（不含梁上、下纵向受力筋及架立钢筋）间距不大于 200mm，（《混凝土结构设计规范》9.2.13 条）如图 4-55。

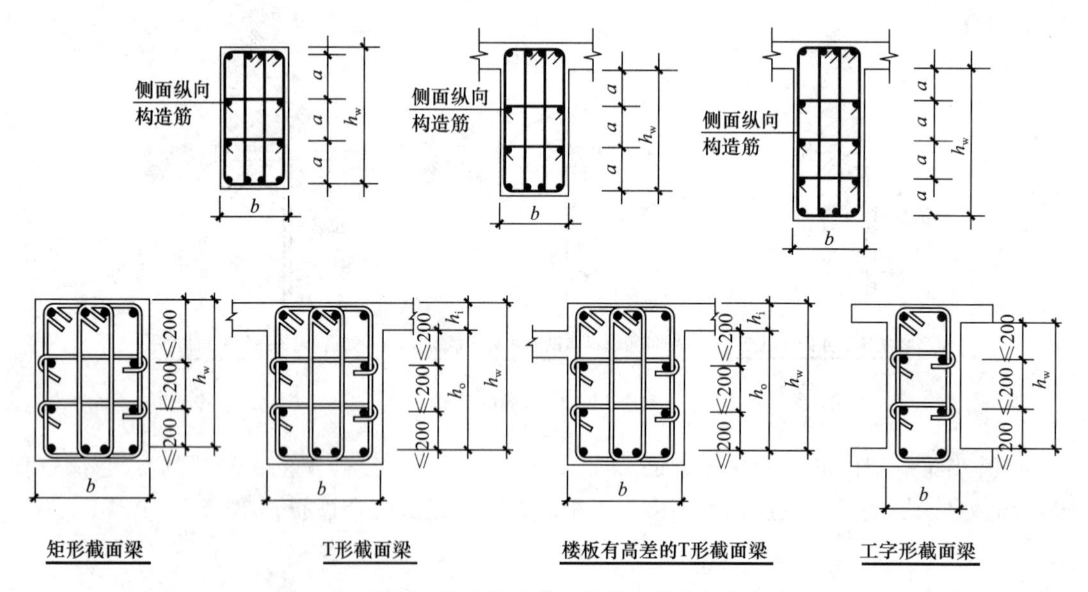

图 4-55　梁侧面纵向构造筋和拉筋及梁腹板高度确定

（3）梁腹板腰筋的最小配筋率：纵向钢筋的截面面积 A_s/腹板截面面积 bh_w(%) 为 0.1%，当梁宽度较大时可适当放松。

（4）抗扭腰筋的配置与构造腰筋的不同，构造腰筋搭接与锚固长度可取值为 $15d$，抗扭钢筋是按受力钢筋来锚固和搭接的，受扭腰筋锚固方式同框架梁下部纵筋（抗扭筋锚入支座的长度为 l_{ab}，当端支座直锚长度不够时，可将钢筋伸至端支座对边弯折，且平直段 $\geqslant 0.6l_{ab}$，弯折段长度为 $15d$）。

【讲解 117】梁两侧的楼板的标高不同时，梁腹板高度如何确定及腰筋的设置

如图 4-56。

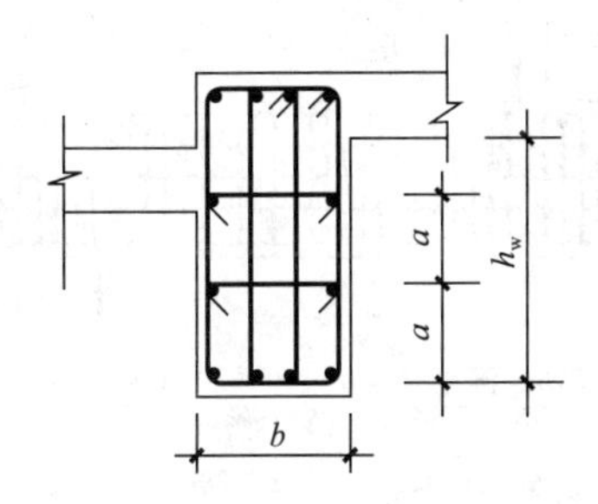

图 4-56　梁两侧楼板标高不同时 α=200mm

（1）为防止普通梁肋出现枣核形裂缝而设置腰筋，其间距不宜大于 200；

（2）抗扭纵向腰筋沿梁肋均匀布置，其间距不应大于 200mm；

（3）梁腹板高度应从高板计算，否则拉结钢筋没法计算。

【讲解 118】梁中纵向受力钢筋的水平最小净距，双层钢筋时，上下层的竖向最小净距

梁纵向钢筋的水平和竖向最小净距是为了保证混凝土对钢筋有足够的握裹力，使两种材料能共同工作，方便混凝土的浇筑，同时要符合设计计算时确定的截面有效高度，竖向间距加大，会影响钢筋混凝土的抗弯承载力。

参考《混凝土结构设计规范》9.2.1 条。

（1）梁中纵向受力钢筋水平方向的净距：

1）梁上部钢筋水平方向的净距不应小于 30mm 和 $1.5d$（d 为上部纵向钢筋的最大直径）。

2）梁下部钢筋水平方向的净距不应小于 25mm 和 d（d 为钢筋的最大直径）。

（2）多于一层钢筋时垂直方向的净距：

1）设计时要考虑梁有效高度 h_0；

2）钢筋与混凝土共同工作的考虑；

3）各层之间的钢筋净距一般为 25mm 和 d（d 为两层纵筋直径的较大者）。

（3）当下部钢筋多于两层时，两层以上钢筋水平方向的中距应至少比下面两层的中距增大 1 倍。

（4）在梁的纵向钢筋密集区域，宜采用并筋的配筋形式（钢筋束）。

【讲解119】砌体结构底部框架—抗震墙，托墙梁箍筋的加密范围要求

参考11G329-2第83页，如图4-57。

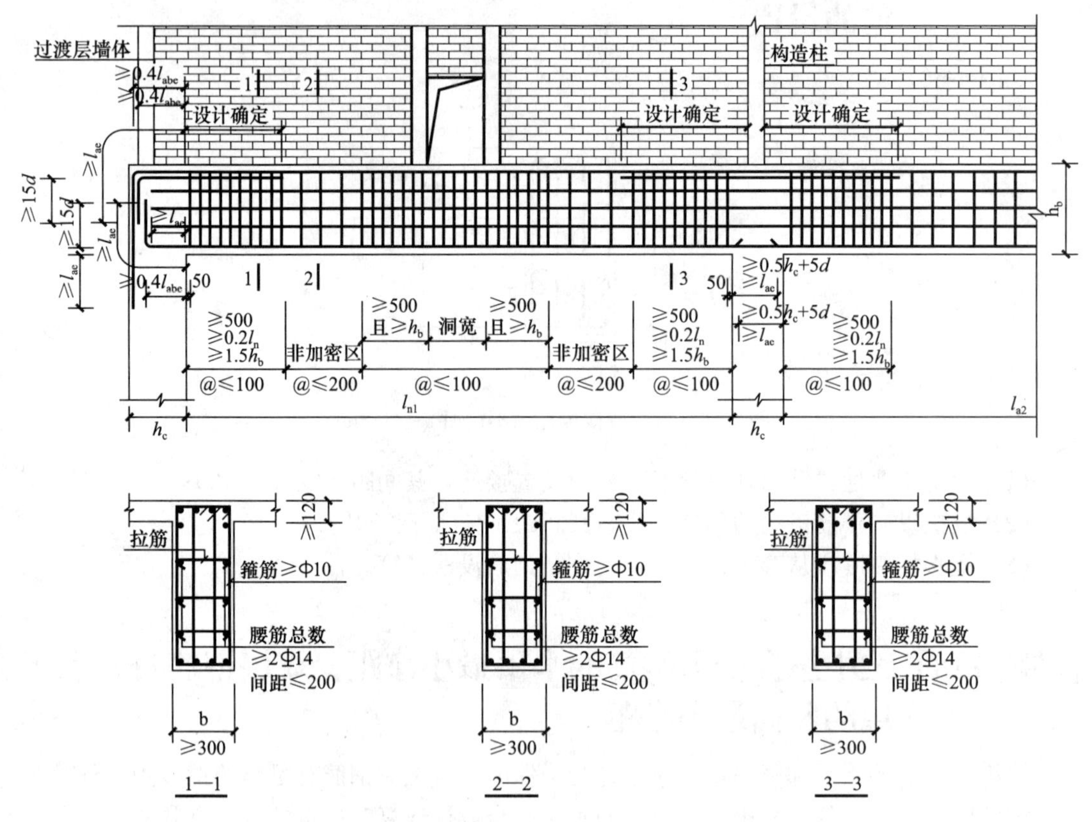

图4-57 底部框架托墙梁

（1）当非偏开洞时，在洞口宽度范围内及洞边两侧一个梁高范围内，箍筋加密；间距不应大于100mm；梁端部也要加密；

（2）当偏开洞时，除按上述要求外，洞边至最近支座边的范围内托墙梁的箍筋按要求加密，洞边另一侧及洞口宽度范围内按第一条规定要求加密；

（3）偏开洞的托墙梁远侧支座的加密区、箍筋的加密要求不变。

底部框架托墙梁，用平法表示时，设计院最好出些详图或简图，施工中注意上部砌体墙的开洞位置。

在大震作用下，底部框架托墙梁形成不了拉杆的作用，形成不了小墙梁，在墙的端部和洞口的角部会发生较大的斜向裂缝，角部在大震作用下，砌体会被压酥，墙体失去拱的作用，梁完全变成了受弯构件，在大震情况下设计时是不考虑墙体变形的拉杆拱的作用，所以要采取一定的抗震构造措施。

【讲解 120】框架扁梁（宽扁梁）构造措施

参见图集 11G329-1，新平法图集 11G101 中没有介绍。

（1）扁梁的截面尺寸

1）宽扁梁的宽度应≤2 倍柱截面宽度；

2）宽扁梁的宽度应≤柱宽度加梁高度；

3）宽扁梁的宽度应≥16 倍柱纵向钢筋直径；

4）梁高为跨度的 1/16～1/22，且不小于板厚的 2.5 倍，为扁梁。

（2）宽扁梁不宜用于一级抗震等级及首层为嵌固端的框架梁，首层的楼板是不能开大洞的，按高规的要求，首层楼板布置了很多次梁，楼板的厚度可以小于 180mm，可适当减薄。

（3）扁梁应双向布置，中心线宜与柱中心线重合，边跨不宜采用宽扁梁。

（4）应验算挠度及裂缝宽度等。

（5）纵向钢筋的要求：

1）宽扁梁上部钢筋宜有 60％的面积穿过柱截面，并在端柱的节点核心区内可靠的锚固；

2）抗震等级为一、二级时，上部钢筋应有 60％的面积穿过柱截面，穿过中柱的纵向受力钢筋的直径，不宜大于柱在该方向截面尺寸的 1/20；

3）在边支座的锚固要求应符合直锚和 90°弯锚的要求，弯折端竖直段钢筋外混凝土保护层厚度不应小于 50mm（或按设计要求注明）；

4）未穿过柱截面的纵向钢筋应可靠的锚固在边框架梁内。锚固起算点为梁边，不是柱边；

5）宽扁梁纵向钢筋宜单层放置，间距不宜大于 100mm；箍筋的肢距不宜大于 200mm。

（6）箍筋加密区（注意与普通梁有区别），如图 4-58：

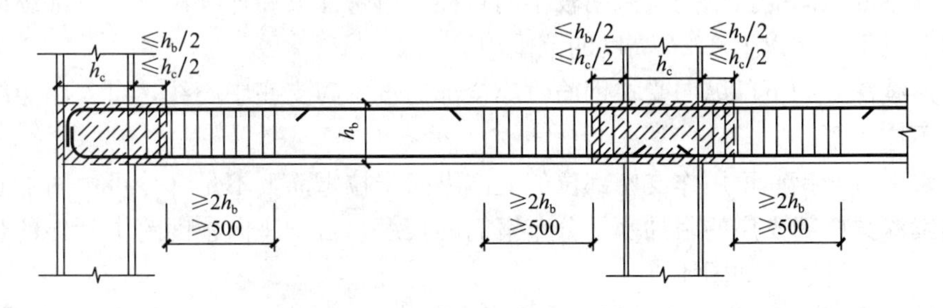

图 4-58　框架扁梁构造做法

1）抗震为一级时，为 2.5h 或 500mm 较大者；

2）其他抗震等级时，为 2.0h 或 500mm 较大者；

3）箍筋加密区起算点为扁梁（上图阴影区部分）边；

4）宽扁梁节点的内、外核心区均视为梁的支座，节点核心区系指两向宽扁梁相交面积扣除柱截面面积部分。节点外核心区箍筋一个方向正常通过，另一方向可采用U形箍筋对接，并满足搭接长度为 l_{le}。如图4-59。

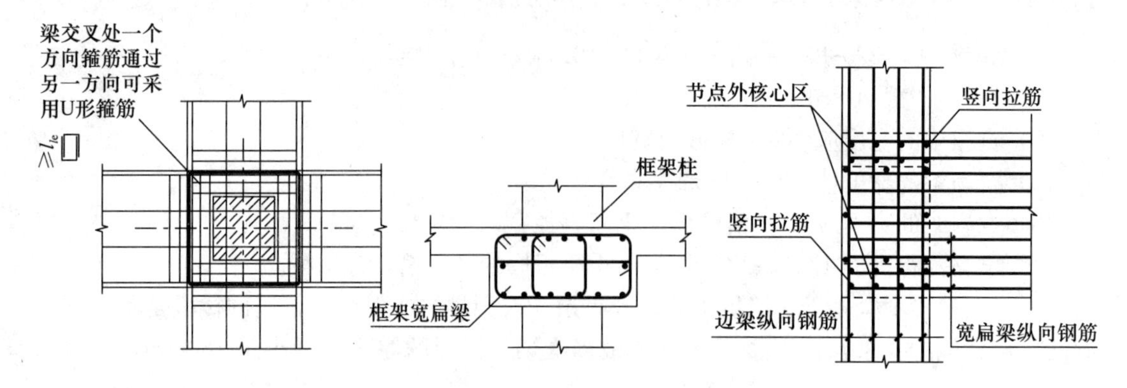

图4-59　扁梁箍筋在梁、柱节点处构造做法

（7）当节点核心区箍筋的水平段利用扁梁的上部顶层和下部底层的纵向钢筋时，上、下纵向受力钢筋的截面面积，应增加扁梁端部抗扭计算所需要的箍筋水平段截面面积。

（8）节点核心区可配置附加水平箍筋及竖向拉筋，拉筋勾住宽扁梁纵向钢筋并与之绑扎。

（9）节点核心区内的附加腰筋不需要全跨通长设置（因为属于局压抗扭），从扁梁外边缘向跨内延伸长度不应小于 l_{ae}。

【讲解121】深受弯构件中的简支深梁钢筋构造处理措施

参考《混凝土结构设计规范》附录G。

（1）深梁的概念：

跨高比 $l_0/H\leqslant2.0$ 的简支混凝土单跨梁和跨高比 $l_0/H\leqslant2.5$ 的简支混凝土多跨连续梁（l_0 为计算跨度）；

深受弯构件为跨高比 $l_0/H\leqslant5.0$ 的受弯构件。

（2）深梁的纵向受拉钢筋宜采用较小的直径，单跨深梁和连续深梁的下部纵向钢筋宜均匀布置在梁下边缘以上 $0.2h$ 高度的范围内。

（3）连续深梁的下部纵向受拉钢筋，应全部通过中间支座中心线，自支座边缘算起的锚固长度不应小于 l_a。

（4）水平分布钢筋可用作支座部位的上部纵向受拉钢筋，不足部分可由附加水平钢筋补足，连续深梁中间支座的附加水平分布钢筋的长度，自支座向中间跨中延伸的长度不宜小于 $0.4l_0$（水平段）；如图4-60。

（5）连续深梁中间支座的上部纵向受拉钢筋，按跨高比均匀的配置在规定范围内；《混凝土结构设计规范》附录G，如图4-61。

对于跨高比小于1的连续深梁，在中间支座底面以上 $0.2l_0$ 到 $0.6l_0$ 高度范围内的纵向受拉钢筋配筋率尚不宜小于0.5%。

（6）深梁应配置双排钢筋网，水平和竖向分布钢筋的直径均不应小于8mm，其间距不应大于200mm。

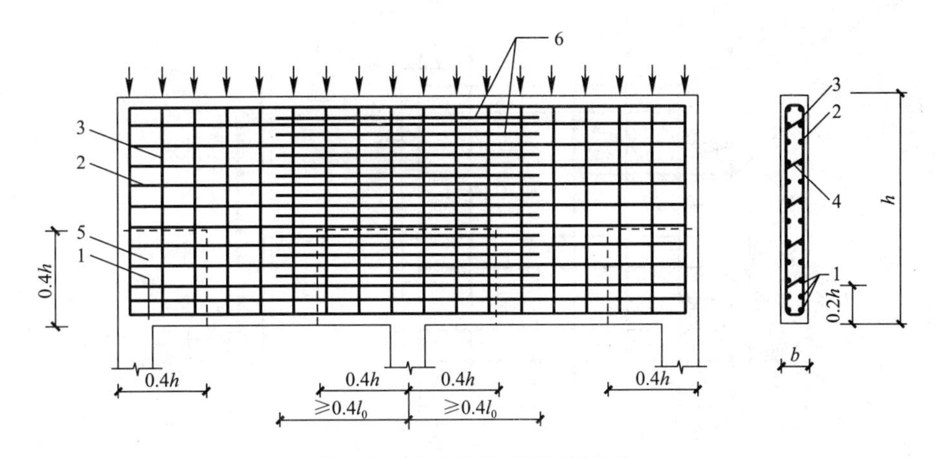

图 4-60 连续深梁的钢筋配置

1—下部纵向受拉钢筋；2—水平分布钢筋；3—竖向分布钢筋；4—拉筋；

5—拉筋加密区；6—支座截面上部的附加水平钢筋

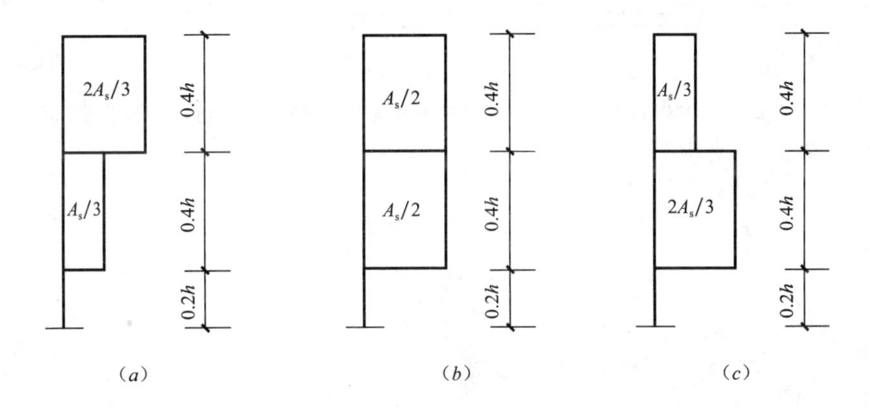

图 4-61 连续深梁中间支座截面纵向受拉钢筋在不同高度范围内的分配比例

(a) $1.5<l_0/h\leqslant2.5$；(b) $1<l_0/h\leqslant1.5$；(c) $l_0/h\leqslant1$

当沿深梁端部竖向边缘设柱时，水平分布钢筋应锚入柱内。在深梁上、下边缘处，竖向分布钢筋宜做成封闭式。

在深梁双排钢筋之间应设置拉筋，拉结钢筋沿水平和竖向的间距不宜大于 600mm，在支座高度为 $0.4h$，长度为 $0.4h$ 的范围内，应适当增加拉结钢筋的数量（见多跨简支深梁）；如图 4-62（有些情况，梁上部的墙体，是不到顶的，实际上与下面的梁形成了一个深梁）。

（7）在简支单跨深梁支座及连续深梁梁端的简支支座处，纵向受拉钢筋应沿水平方向弯折锚固，锚固长度为 $1.1l_a$（含直线段），伸入支座内的水平直线段长度不应小于 $0.5l_a$。当不能满足锚固长度要求时，应采取在钢筋上焊接锚固钢板，或将钢筋的末端焊接成封闭式等有效锚固措施（如图 4-62）。

（8）沿深梁端部竖向边缘的柱应伸至深梁的顶部；当钢筋采用搭接连接时，应在深梁的中部错位搭接，搭接长度为 $1.2l_a$，同一搭接范围内的接头截面面积不应小于钢筋总截面面积的 25%。如图 4-63。

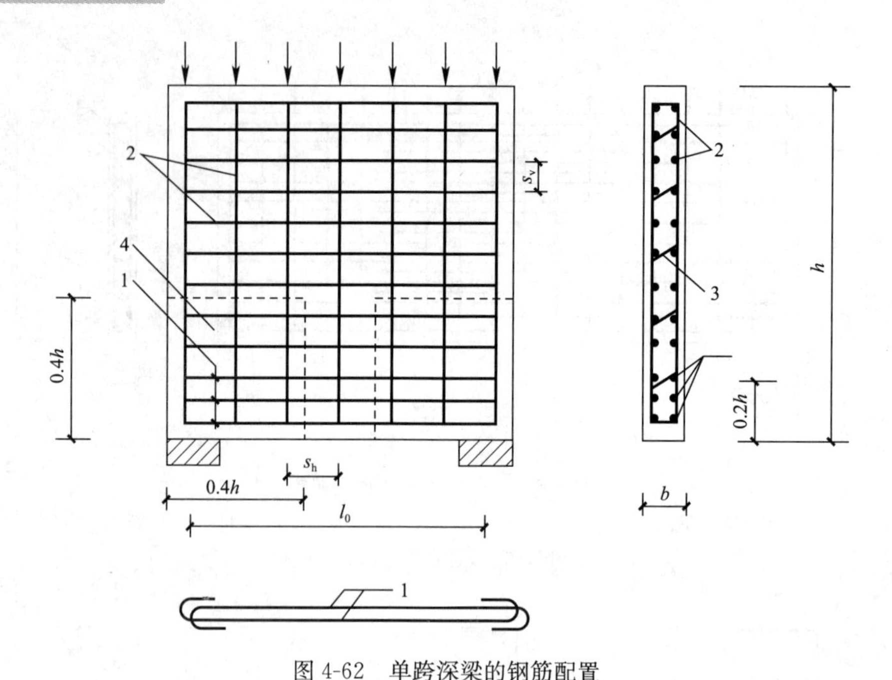

图 4-62 单跨深梁的钢筋配置

1—下部纵向受拉钢筋及弯折锚固；2—水平及竖向分布钢筋；3—拉筋；4—拉筋加密区

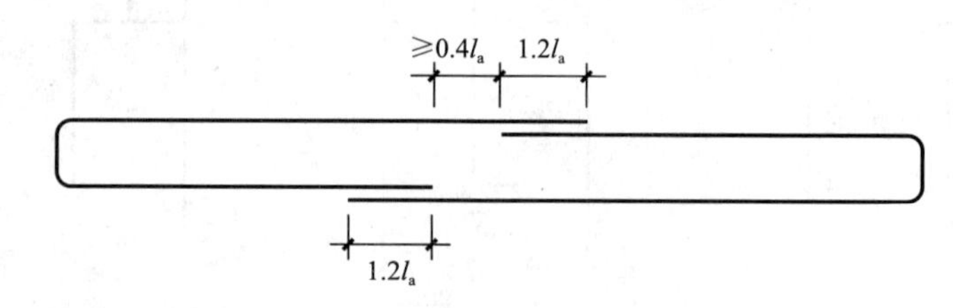

图 4-63 封闭式锚固及钢筋的搭接

（9）《混凝土结构设计规范》附录 G 第 G.0.13 条，除深梁以外的深受弯构件，其纵向受力钢筋、箍筋及纵向构造钢筋的构造规定与一般梁相同，但其截面下部二分之一高度范围内和中间支座截面上部二分之一高度范围内布置的纵向构造钢筋宜较一般梁适当加强。

【讲解 122】深梁沿下边缘作用有均布荷载及深梁中有集中荷载时，附加抗剪钢筋的处理措施

参考《混凝土结构设计规范》附录 G 第 G.0.11 条。

（1）当深梁下部沿全跨有均布荷载时，附加竖向吊筋应沿全跨均匀布置。间距应按施工图设计文件的规定且不宜大于 200mm。

（2）集中力处的竖向吊筋应沿传递集中荷载构件的两侧布置，并从深梁底部伸至深梁的顶部，在梁顶和梁底做成封闭式（相当于箍筋加密做法）。

（3）当有集中荷载作用于深梁下部 3/4 高度范围内时，该集中荷载应全部由附加吊筋承受，吊筋应采用竖向吊筋或斜向吊筋。

吊筋的布置范围 S 应满足下列要求：

当 h_1 不大于 $h_b/2$ 时，$S=b_b+h_b$

当 h_1 大于 $h_b/2$ 时，$S=b_b+2h_1$

上面公式中：

h_b——传递集中荷载构件的截面高度；

b_b——传递集中荷载构件的截面宽度；

h_1——从深梁下边缘至传递集中荷载构件底部的高度。

（4）采用附加斜向吊筋时，斜向的角度为60°，附加吊筋下部水平段的弯折点距传递集中荷载构件外边缘的距离为50mm。附加斜向吊筋的上部应伸至深梁的顶部。如图4-64。

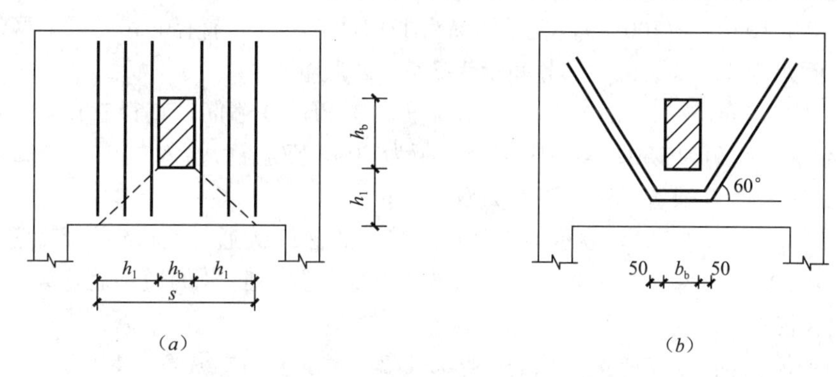

图4-64　深梁承受集中荷载作用时的附加吊筋

注：图中尺寸单位mm

（a）竖向吊筋；（b）斜向吊筋

【讲解123】框架梁与框架柱同宽或梁一侧与柱平的防裂、防剥落构造作法

（1）框架梁的纵向钢筋弯折伸入柱纵筋的内侧；

（2）当梁、柱、墙中纵向受力钢筋保护层大于50mm时，为防止混凝土开裂、剥落，宜采用在保护层中加配焊接钢筋网片或采用纤维混凝土（《混凝土结构设计规范》第8.2.3条）；

（3）配置表层钢筋网片的水平和竖向分布钢筋，直径不宜大于Φ8间距不应大于150mm，梁侧网片钢筋还应伸到梁下部受拉区之外，并按受拉钢筋要求进行锚固，水平段的锚固长度应满足 l_a；（《混凝土结构设计规范》第9.2.15条）；

（4）钢筋网片的保护层厚度不应小于25mm。

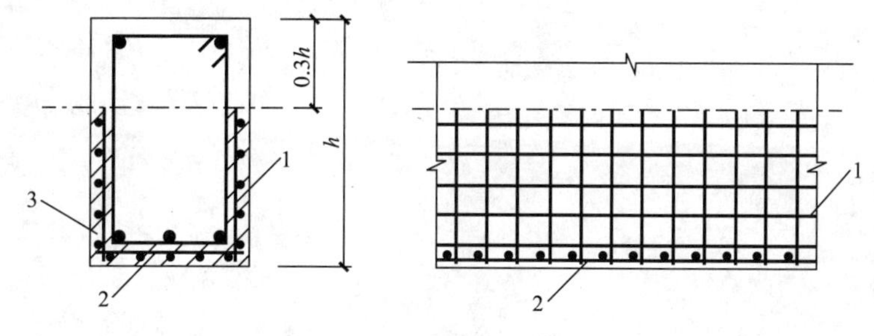

图4-65　表面钢筋配置筋要求

1—梁侧表层钢筋网片；2—梁底表层钢筋网片；3—配置网片钢筋区域

【讲解 124】梁平法标注示例

例 1：Φ10@100/200(4)，表示箍筋为 HPB300 箍筋，直径Φ10，加密区间距为 100，非加密区间距为 200，均为四肢箍；

例 2：Φ8@100 (4)/150(2)，表示箍筋为 HPB300 箍筋，直径Φ8，加密区间距为 100，四肢箍；非加密区间距为 150，两肢箍；

例 3：13Φ10@150/200(4)，表示箍筋为 HPB300 箍筋，直径Φ10，梁的两端各有 13 个四肢箍，间距为 150；梁跨中部分间距为 200，四肢箍；

例 4：18Φ12@150(4)/200(2)，表示箍筋为 HPB300 箍筋，直径Φ12，梁的两端各有 18 个四肢箍，间距为 150；梁跨中部分间距为 200，双肢箍；

例 5：2Ф22 箍筋缺省标注，表示为双肢箍；

例 6：2Ф22+(4Φ12)，表示为六肢箍，其中 2Ф22 为通长筋，4Φ12 为架立筋；

例 7：集中标注 3Ф22；3Ф20，表示梁的上部配置 3Ф22 的通长筋，梁的下部配置 3Ф20 的通长筋；

例 8：原位标注：梁支座上部纵筋 6Ф25 4/2，表示上一排纵筋为 4Ф25，下一排纵筋为 2Ф25；梁支座上部筋 2Ф22+3Φ20，表示 2Ф22 为角部纵筋，3Φ20 为中部配筋；

例 9：原位标注：梁支座下部纵筋 6Ф25 2/4，表示上一排纵筋为 2Ф25，下一排纵筋为 4Ф25；6Ф25 2(−2)/4，表示上一排纵筋为 2Ф25 且不伸入支座，下一排纵筋为 4Ф25，全部伸入支座；2Ф25+3Ф22(−3)/5Ф25，表示上排纵筋为 2Ф25 和 3Ф22，其中 3Ф22 不伸入支座，下排纵筋为 5Ф25，全部伸入支座；

例 10：平面注写示例：6Ф25 4/2(3200/2400)，括号内数值表示为自支座边缘向跨内伸出长度值。

第五章　楼梯及楼板构造常见问题

【讲解 125】在高层建筑中有转换层楼板边支座及较大洞口的构造

带有转换层的高层建筑结构体系，其框支剪力墙中的剪力在转换层处要通过楼板传递给落地剪力墙，转换层的楼板除满足承载力外还必须保证有足够的刚度，保证传力直接和可靠。并且结构计算，还需要有效的构造措施来保证。

参见图集 11G329-1 第 66 页。

（1）部分框支剪力墙结构中，框支转换层楼板厚度不宜小于 180mm，并应设双层双向配筋，且每层每个方向的配筋率不宜小于 0.25%。

（2）转换层楼板的上、下层钢筋在边支座（边梁或墙体内）的锚固长度应满足l_{ae}(l_a)，不够直锚，应弯锚（如图 5-1）。

（3）落地剪力墙和筒体外围的楼板不宜开洞；楼板在边支座和大洞周边应设置边梁，其边梁宽度不宜小于板厚的 2 倍（如图 5-2）。

（以上 1 条至 3 条来自《高层建筑混凝土结构技术规程》第 10.2.23 条）

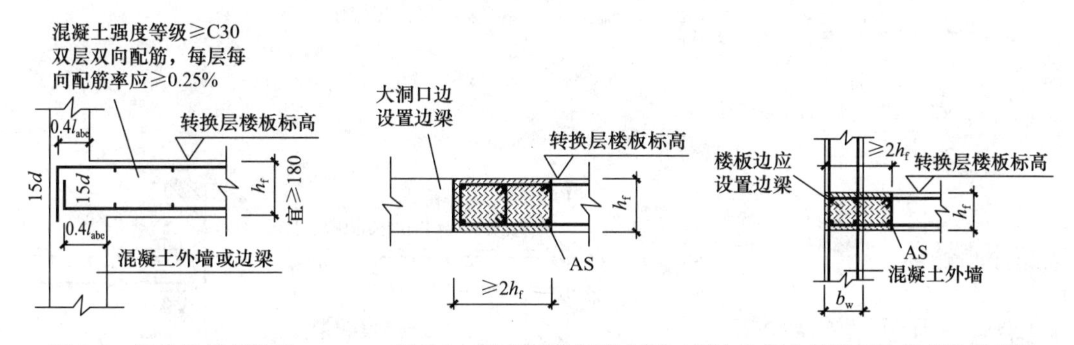

图 5-1　转换层楼板构造　　图 5-2　框支层楼板较大洞口周边和框支层楼板边缘部位设边梁

（4）边梁内的纵向钢筋宜采用机械连接或焊接；边梁中应配置箍筋（图集 11G329-1 第 66 页注解）。

（5）边梁中的全截面纵向钢筋的配筋率不应小于 1.0%；当施工图设计文件中无明确要求时，施工也应该按《高层建筑混凝土结构技术规程》第 10.2.23 条的规定构造配置。

（6）厚板转换板厚度按抗弯、抗剪、抗冲切截面承载力验算确定，需配置双层双向配筋，楼板中的钢筋应在边梁或钢筋混凝土墙体内可靠锚固，每个方向的配筋率不宜小于 0.60%；相邻上、下层楼板厚度不宜小于 150mm；（梁板式转换层的板在端支座的锚固构造见图 5-3）。

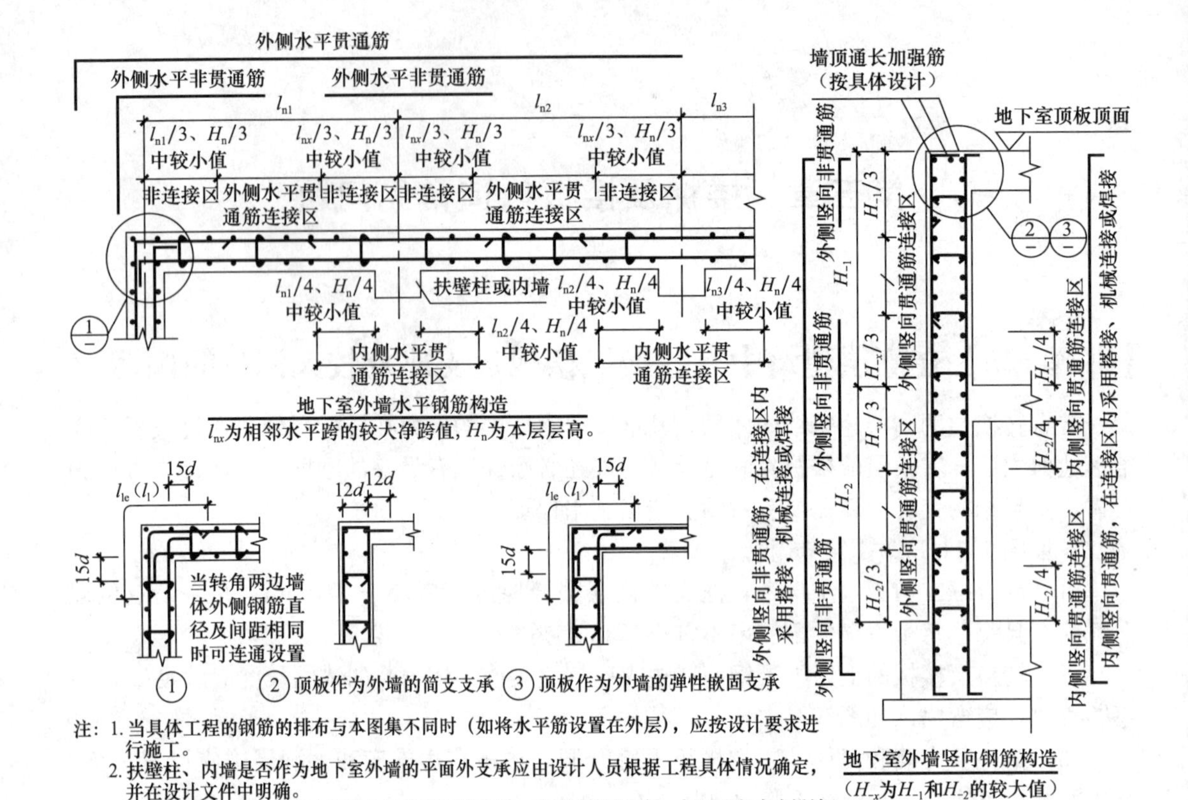

注：1. 当具体工程的钢筋的排布与本图集不同时（如将水平筋设置在外层），应按设计要求进行施工。
2. 扶壁柱、内墙是否作为地下室外墙的平面外支承应由设计人员根据工程具体情况确定，并在设计文件中明确。
3. 是否设置水平非贯通筋由设计人员根据计算确定，非贯通筋的直径，间距及长度由设计人员在设计图纸中标注。
4. 当扶壁柱、内墙不作为地下室外墙的平面外支承时，水平贯通筋的连接区域不受限制。
5. 外墙和顶板的连接节点做法②、③的选用由设计人员在图纸中注明。
6. 地下室外墙与基础的连接见11G101-3《混凝土结构施工图平面整体表示方法制图规则和构造详图（独立基础、筏形基础及桩基承台）》。

设计按铰接时：≥$0.35l_{ab}$
充分利用钢筋的抗拉强度时：≥$0.6l_{ab}$
外侧梁角筋
≥5d且至少到梁中线（l_a）
在梁角筋内侧弯钩
（a）
墙外侧竖向分布筋
≥$0.4l_{ab}$
≥5d且至少到墙中线（l_a）
在墙外侧水平分布筋内侧弯钩
墙外侧水平分布筋
（b）
（当用于屋面处，板上部钢筋锚固要求与图示不同时由设计明确）
圈梁外侧角筋
圈梁
≥5d且至少到圈梁中线
（c）
≥$0.35l_{ab}$
≥120，≥h
≥墙厚/2
（d）

板在端部支座的锚固构造
（括号内的锚固长度l_a用于梁板式转换层的板）

图 5-3　11G101-1 第 77 页、第 92 页截图
（a）端部支座为梁；（b）端部支座为剪力墙；（c）端部支座为砌体墙的圈梁；（d）端部支座为砌体墙

（7）厚板外周边宜配置钢筋骨架网，以提高抗剪性能。转换厚板内暗梁的抗剪箍筋面

积配筋率不宜小于 0.45%。

(8) 转换厚板上、下部的剪力墙、柱的纵向钢筋均应在转换厚板内可靠锚固。

(以上 6 条至 8 条来自《高层建筑混凝土结构技术规程》第 10.2.14 条)

【讲解 126】地下室顶板钢筋在边支座的锚固

参见图集 11G101-1 第 77 页、第 92 页，如图 5-3。

(1) 地下室顶板作为计算嵌固端、筏形基础顶板、箱型基础顶板时，上、下层钢筋在边支座锚固长度应满足 (l_a) l_{ae}，当直线锚固长度满足要求时可不做弯钩。

地下室顶板是否要做嵌固端，要求设计院在高层建筑物设计文件给予明确，说明嵌固部位，这样做钢筋锚固与连接时才有依据。并注意顶板作为外墙的简支支承、和弹性嵌固支承的区别，这两种做法要求在设计说明中给予明确，并注意伸至墙顶弯折直线段长度的不同，对于简支支承地下室外墙的钢筋伸到墙顶弯 12d 的弯头，对于弹性嵌固支承地下室外墙外侧的钢筋在墙顶与板筋作一个锚固长 l_l (l_{le}) 的搭接，内侧钢筋伸到墙顶弯 15d 的弯头。

注意：地下室外墙面厚度变化处钢筋的连接和锚固，应参照相应抗震等级的剪力墙竖向钢筋构造措施处理；地下一层与上部结构的抗震等级，应按施工图设计文件中注明的抗震等级，如果抗震等级相同，地下一层以下的抗震等级可以逐层降低（但还是要看具体设计要求）一级，但不应低于四级。

(2) 地下室顶板为人防板时，锚固长度应满足 l_{af}（如三级抗震，l_{af} 为 1.05l_a；如二级抗震，l_{af} 为 1.15l_a）；

(3) 采用弯锚时，水平段应不小于 0.6l_{ab} (0.6l_{abe}) 且宜伸至远端，弯折后直线段不小于 12d。(本条考虑充分利用钢筋的抗拉强度) 参见 11G101-1 第 92 页，见图 5-3。

图 5-3，板在端部支座的锚固构造分析：现浇板、屋面板一般不要求按抗震构造措施，除非施工图设计文件有特殊的要求。边支座材料不同，锚固要求是不同的，当边支座为砌体时考虑到对楼板有嵌固作用，上部纵向钢筋伸入支座内要有一定的长度，按简支承计算；当边支座为钢筋混凝土构件（圈梁、混凝土墙、剪力墙）时，由于材料相同，端部要承担负弯矩，因此上部钢筋在支座内应满足锚固长度的要求，下部钢筋伸入支座 5d 且至少过梁中心线。

【讲解 127】普通楼板下部受力钢筋在支座内的锚固

参见图集 11G101-1 第 92 页，如图 5-4。

(1) 普通楼板受力钢筋不考虑抗震构造措施，因为普通楼板为非抗侧力构件，非抗侧力构件不需要满足抗震构造措施。

(2) 当支座为混凝土构件时，锚固长度除应满足不小于 5d 外，还应伸至支座的中心线处。

(3) 当采用光面钢筋时，端部应设置 180°弯钩，内径为 2.5d，直线段为 3d。

(4) 楼板的支座为砌体时，板伸入砌体的支承长度不小于 120mm，也不应小于板厚；钢筋的锚固长度应不小于 5d，且宜伸至板边；如图 5-3 (d) 节点构造。

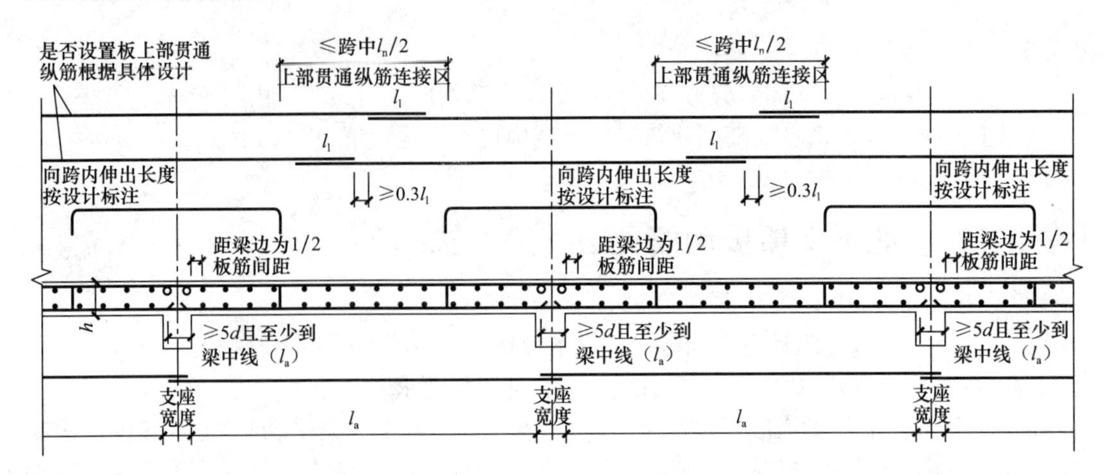

图 5-4　11G101-1 第 92 页截图

（5）中间支座的锚固长度同混凝土结构；如图 5-3（*a*）、（*b*）节点构造：屋面板底部纵筋锚入剪力墙为端部支座的锚长为 l_a 或与图示不同时由设计明确。

（6）当连续板内的温度、收缩应力较大或楼面超长时，根据设计要求，伸入支座的锚固长度宜适当增加（通常应不小于 12～15*d*）。

对于超长结构，允许采取一定的措施，增加钢筋在支座中的锚固长度，如果超长不是很长情况下，在端部的两跨上部的支座负钢筋可以通长设置，不需要全跨通长；如果超长比较多，可以通长设置（温度钢筋）。外围构造的钢筋，锚入梁内钢筋，应减少直径，加大数量，解决超长的问题。温度筋影响最大的端跨顶部，楼板上部钢筋，外墙上部钢筋要注意，在砌体结构中，外纵墙应每层设置拉结钢筋。有地下室，在首层（正负零）处楼板，如果没有温度筋或没有设变形缝，应适当加大钢筋的锚固或设计成双层双网（作为嵌固端时）。

【讲解 128】普通楼板上部纵向受力钢筋在边支座内的锚固作法

参见图集 11G101-1 第 92 页，如图 5-3（*a*）～（*d*）节点。

（1）边支座为现浇混凝土构件时，满足直锚长度 l_a，可不作弯折。

（2）不满足直锚长度时，可作 90°弯折锚固，弯折前水平段应不小于 $0.6l_{ab}$（本条考虑充分利用钢筋的抗拉强度时，如设计按铰接时为 $0.35l_{ab}$），应伸至支座纵筋内侧下弯，弯折后的直线段不小于 12*d*；（弯折段长度为 15*d*）如图 5-3（*a*）、（*c*）节点构造。

当端部支座为剪力墙时，板上部钢筋弯折前水平段不小于 $0.4l_a$，弯折后的直线段长度为 15*d*；如图 5-3（*b*）节点构造（本图集新增构造）。

（3）采用光面钢筋直锚时，端部应设置 180°弯钩，内径为 2.5*d*，直线段为 3*d*。

（4）当采用焊接网片，边支座为混凝土构件时，应满足 l_a，支座宽度不足时可采用 90°弯锚；支座负筋（非贯通筋）下弯弯头不是撑到模板上，而是要支起一个保护层。

（5）嵌固在砌体中时，钢筋伸入板内的锚固长度（搁置长度）为 $l=a-15$，并下弯至板底（a 为板在砌体墙上边支座的支承长度）。如图 5-3（*d*）节点构造。

（6）对于大多数装配式混凝土构件，当采用焊接网片时，边支座为砌体，网片伸入支座内的长度不宜小于 110mm，端部应设置一根横向钢筋。如图 5-5。

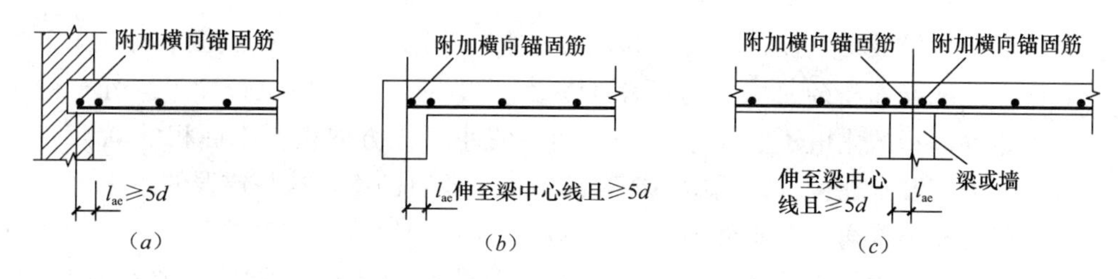

图5-5　焊接网配筋时板支座受力钢筋附加横向锚固钢筋

【讲解129】楼、屋面板中的构造钢筋和分布钢筋

《混凝土结构设计规范》第9.1.6条：为避免现浇板在其非主要受力方向发生板面裂缝，对于按简支边或非受力边设计的现浇混凝土板，当与混凝土梁、墙整体浇筑或嵌固在砌体墙内时，要求在板边和板角部配置板面防裂的构造钢筋。在楼板和屋面板中（指单向板）垂直于受力钢筋、和垂直于板支座负筋布置分布钢筋，其主要作用是为固定受力钢筋和抵抗收缩和温度应力的作用。

(1) 钢筋混凝土板面构造钢筋要符合下列要求：

1) 钢筋要满足最小直径和最大间距等要求（ф8@200），且单位宽度内的配置的钢筋面积不宜小于跨中相应方向受力钢筋截面面积1/3的要求。

2) 与混凝土梁、墙整体浇筑单向板非受力方向的板面构造钢筋，钢筋截面面积尚不宜小于受力方向跨中板底钢筋截面面积的1/3。

3) 为防止温度，收缩等间接作用在现浇板中引起裂缝及板未配筋的温度、收缩应力较大的现浇板区域表面宜配置双向的防裂构造钢筋；在峰腰、洞口、转角等易产生应力集中产生裂缝的部位配置防裂构造钢筋，并采取可靠的锚固措施；楼板表面的瓶颈部位宜适当增加板厚和配筋；配筋率均不宜小于0.10%，间距不宜大于200mm，防裂构造钢筋可利用原有钢筋贯通布置，也可另行设置钢筋并与原有钢筋按受拉搭接的要求或在周边构件中锚固（见《混凝土结构设计规范》第9.1.8条）。

遇有受力钢筋与构造钢筋，钢筋等级不同时，如受力钢筋为335级高于构造分布钢筋的强度等级时，如分布钢筋可能采用235级钢或300级钢，这个就不能按面积计算，应将跨中受力钢筋的截面面积换算成等级相同的构造钢筋的截面面积后，再除以3作为构造钢筋的配筋面积。

(2) 板面构造钢筋的长度

1) 该构造钢筋从混凝土梁边、柱墙边伸入板边的长度不宜小于$l_0/4$。

2) 砌体墙支座处钢筋伸入板边的长度不宜小于$l_0/7$。

3) l_0为计算跨度，单向板按受力方向计，双向板按短边方向计。

(3) 在楼板的角部，应沿两个垂直方向布置，或按斜向平行、放射状布置附加钢筋；其钢筋应在梁、墙内或柱内按受拉钢筋要求可靠锚固。

(4) 在柱角或墙角处的楼板凹角部位，钢筋伸入板内的长度应从柱边或墙边算起。

(5) 当按单向板设计时，应在垂直于受力钢筋的方向布置分布钢筋；在垂直于板支座负筋处布置分布钢筋；在梁截面范围内不配置分布钢筋。

分布钢筋要满足最小直径（6mm）和最大间距（250mm）要求；当板上有较大集中力时，分布钢筋的配筋面积应加大，且间距不宜大于 200mm；在单位长度上，分布钢筋配筋率与受力钢筋面积的比值不宜小于 15%，且不宜小于该方向板截面面积的 0.15%；有的设计院将配筋率要求在设计说明中注明，让施工企业自己算，这是错误的做法。

（6）钢筋混凝土普通受弯构件中的受力钢筋，应选用性价比较好的类别。如 400 级钢筋，设计强度 360N/mm²，价格比 335 级（设计强度 300N/mm²）钢筋每吨不超出 20%，比 335 级钢筋抗拉强度大 20%。

【讲解 130】楼（屋）面板纵向钢筋的间距

（1）纵向第一根受力钢筋距板边为半个设计间距（第一根钢筋的起头距离是按支座构件边度量的，而不是从支座构件主筋开始）；如图 5-4。

（2）分布钢筋及构造钢筋作法同上；如图 5-4。

（3）两种钢筋直径采取“隔一布一”方式时，注写的间距为两种钢筋的实际间距；如：Φ10/12@150，实际配筋间距为Φ10@300，Φ12@300。

【讲解 131】楼（屋）面板上部钢筋的配置要求

参见图集 11G101-1 第 93 页、94 页，如图 5-6。

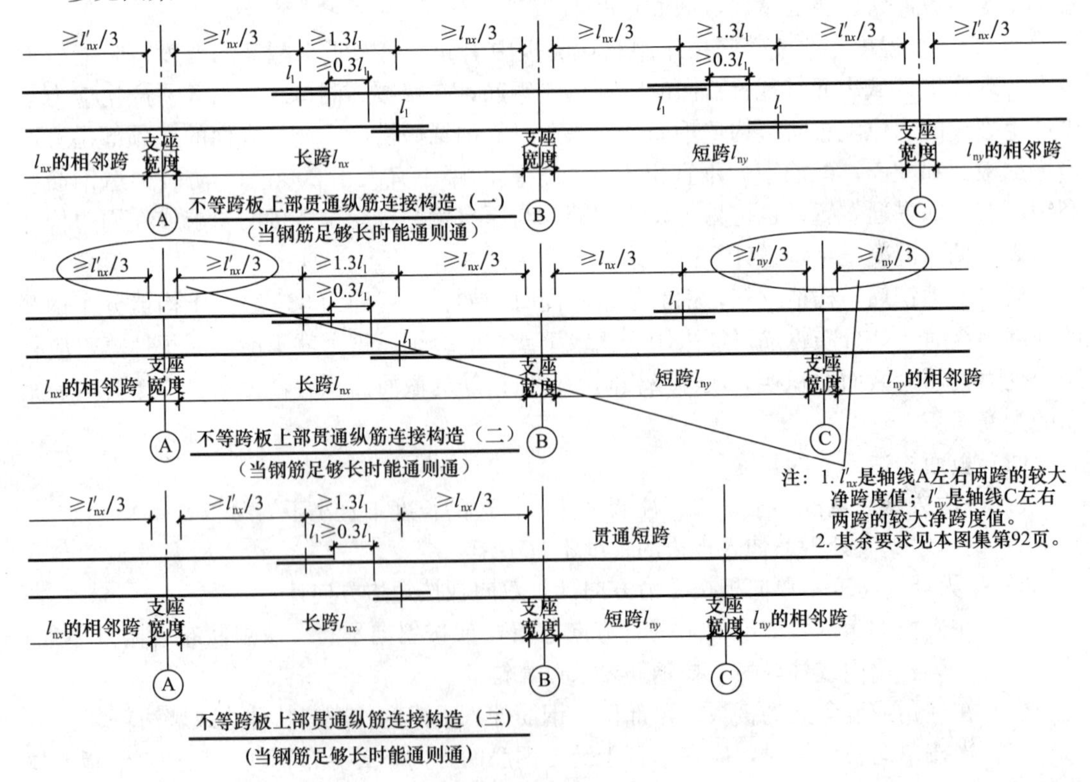

图 5-6　有梁楼盖不等跨板上部贯通纵筋连接构造

（1）在中间支座应贯通，不应在支座处连接和分别锚固，设计上应避免在中间支座两面配筋不一样，如遇两边楼板存在高差，可以采用分别锚固，相当于边支座；

施工时注意：当支座一侧设置了上部贯通纵筋，在支座另一侧设置了上部非贯通纵筋时，如果支座两侧设置的纵筋直径、间距相同，应将二者连通，避免各自在支座上部分别锚固；

施工时注意：板支座上部非贯通筋自支座中线向跨内的伸出长度，注写在线段的下方，两侧长度外伸一样时，只需标注一边表示另一边同长度，两侧不一样长时需两边都标注长度。

实际上施工图大部分都是按支座边向跨内标注的伸出长度，这与平法要求的“自支座中线向跨内的伸出长度”不符。（要注意平法标注与实际的区别）

（2）上部钢筋通长配置时，可在相邻两跨任意跨中部位搭接连接，包括构造钢筋，分布钢筋。

（3）当相邻两跨上部钢筋配置不同时，应将较大配筋伸至相邻跨中部区域连接（设计应避免）。

（4）相邻不等跨上部钢筋的连接：

1）相邻跨度相差不大时（≤20%）应按较大跨计算截断长度，在较小跨内搭接连接；

2）相邻跨度相差较大时，较大配筋宜在短跨内拉通设置，也可在短跨内搭接连接；

3）当对连接有特殊要求时，应在设计文件中注明连接方式和部位等，主要针对机械连接和焊接连接。

【讲解132】楼（屋）面板钢筋绑扎与搭接要求

（1）除图集所示搭接连接外，板纵筋可采用机械连接或焊接连接；接头位置：上部钢筋连接区在跨中 $1/2l_n$ 连接区（如图5-4），下部钢筋宜在距支座1/4净跨中。

（2）板贯通纵筋连接要求见图集11G101-1第55页（也可见本书第一章讲解），且同一连接区段内钢筋接头百分率不宜大于50%，不等跨板上部贯通纵筋连接构造见图5-6。

（3）在搭接范围内，相互搭接的纵筋与横向钢筋的每个交叉点均应进行绑扎。

（4）抗裂构造钢筋自身及其与受力主筋搭接长度为150mm，抗温度筋自身及其与受力主筋搭接长度为 l_l，搭接长度的直径按温度钢筋的直径计算；板上、下贯通筋可兼作抗裂构造筋和抗温度筋，当下部贯通筋兼作抗温度筋时，其在支座的锚固由设计者确定；如图5-4：抗裂、抗温度钢筋与上部受力钢筋搭接时，除了水平搭接外，还要向下弯折。

（5）分布筋自身与受力主筋、构造钢筋的搭接长度为150mm；当分布筋兼作抗温度筋时，其自身与受力主筋、构造钢筋的搭接长度为 l_l；其在支座的锚固按受拉要求考虑；如图5-7。

说明：分离式配筋一般用于板厚小于或等于120mm及不经常承受动荷载的板；板中下部钢筋根据实际长度可以采取连续配筋；连续式配筋一般用于板厚大于120mm及经常承受动荷载的板，这种配筋在板支座受力钢筋采用弯起钢筋。如图5-8。

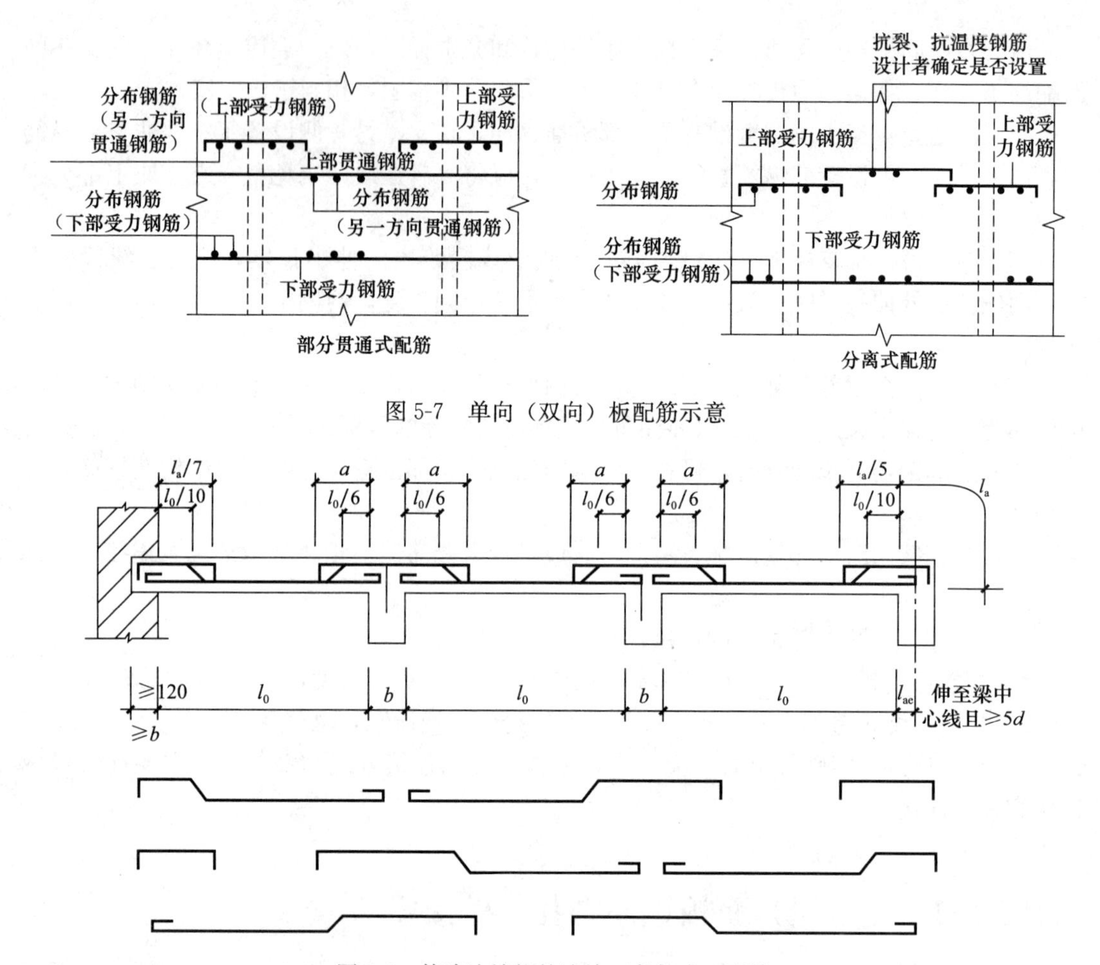

图 5-7　单向（双向）板配筋示意

图 5-8　等跨连续板的连续（弯起式）配筋

（6）采用分离式配筋的多跨板，板底钢筋宜全部伸入支座；支座负弯矩钢筋向跨内延伸的长度应根据负弯矩图确定，并满足钢筋锚固的要求。简支板或连续板下部纵向受力钢筋伸入支座的锚固长度不应小于钢筋直径的 5 倍，且宜伸至支座中心线。当连续板内温度、收缩应力较大时，伸入支座的长度宜适当增加。

【讲解 133】悬挑板（屋面挑檐）在阳角和阴角附加钢筋的配置

参见图集 11G101-1 第 103 页。

（1）阳角附加钢筋配置有两种形式：平行板角和放射状。

（2）平行板角方式时，平行于板角对角线配置上部加强钢筋，在转角板的垂直于板角对角线配置下部加强钢筋，配置宽度取悬挑长度 l，其加强钢筋的间距应与板支座受力钢筋相同，这种方式，施工难度大；如图 5-9。

（3）放射配置方式时，伸入支座内的锚固长度，不能小于 300mm，要满足锚固长度（l_a＞悬挑长度 L）的要求，间距从悬挑部位的中心线 $1/2l$ 处控制，不是最大点，也不是中小点，一般≤200mm；如图 5-10。

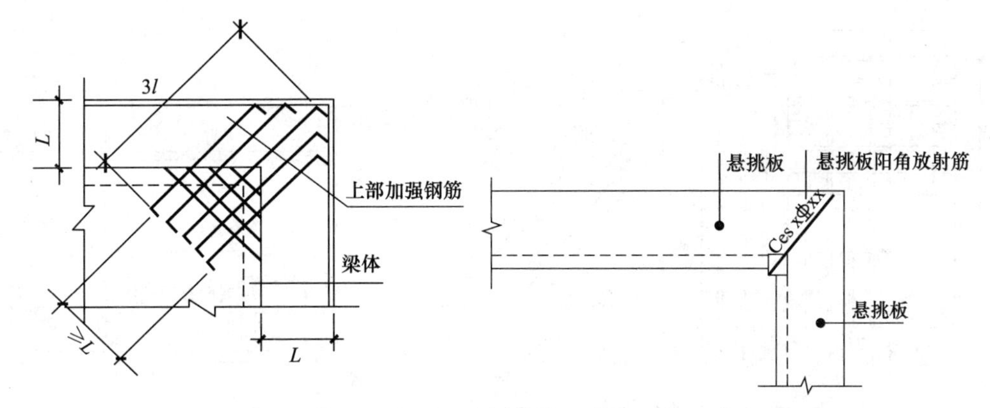

图 5-9　悬挑板阳角平行布置附加配筋 C_{es} 构造（右图为引注图示）

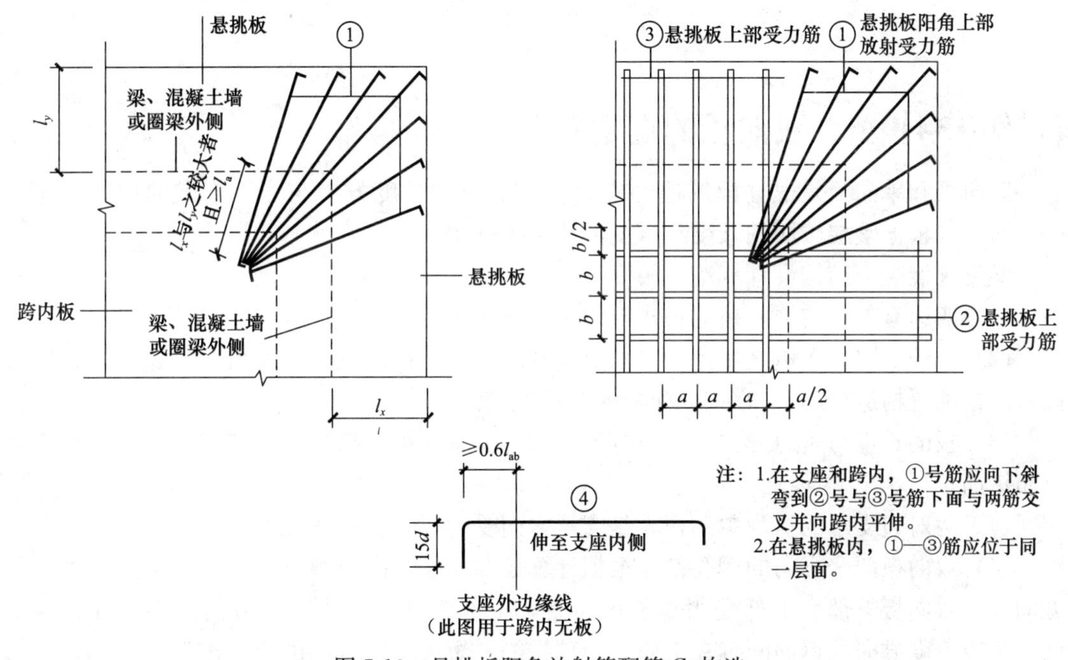

图 5-10　悬挑板阳角放射筋配筋 C_{es} 构造

说明：如图 5-10 放射筋④号筋伸至支座内侧，距支座外边线弯折 $0.6l_{ab}+15d$（用于跨内无板）。

（4）当转角两侧的悬挑长度不同时，在支座内的锚固长度按较大跨度计；如果里边没有楼板，如楼梯间楼层的部位没有楼板，放射钢筋应水平锚入梁内。

（5）阴角斜向附加钢筋应放置在上层。

（6）当转角位于阴角时，应在垂直于板角对角线的转角板处配置斜向钢筋，间距不大于 100mm。

阴角斜向加强钢筋应放置在上层，不少于 3 根且应伸入两边支座内 $12d$，且应到梁的中心线，间距（5～10cm）、从阴角向外的延伸长度应不小于 l_a。如图 5-11。

角部加强筋 C_{rs} 的引注见图 5-11 右图。角部加强筋通常用于板块角区的上部，根据规范规定的受力要求选择配置。角部加强筋将在其分布范围内取代原配置的板支座上部非贯通纵筋，且当其分布范围内配有板上部贯通纵筋时则间隔布置。

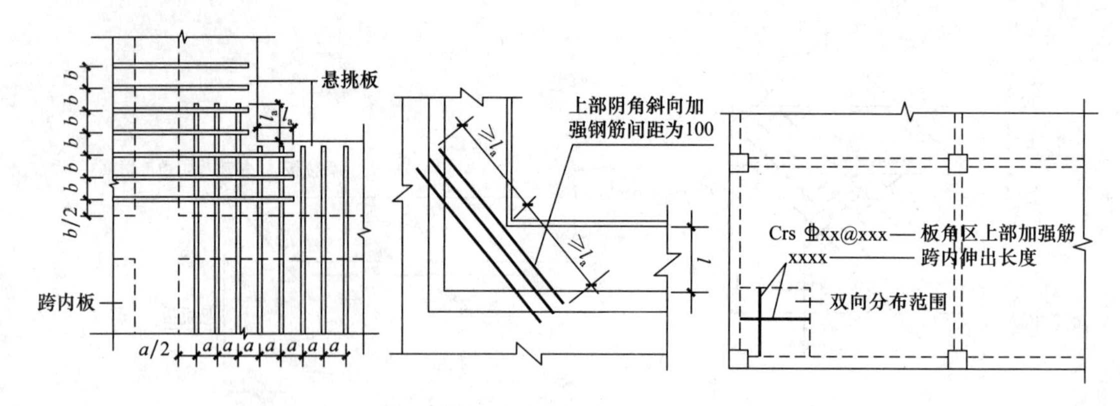

图 5-11 悬挑板阴角加强配筋 C_{rs} 构造（右图为引注图示）

（图中未表示构造筋与分布筋）

【讲解 134】单、双向板的规定界限

双向板和单向板是根据板周边的支承情况及板的长度方向与宽度方向的比值来确定的，而不是根据整层楼面的长度与宽度的比值来确定。

参见《混凝土结构设计规范》第 9.1.1 条。

（1）四边有支承的板，板的长边与短边之比小于等于 2 时为双向板；

（2）板的长边与短边之比大于 2 而小于 3 时，短边按图纸要求配置受力钢筋，长边宜按双向板配置构造钢筋；（宜按双向板的要求配置钢筋）

（3）板的长边与短边之比大于或等于 3 时，为单向板，按短边配置受力钢筋，长边为分布钢筋；

（4）两对边支承的板为单向板，是支承方向受力，和长宽比无关；

（5）双向板两个方向的钢筋都是根据计算需要而配置的受力钢筋，短方向的受力比长方向大。双向板下部和上部受力钢筋的位置，下部钢筋：短边跨度方向的钢筋配置在下面，长边跨度方向的钢筋配置在上面；上部钢筋：短边跨度方向的钢筋配置在上面，长边跨度方向的钢筋配置在下面。

注：对于有梁楼盖，普通楼面，两向均以一跨为一板块；对于密肋楼盖，两向主梁（框架梁）均以一跨为一板块（非主梁密肋不计）。这一点在布筋时，要特别注意，要分清楚板块的划分，因为有的设计图纸，会把地下室顶板做成双层双向通长配筋，这在实际施工中，要按有梁楼盖板的要求进行布筋排布。

【讲解 135】悬挑板钢筋构造

参见图集 11G101-1 第 95 页，带有悬臂的板，必须考虑悬臂支座处的负弯矩对板跨中部的影响。图集中给定的是板跨中部出现负弯矩时的配筋图示，如板跨中部不出现负弯矩时，其配筋构造见设计说明，也可参考钢筋混凝土构造手册。

图集中给定的是梁单侧悬挑板钢筋构造，如为梁双侧也可参考钢筋混凝土构造手册。

（1）跨内外板面同高的延伸悬挑板（如图 5-12）。

由于悬臂支座处的负弯矩对内跨中有影响，会在内跨跨中出现负弯矩，因此：

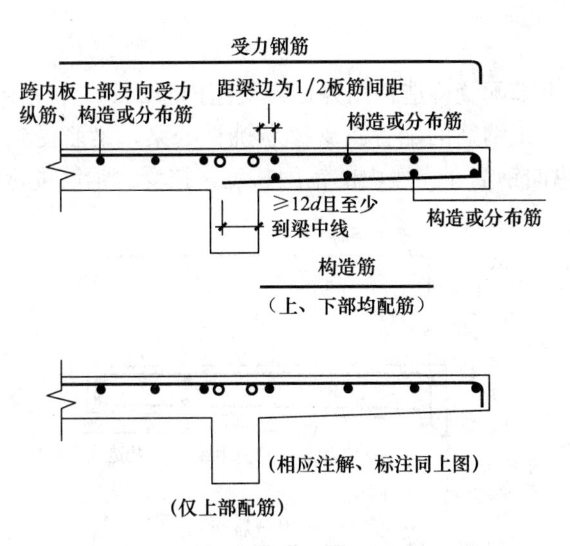

图 5-12　跨内外板面同高的延伸悬挑板

1）上部筋钢可与内跨板负筋贯通设置，或伸入支座内锚固 l_a；

2）悬挑较大时，下部配置构造钢筋并锚入支座内≥12d，并至少伸至支座中心线处。

（2）跨内外板面不同高的延伸悬挑板（如图 5-13）。

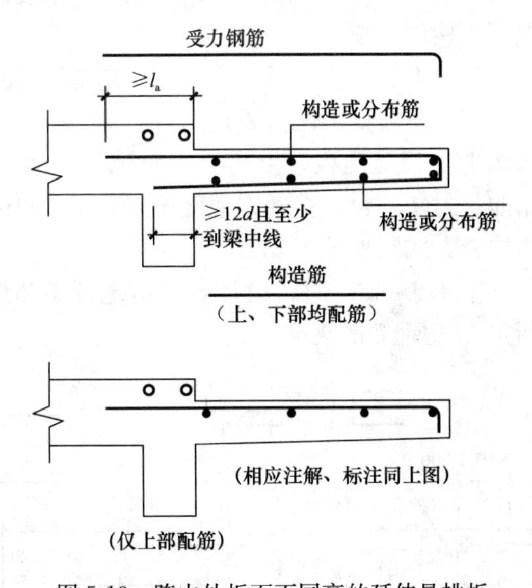

图 5-13　跨内外板面不同高的延伸悬挑板

1）悬挑板上部钢筋锚入内跨板内直锚 l_a，与内跨板负筋分离配置；

2）不得弯折连续配置上部受力钢筋；

3）悬挑较大时，下部配置构造钢筋并锚入支座内≥12d，并至少伸至支座中心线处；

4）内跨板的上部受力钢筋的长度，根据板上的均布活荷载设计值与均布恒荷载设计值的比值确定。

（3）纯悬挑板（如图 5-14）。

1）悬挑板上部是受力钢筋，受力钢筋在支座的锚固，宜采用 90°弯折锚固，伸至梁远端纵筋内侧下弯；

2）悬挑较大时，下部配置构造钢筋并锚入支座内≥12d，并至少伸至支座中心线处；

3）注意支座梁的抗扭钢筋的配置：支撑悬挑板的梁，梁筋受到扭矩作用，扭力在最外侧两端最大，梁中纵向钢筋在支座内的锚固长度，按受力钢筋进行锚固。

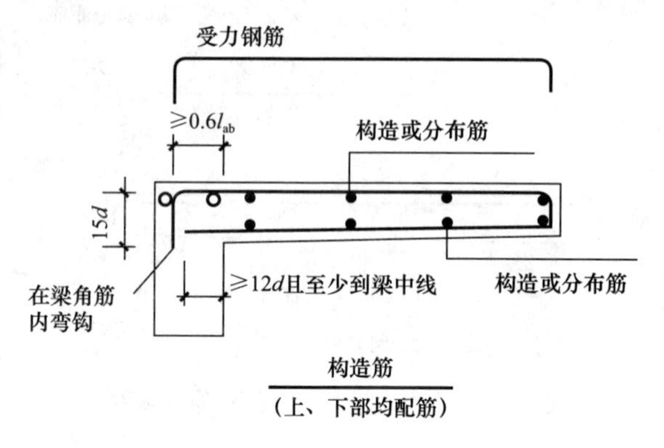

图 5-14 纯悬挑板

（4）现浇挑檐、雨篷等伸缩缝间距不宜大于 12m。

对现浇挑檐、雨篷、女儿墙长度大于 12m，考虑其耐久性的要求，要设 2cm 左右温度间隙，钢筋不能切断，混凝土构件可断。

（5）考虑竖向地震作用时，上、下受力钢筋应满足抗震锚固长度要求（原规范：受力纵向钢筋在支座内的锚固长度，不需要考虑抗震设防）；

这对于复杂高层建筑物中的长悬挑板，由于考虑负风压产生的吸力，在北方地区高层、超高层建筑物中采用的是封闭阳台，在南方地区很多采用非封闭阳台。

（6）悬挑板端部封边构造方式（如图 5-15）。

当悬挑板板端部厚度不小于 150mm 时，设计者应指定板端部封边构造方式，当采用 U 型钢筋封边时，尚应指定 U 型钢筋的规格、直径。

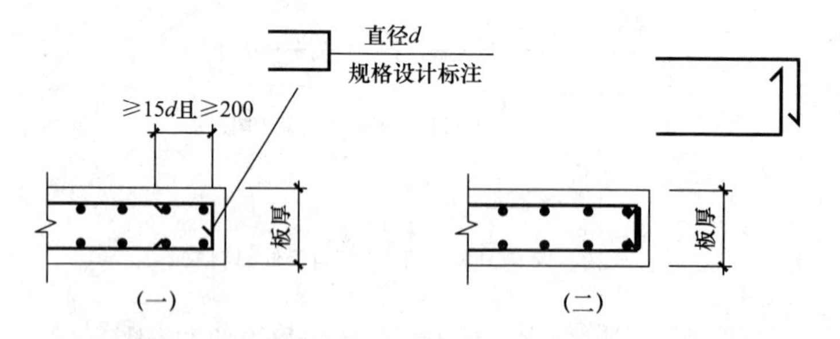

图 5-15 无支撑板端部封边构造（当板厚≥150mm）

【讲解 136】楼板局部升降的配筋问题

参见图集 11G101-1 第 99 页、第 100 页 如图 5-16、图 5-17：

（1）图集 11G101-1 中规定：局部升降板（SJB）升高与降低的高度分两种情况（不大

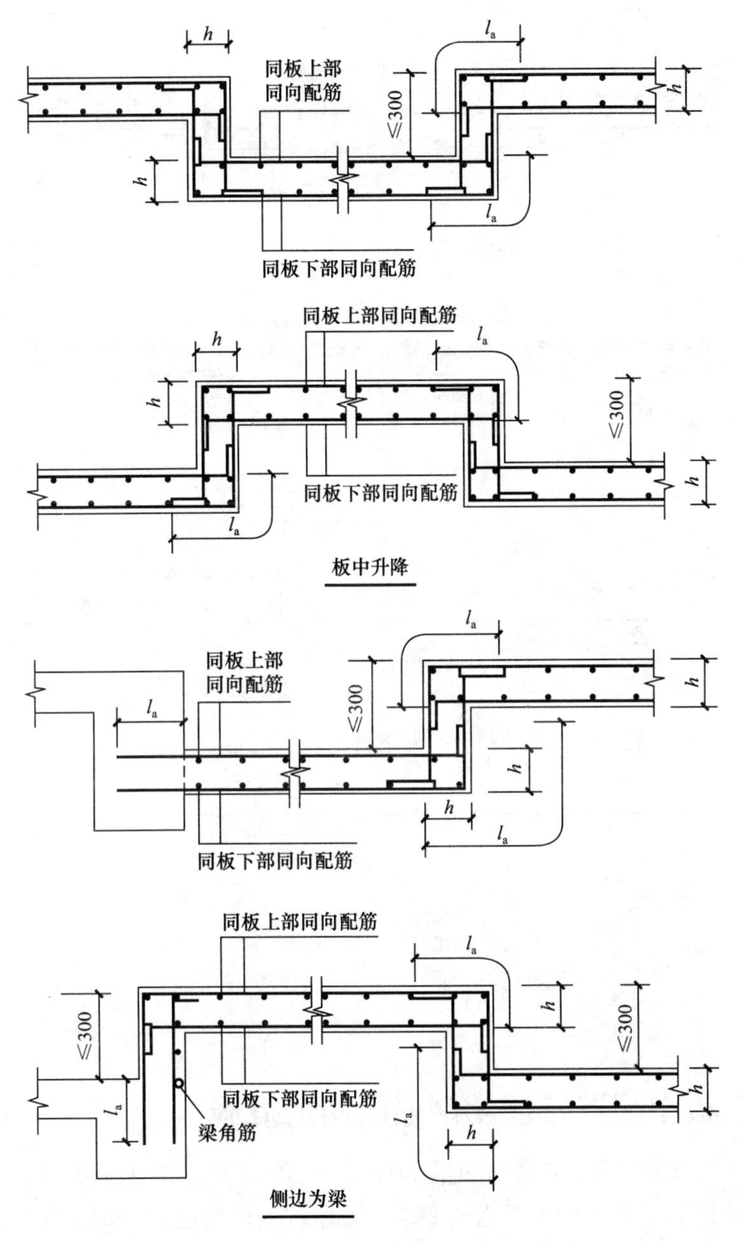

图 5-16　局部升降板高差≤300mm 情况

于板厚、≤300mm）处理方式；

（2）升降高度>300mm 时，应由设计确定，补充配筋构造详图；

（3）板中的钢筋配置（单、双层），由设计确定；图集中规定局部升降板下部与上部配筋宜设计为双向贯通筋；

（4）图集表达的是构造作法，配筋范围等由设计确定；如果设计没有特殊注明时，我们就按上下配筋为双向贯通筋，如果为仅下部配置双向贯通筋，在升降板高低转角处设置成回弯形式。

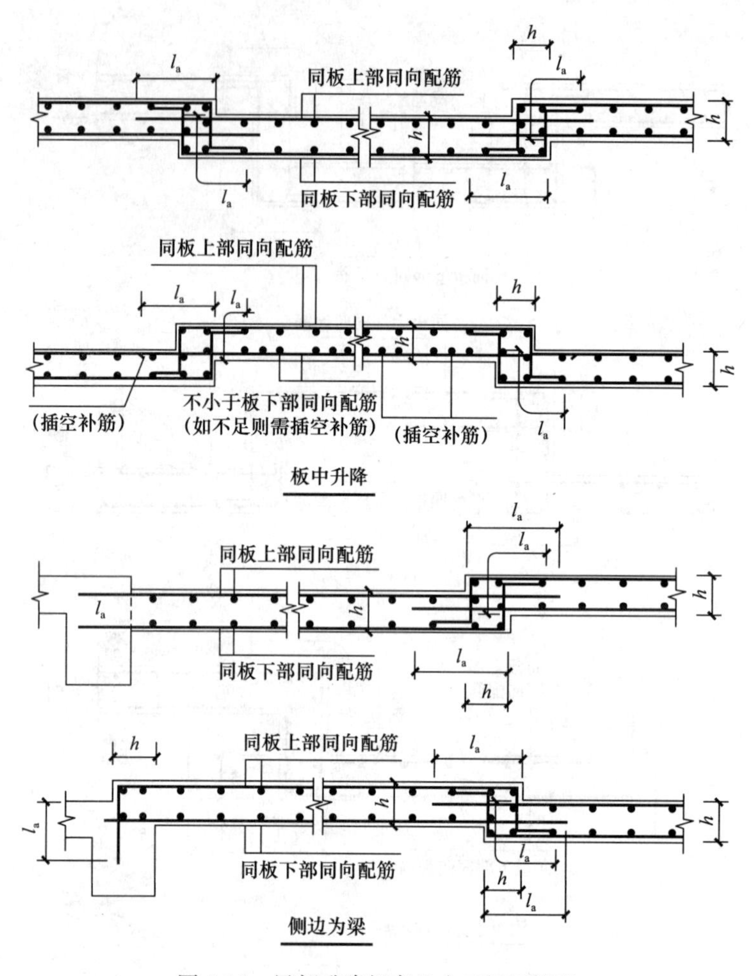

图 5-17　局部升降板高差小于板厚情况

【讲解 137】板中配置抗冲切钢筋的构造措施

参见图集 11G101-1 第 106 页和图集 11G329-1 第 61 页，对于无梁楼盖板柱体系，配置抗冲切钢筋，以满足抗冲切承载力的要求。采用抗冲切弯起钢筋时，包括筏板、板柱体系，在基础中用的少，通常采用上柱帽，下柱帽方法，对于无梁楼盖，最好采用带柱帽，采用增加混凝土等级，和配置抗冲切钢筋来解决。

（1）要求板的厚度不应小于 150mm。

（2）采用配置抗冲切箍筋（R_h）方式时，除按设计要求在冲切破坏锥体范围内配置所需要的箍筋外，还应从局部或集中荷载的边缘向外延伸 1.5h_0（h_0 板有效高度）范围内，箍筋间距不大于 100mm 且不大于 $h_0/3$，箍筋直径不应小于 6mm，宜为封闭式，并应箍住架立钢筋；如图 5-18。

（3）采用抗冲切弯起钢筋（R_b）时，弯起钢筋可由一排或二排组成。第一排弯起钢筋的倾斜段与冲切破坏斜截面的交点，选择在距局部荷载或集中荷载作用面积周边以外 1/2～

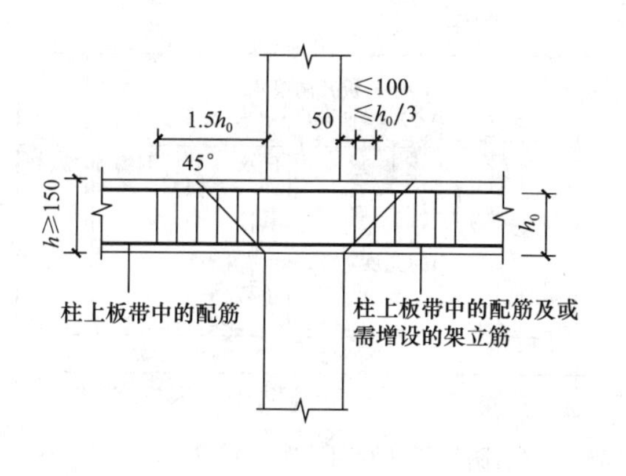

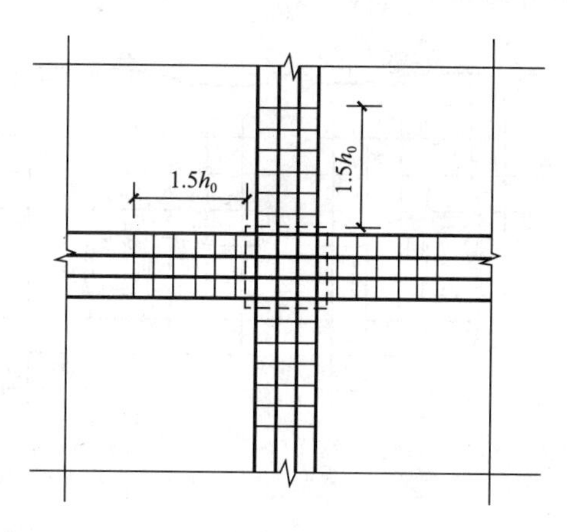

图 5-18　抗冲切箍筋（Rh）构造

2/3h（h 为板的厚度）范围内；当采用双排弯起钢筋时，第二排钢筋应在 1/2～5/6h 范围内，弯起钢筋直径不应小于 12mm，且每一方向不应小于 3 根。如图 5-19：由于切斜截面的范围扩大，又考虑板厚度的影响，故将弯起钢筋倾斜段的倾角开放为 30°～45°取值。

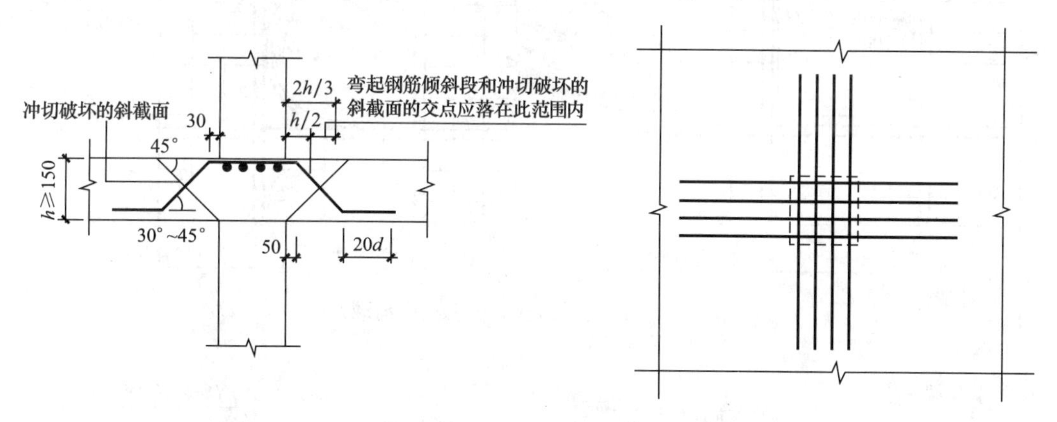

图 5-19　抗冲切弯起钢筋（Rb）构造

【讲解 138】楼、屋面板开洞时，洞边加强钢筋的处理措施

参见图集 11G101-1 第 101 页、第 102 页。

（1）当板上的圆形洞口直径 D 及矩形洞口的最大长边尺寸 b≤300mm 时，可将受力钢筋绕过洞口不需截断，也不需要配置附加加强钢筋（如图 5-20）。

（2）当洞口直径 D 或矩形洞口的最大长边尺寸大于 300mm，但小于或等于 1000mm 时，洞口边设置的附加加强钢筋的根数及直径按设计图纸中的规定；如图 5-21。

当矩形洞口边长或圆形洞口直径大 1000mm，或虽小于或等于 1000mm 但洞边有集中荷载作用时，设计应根据具体情况采取相应的处理措施。

（3）单向板洞口边受力方向的附加加强钢筋应伸入支座内，该钢筋与板受力钢筋在同一层面上。另一方向的附加钢筋应伸过洞边的长度大于 l_a 并放置在受力钢筋之上；如图 5-22。

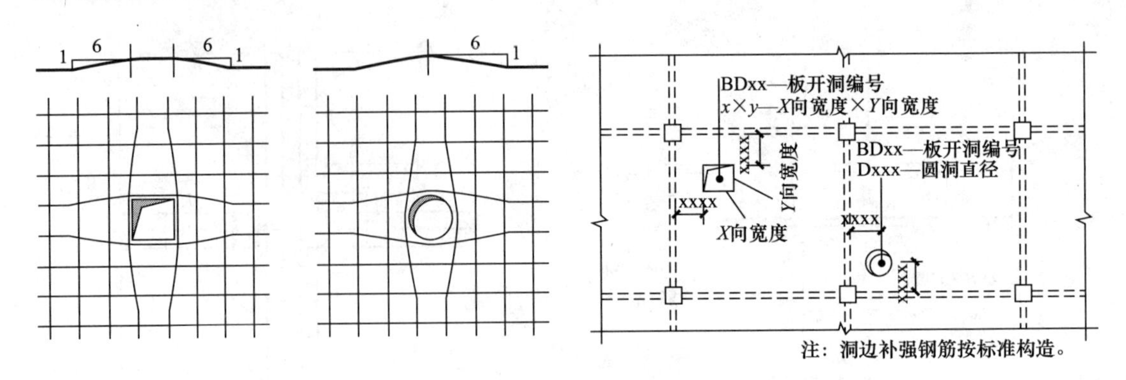

图 5-20　板中开洞（洞边无集中荷载）（右图为板开洞引注图示）

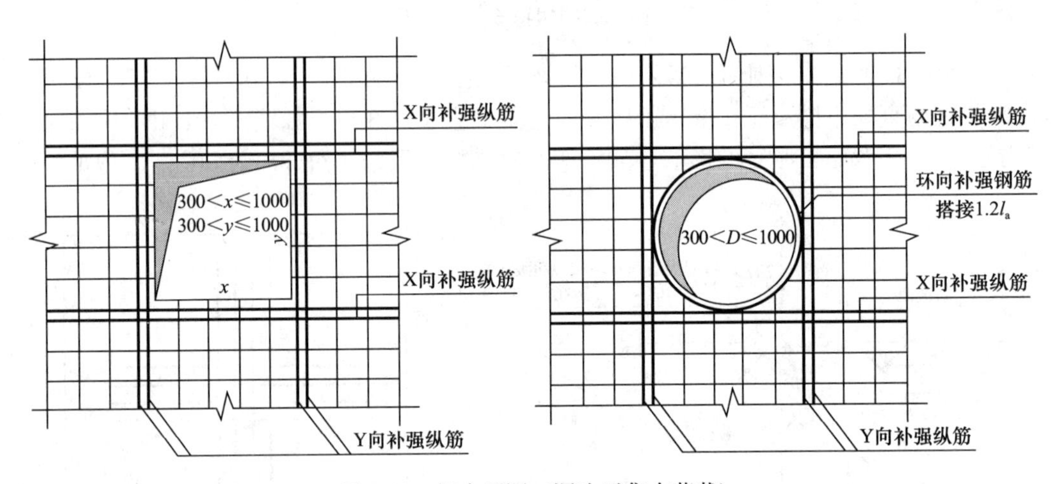

图 5-21　板中开洞（洞边无集中荷载）

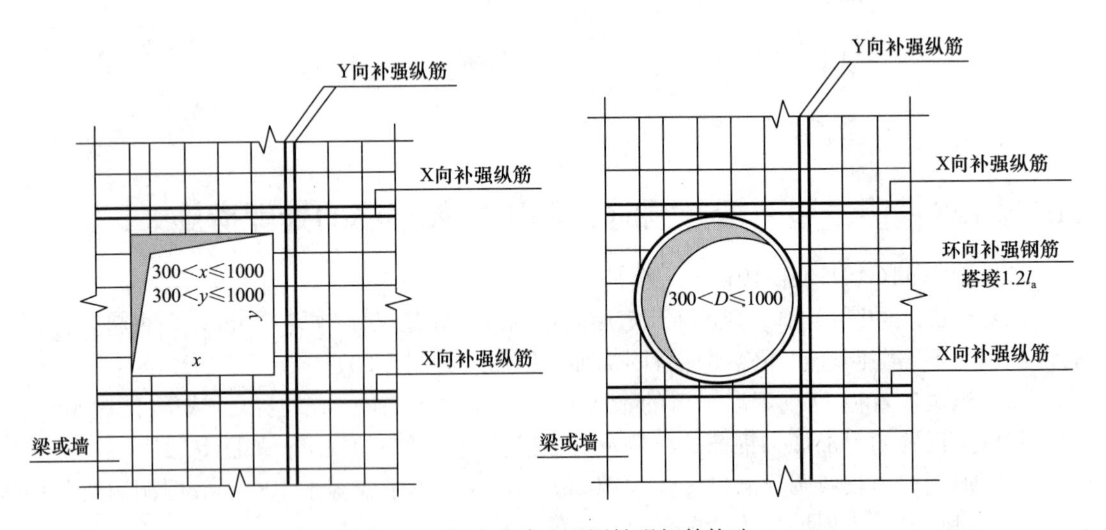

图 5-22　梁边或墙边开洞补强钢筋构造

当设计注写补强钢筋时，应按注写的规格、数量与长度值补强。当设计未注写时，X向、Y向分别按每边配置两根直径不小于 12mm 且不小于同向被切断纵向钢筋总面积的

50%补强。两根补强钢筋净距为30mm，环向上下各配置一根直径不小于10mm的钢筋补强。补强钢筋的强度等级与被切断钢筋相同。X向、Y向补强钢筋伸入支座的锚固方式同板中钢筋，当不伸入支座时，设计应标注。

（4）较大圆形洞口边除配置附加加强钢筋外，按构造要求还应在洞边设置环形钢筋和放射形钢筋，放射形钢筋伸入板内不小于200mm；如图5-22。

板洞边附加钢筋可采用平行受力钢筋作法，也可采用斜向放置（与圆斜向相切，见图5-23（*a*））作法。

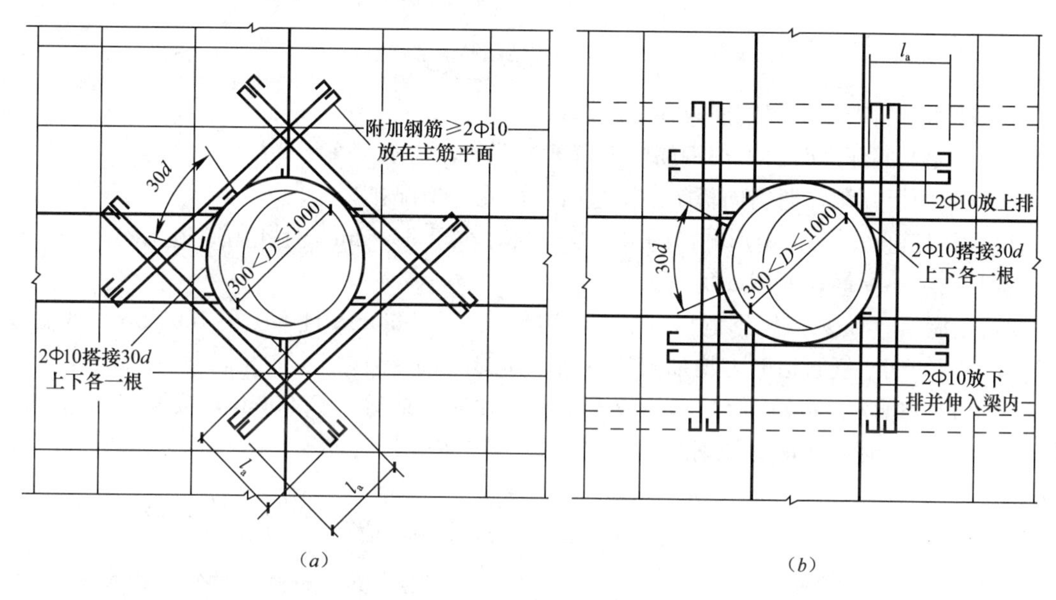

图5-23 板洞边附加钢筋作法

（5）当洞口边有上翻边时，放射形钢筋或箍筋的下部水平段伸入板内的长度不小于200mm，并应伸进加强钢筋内。当楼板或屋面的洞口边翻边上有较大的设备荷载时，伸入板内下部水平段长度不小于300mm，也不应小于l_a；如图5-24。

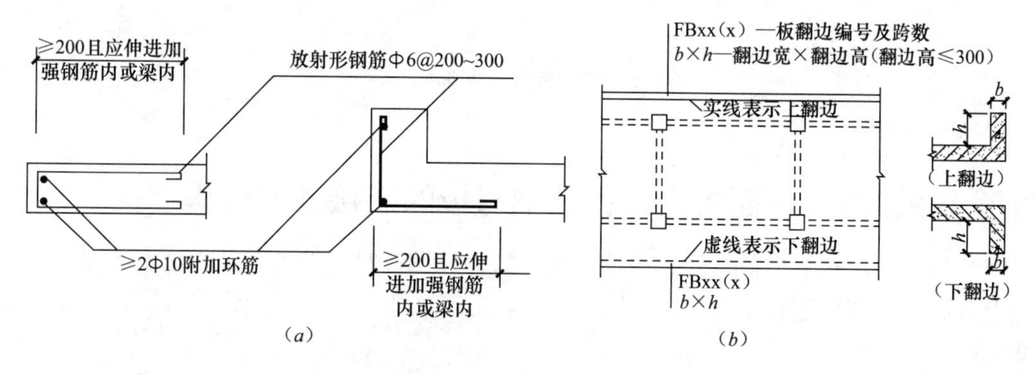

图5-24 圆形洞口边环形钢筋及放射形钢筋（图5-24（*b*）为板翻边引注图示）

注：板翻边FB的引注见图5-24（*b*）。板翻边可为上翻也可为下翻，翻边尺寸等在引注内容表达，翻边高度在标准构造详图中为小于或等于300mm。当翻边高度大于300mm时，由设计者自行处理。

（6）楼（屋）面板洞口被切断的钢筋端部作法（如图5-25）：

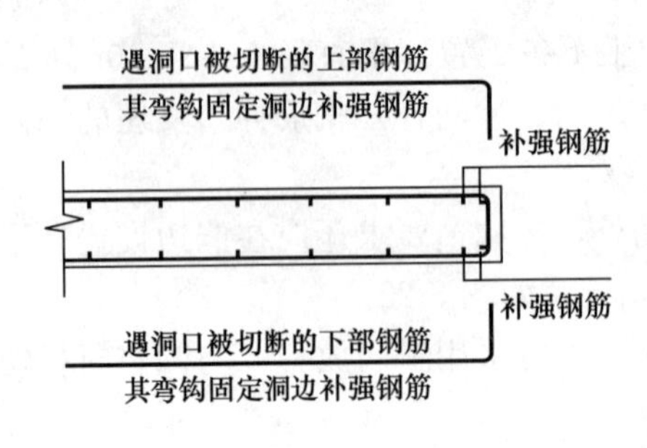

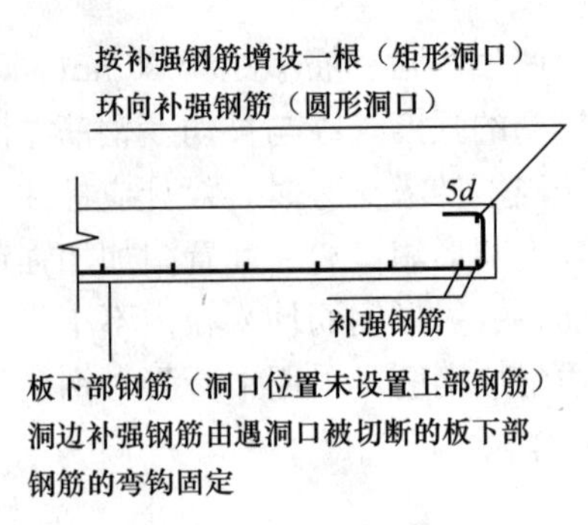

图 5-25 洞边被切断钢筋端部构造

1）被切断的上、下层钢筋应在端部弯折封闭；

2）当无上部配筋时，下部钢筋应上弯至板顶面，再水平弯折 $5d$；

（7）屋面板开洞，遇斜向板带上翻边时，分几种情况：

1）当洞口直径 D 或矩形洞口的最大长边尺寸小于 500mm，且孔洞周边无固定烟、气管设备时，可不配筋；如图 5-26（a）。

2）当洞口直径 D 或矩形洞口的最大长边尺寸大于 500mm 且不小于 1000mm，或洞口周边有轻型的烟、气管道时，增加附加钢筋；如图 5-26（b）。

3）当洞口直径 D 或矩形洞口的最大长边尺寸大于或等于 2000mm，或洞口周边有较重的烟、气管道时，增加附加钢筋。如图 5-26（c）。

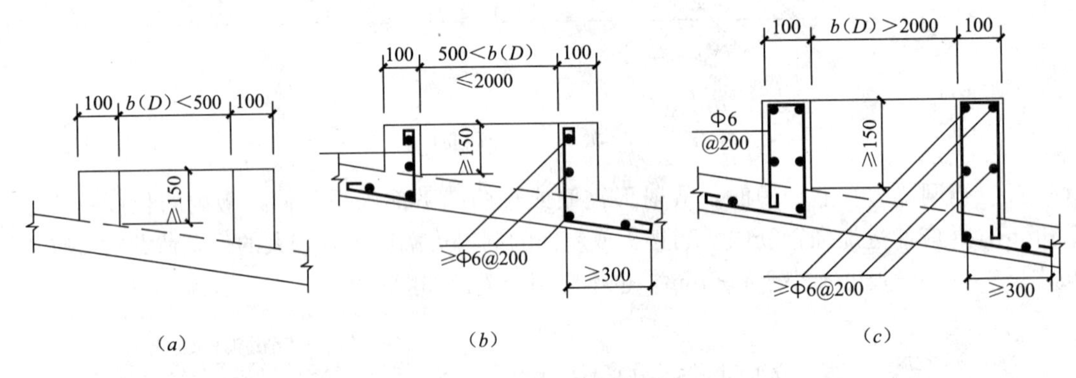

图 5-26 屋面孔洞加固

【讲解 139】楼、屋面板上设备基础与板的连接处理措施

（1）板上如设有集中荷载较大或振动较大的小型设备时，设备基础应放置在梁上；设备荷载分布的局部面积较小时，可设置单根梁，分布面积较大时，应设双梁（沿设备两侧设置）。

（2）板上的小型设备基础宜与板同时浇灌。因施工条件限制无法同时浇灌时，允许作二次浇灌，但必须将设备基础的板面做成毛面，洗刷干净后再行浇灌。

（3）当设备振动较大时，基础与板间要设置拉结构造钢筋，在板内应满足最小保护层的厚度，在基础内的长度不小于 200mm；如图 5-27。

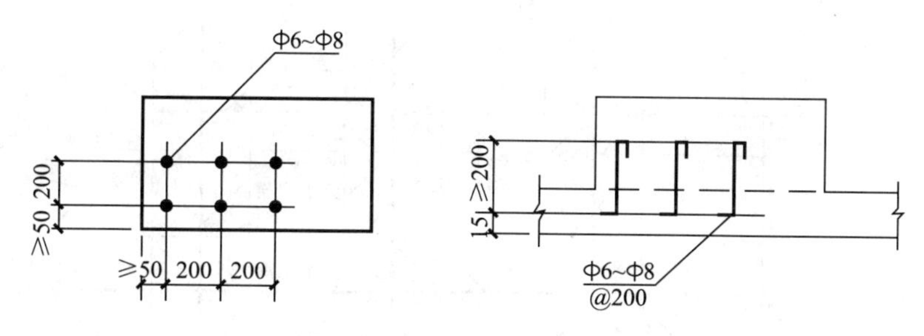

图 5-27 板与设备基础连接钢筋布置

（4）当设备基础上的地脚螺栓的拔力较大时，在基础中应设置构造钢筋，在板内的水平锚固长度不小于 200mm；如图 5-28。

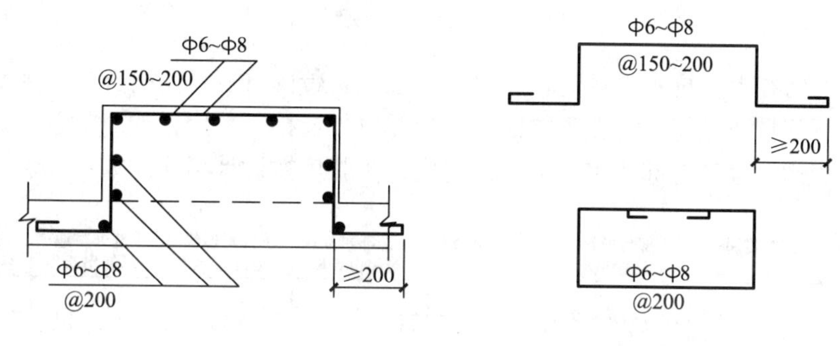

图 5-28

（5）当设备基础加板厚度不能满足预埋螺栓的锚固长度时，可在板内弯折锚固，锚固总长度应满足设备产品说明的要求，且不宜小于 $20d$（d 为预埋螺栓的直径）。如图 5-29。

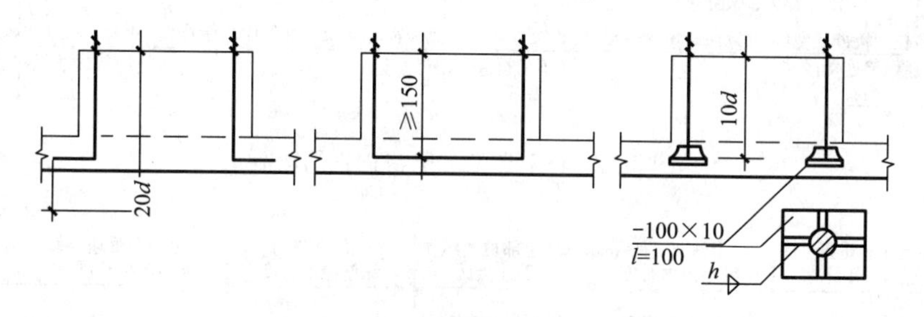

图 5-29 预埋螺栓的锚固长度处理

【讲解 140】无梁楼盖板及板带配筋

（1）无梁楼盖的柱网一般布置成正方形或矩形，跨度通常不超过 6m，楼盖四周的板最好伸出边柱外；无梁楼盖板厚一般采用 150mm。

（2）无梁楼盖通常以纵横两个方向划分为柱上板带（ZSB）及跨中板带（KZB），其配筋参考图集 11G101-1 第 96 页；板带划分如图 5-30。

（3）当相邻等跨或不等跨的上部贯通纵筋配置不同时，应将配置较大者越过其标注的跨数终点或起点伸出至相邻的跨中连接区域连接；设计中应明确板位于同一层面的两向交

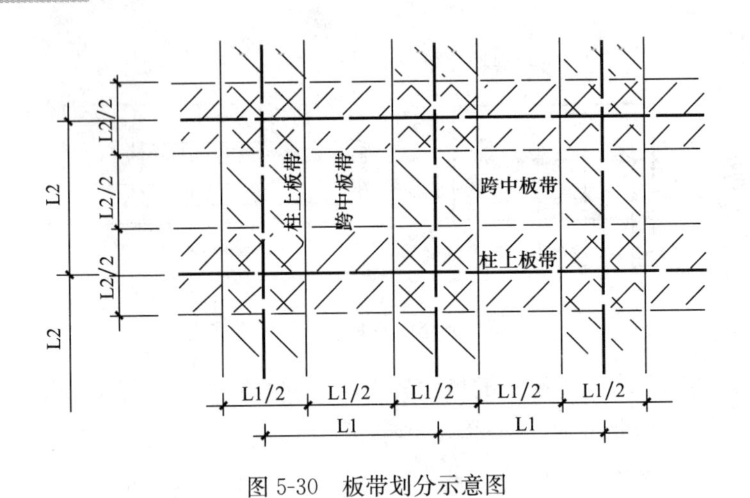

图 5-30 板带划分示意图

叉纵筋何在下何在上；抗震设计时，无梁楼盖柱上板带内贯通纵筋搭接长度为 l_{ae}，无柱帽柱上板带的下部贯通纵筋，宜在距柱面 2 倍板厚以外连接，采用搭接时钢筋端部宜设置垂直于板面的弯钩；板带上部非贯通纵筋向跨内伸出长度按设计标注；如图 5-31、图 5-32。

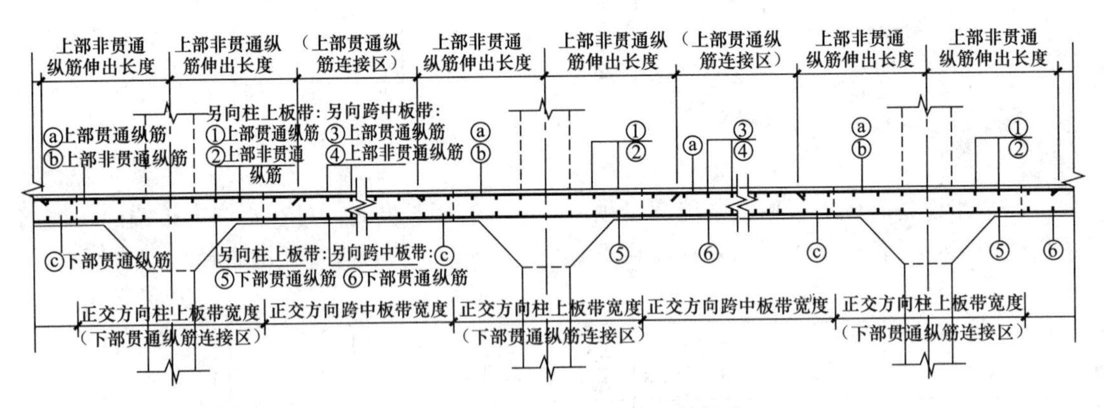

图 5-31 柱上板带 ZSB 纵向钢筋构造

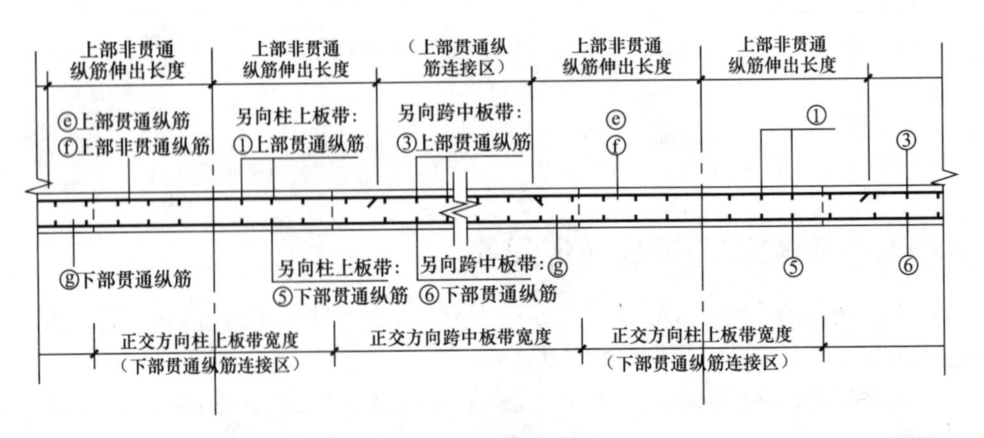

图 5-32 跨中板带 KZB 纵向钢筋构造

（4）注意第 3 条“无柱帽柱上板带的下部贯通纵筋，宜在距柱面 2 倍板厚以外连接”，在图集 11G329-1 第 63 页表述为“无柱帽柱上板带的板底钢筋，宜在距柱面为 2 倍纵筋锚固长度以外搭接”，这一条在图集 11G329-1 第 63 页适用场景是无柱帽时，柱上板带内设构造暗梁（AL）。

暗梁宽度可取柱宽加柱两侧各不大于 1.5 倍板厚，暗梁支座上部纵向钢筋应不小于柱上板带纵向钢筋截面面积的 50%并应全跨拉通，暗梁下部纵向钢筋不宜少于上部纵向钢筋截面面积的 1/2（如图 5-33）。

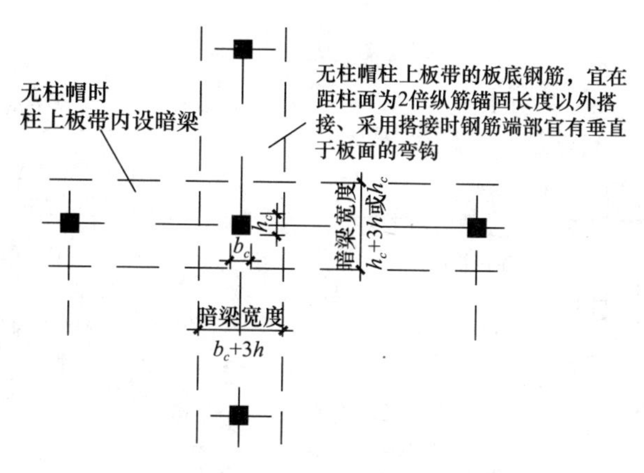

图 5-33　柱上板带暗梁构造

柱上板带暗梁钢筋构造，可参见 11G101-1 第 97 页，柱上板带暗梁仅用于无柱帽的无梁楼盖，箍筋加密区仅用于抗震设计；如图 5-34：暗梁中纵向钢筋连接、锚固及支座上部纵筋的伸出长度等要求同轴线处柱上板带中纵向钢筋，板带中的纵向钢筋外伸长度是从轴线开始计算的，不像梁是从支座边开始计算（见图 5-31）；当有暗梁时，板带内的钢筋标注按正常标注，只是施工时，暗梁范围不布置板带标注的钢筋，不需重叠布置。

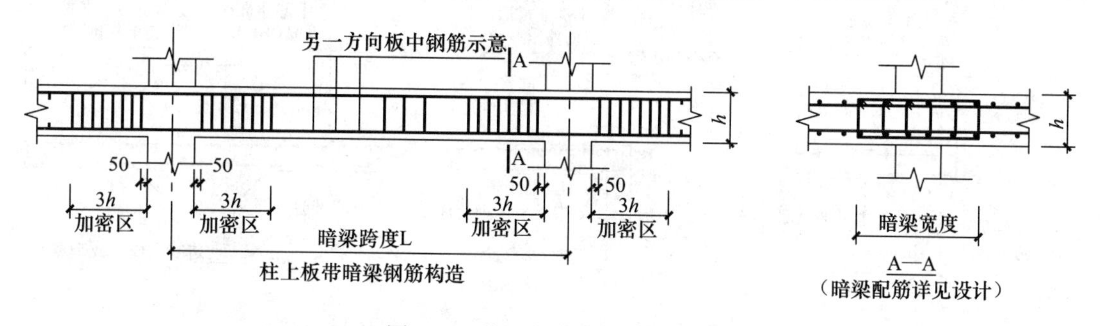

图 5-34　柱上板带暗梁钢筋构造

（5）无柱帽平板时，在暗梁梁端大于或等于 3.0h 范围内应设置箍筋加密区，加密区范围内箍筋间距为 $h/2$ 与 100mm 的较小值，肢距小于或等于 250mm，非加密区箍筋间跨为 $3h/4$ 与 300mm 的较小值（如图 5-35）。

（6）设置柱托板时，托板底部钢筋除应按计算确定外，托板底部宜布置构造钢筋并应满足锚固要求，暗梁箍筋加密区按计算确定（如图 5-36）。

柱帽类型平法图集有几种类型：单倾角柱帽 ZMa、托板柱帽 ZMb、变倾角柱帽 ZMc 和倾角托板柱帽 ZMab 等，引注图示可见 11G101-1 第 48 页。

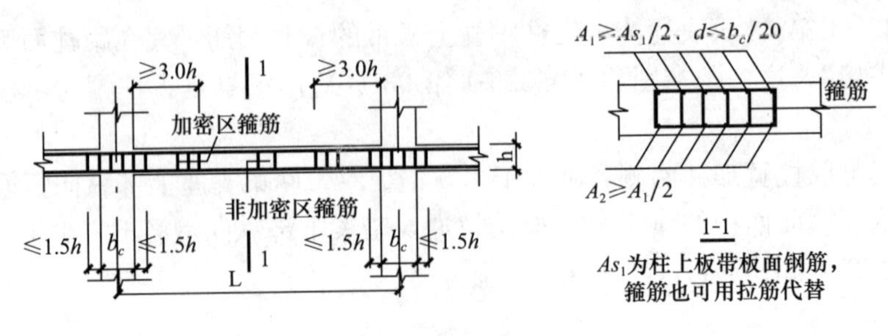

图 5-35　无柱帽平板

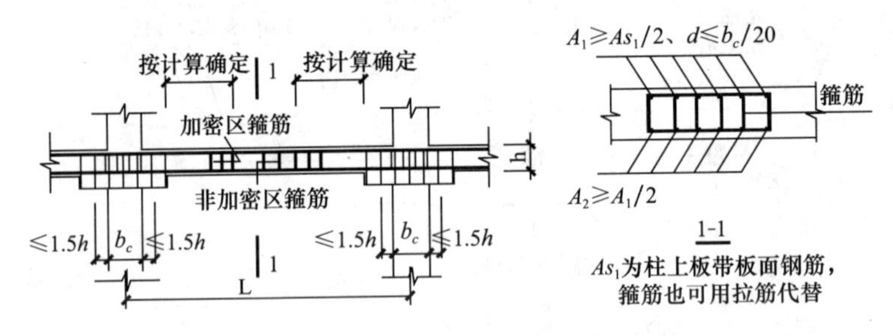

图 5-36　有平托板或柱帽

(7) 无梁楼盖的周边应设置圈梁，其截面高度应不小于板厚的 2.5 倍。圈梁除与柱上板带一起承受弯矩外，还需要另设置抗扭的构造钢筋；板带在端支座及悬挑端纵向钢筋构造见图 5-37，适用于无柱帽的无梁楼盖，且仅用于中间层，屋面处节点构造由设计者补充。

柱上板带端支座纵筋构造：①区分抗震与非抗震两种设计；②上部和下部纵筋伸至边梁角筋内侧且≥$0.6l_{abe}$（抗震设计）或≥$0.6l_{ab}$（非抗震设计）再弯折 15d。(原平法为 l_a）

无梁楼盖跨中板带纵向钢筋在端支座的锚固要求同有梁楼盖。

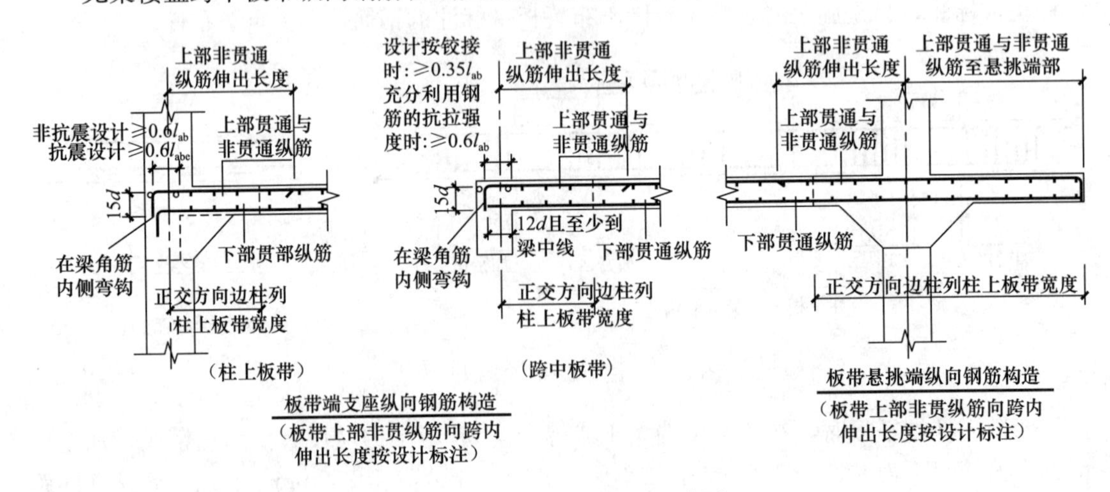

图 5-37　11G101-1 第 97 页截图

【讲解 141】楼板中纵筋加强带 JQD 构造

(1) 纵筋加强带设单向加强贯通纵筋，取代其所在位置板中原配置的同向贯通纵筋。

根据受力需要，加强贯通纵筋可在板下部配置，也可在板下部和上部均设置。无暗梁时，纵筋加强带配置应从范围边界起布置第一根钢筋，非加强带配筋则从范围边界一个板筋间距起布，而不是各为1/2间距；纵筋加强带的引注见图5-38。

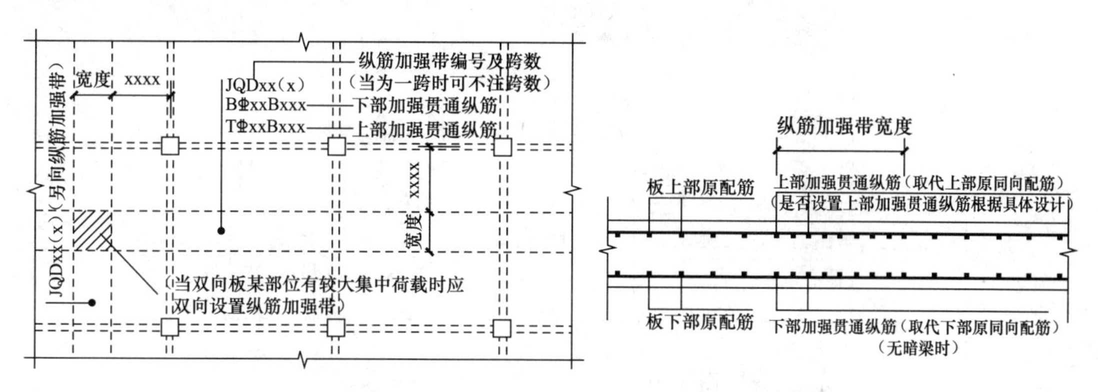

图5-38　无暗梁板内纵筋加强带构造

（2）当板下部和上部均设置加强贯通纵筋，而板带上部横向无配筋时，加强带上部横向配筋应由设计者注明。

当将纵筋加强带设置为暗梁型式时应注写箍筋，纵筋加强带范围是指暗梁箍筋外皮尺寸，非加强带配筋则从范围边界一个板筋间距起布，而不是箍筋按加强带宽度扣除保护层。其引注见图5-39。

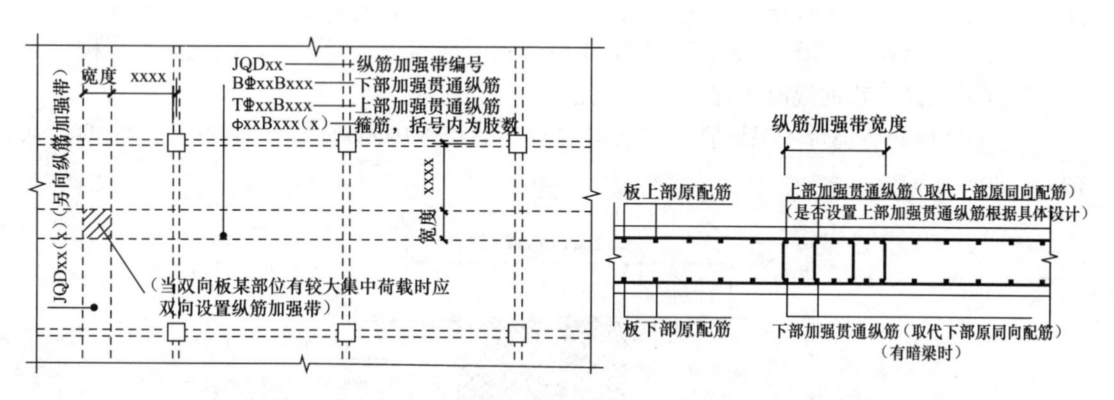

图5-39　有暗梁板内纵筋加强带构造

【讲解142】楼板中后浇带HJD构造

后浇带HJD的引注如图5-40：后浇带的平面形状与定位由平面布置图表达，后浇带留筋方式等由引注内容表达，包括：

（1）后浇带编号及留筋方式代号。本图集提供了两种留筋方式，分别为：贯通留筋（代号GT），100%搭接留筋（代号100%）。

注："贯通留筋"是板主筋在后浇带内不断开，"100%搭接留筋"是所有板主筋都在后浇带内搭接，搭接长度按平法图集11G101-1第55页的说明计算。

（2）后浇混凝土的强度等级Cxx。宜采用补偿收缩混凝土，设计应注明相关施工要求。

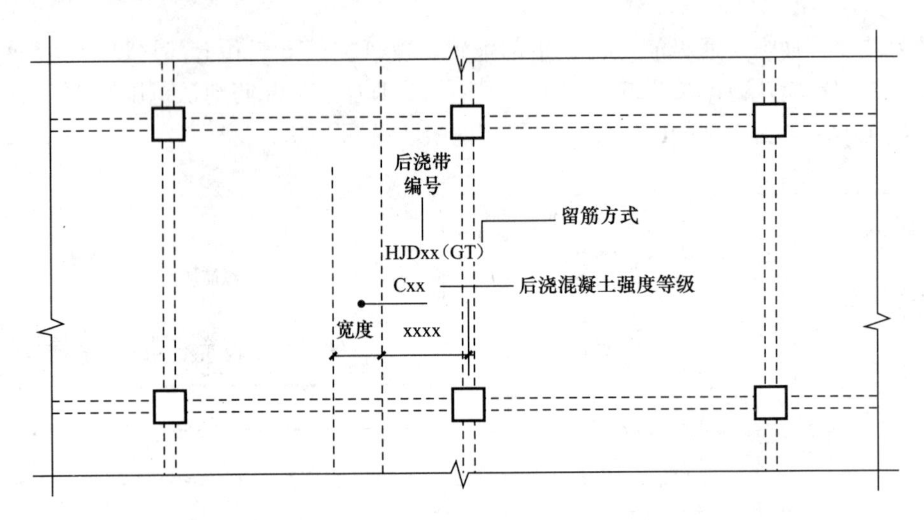

图 5-40　后浇带 HJD 的引注图示

(3) 当后浇带区域留筋方式或后浇混凝土强度等级不一致时，设计者应在图中注明与图示不一致的部位及做法。

贯通留筋后浇带宽通常取大于或等于 800mm；100%搭接留筋的后浇带宽度通常取 800mm 与（L1+60mm）的较大值（L1 为受拉钢筋的搭接长度）。

钢筋混凝土结构的长度超过规定的伸缩缝最大间距时，一般应设置伸缩缝，在施工条件允许的情况下，通常采取后浇施工缝的处理方案，采用上述所述的两种留筋方式，等后浇施工缝两侧浇筑的混凝土 28d 后，将施工缝两侧的混凝土表面凿毛，用比同类型构件混凝土强度等级高一级的混凝土浇灌，并加强养护。

1) 现浇板的后浇带施工缝宜布置在剪力较小的跨度中间范围内，且配置适量的加强钢筋；如图 5-41。

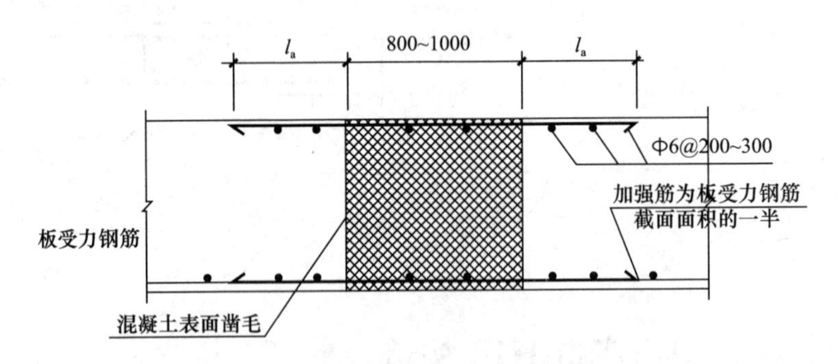

图 5-41　现浇板后浇带施工缝构造示意

2) 现浇梁的后浇带施工缝宜布置在剪力较小的跨度中间范围内，根据梁截面面积的大小，配置适量加强钢筋；如图 5-42。

3) 挡土墙、地下室墙壁、箱形基础等结构的后浇施工缝一般为结构长度大于 40～60m 时宜设一道，设置在剪力较小的柱距三等分的中间范围内，并按垂直后浇施工缝主钢筋截面面积的一半配置加强钢筋。如图 5-43。

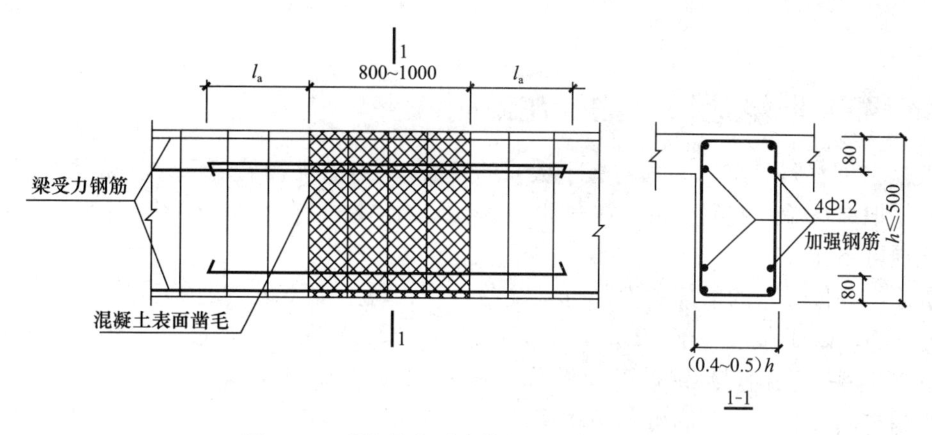

图 5-42　现浇梁的后浇带施工缝构造示意图

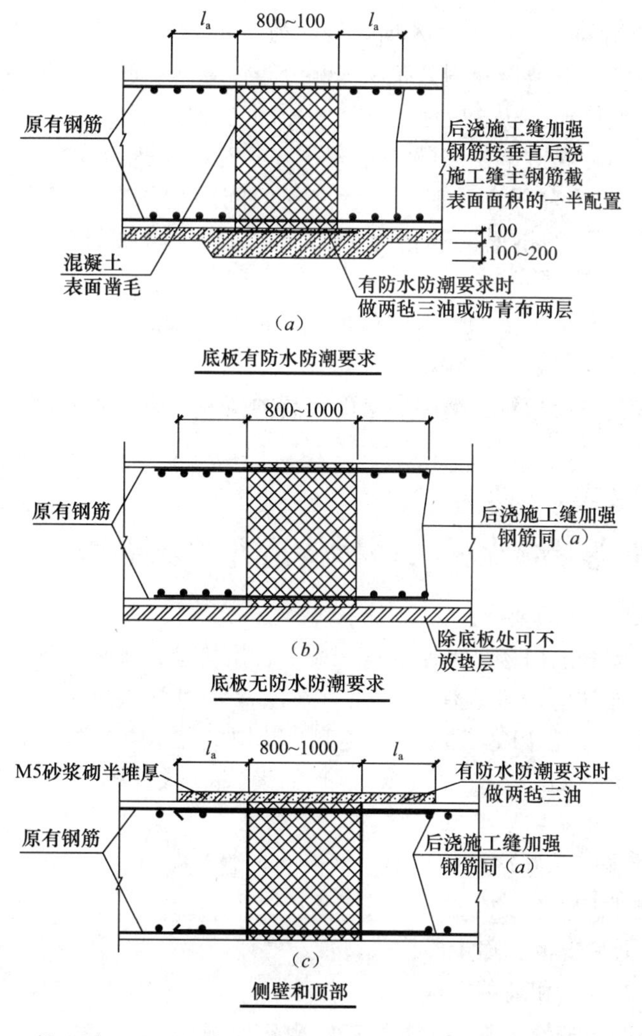

图 5-43　挡土墙、地下室墙壁、箱形基础等结构的后浇施工缝构造示意图

【讲解 143】现浇楼板平法标注说明

板厚注写为 H＝XXX（为垂直于板面的厚度）；当悬挑板的端部改变截面厚度时，用斜线分隔根部与端部的高度值，注写为 H＝XXX/XXX；当设计已在图注中统一注明板厚时，此项可不注。

贯通纵筋按板块的下部和上部分别注写（当板块上部不设贯通纵筋时则不注），并以 B 代表下部，以 T 代表上部，B&T 代表下部与上部；X 向贯通纵筋以 X 打头，Y 向贯通纵筋以 Y 打头，两向贯通纵筋配置相同时则以 X&Y 打头。

当为单向板时，分布筋可不必注写，而在图中统一注明。

当在某些板内（例如在悬挑板 XB 的上部）配置有构造钢筋时，则 X 向以 X_C，Y 向以 Y_C 打头注写。

当 Y 向采用放射筋时（切向为 X 向，径向为 Y 向），设计者应注明配筋间距的定位尺寸。注意：钢筋的度量沿圆弧外侧分布和内侧分布计算的钢筋数量是不一样的，要求“应注明配筋间距的度量位置”和“应注明配筋间距的定位尺寸”。

当贯通筋采用两种规格钢筋“隔一布一”方式时，表达为 ΦXX/YY@XXX，表示直径为 XX 的钢筋和直径为 YY 的钢筋二者之间的间距为 XXX，直径 XX 的钢筋间距为 XXX 的 2 倍，直径 YY 的钢筋的间距为 XXX 的 2 倍。应注意贯通与非贯通筋“隔一布一”注写方式与贯通筋“隔一布一”注写方式是不同的，前者是注写钢筋的间距就应写成施工间距的两倍，后者是表示的钢筋之间的实际间距。（隔一布一的钢筋是有大小的，要搞清楚是大还是小钢筋作起头和收尾）

板面标高高差：系指相对于结构层楼面标高的高差，应将其注写在括号内，且有高差则注，无高差不注。

【讲解 144】现浇混凝土板式楼梯构造介绍及平法标注说明

参见图集 11G101-2 简要介绍。

（1）楼梯施工图一般由楼梯的平法施工图和标准构造详图两大部分组成。平法注写方式有平面注写、剖面注写、列表注写三种。原有 AT～HT 类型楼梯，新增 ATa、ATb、ATc 型楼梯；取消原平法 JT、KT、LT 类型，其构造含在原有类型中。

（2）除了 ATa、ATb、Atc、GT 型楼梯适用于框架结构。其他类型适用于框架、剪力墙、砌体结构。

（3）梯板由踏步段、低端平板、中位平板、高端平板构成：

AT 型梯板全部由踏步段构成；

BT 型梯板由低端平板和踏步段构成；

CT 型梯板由踏步段和高端平板构成；

DT 型梯板由低端平板、踏步板和高端平板构成；

ET 型梯板由低端踏步段、中位平板和高端踏步段构成；

FT 型和 GT 型，由层间平板、踏步段和楼层平板构成；

HT型，由层间平板和踏步段构成；

AT～ET型梯板的两端分别以（低端和高端）梯梁为支座，采用该组板式楼梯的楼梯间内部既要设置楼层梯梁，也要设置层间梯梁（其中ET型梯板两端均为楼层梯梁），以及与其相连的楼层平台板和层间平台板。

FT型：梯板一端的层间平板采用三边支承，另一端的楼层平板也采用三边支承；

GT型：梯板一端的层间平板采用单边支承，另一端的楼层平板采用三边支承；

HT型：梯板一端的层间平板采用三边支承，另一端的梯板段采用单边支承（在梯梁上）

（4）带有滑动支座的楼梯，滑动支座垫板可选用聚四氟乙烯板（四氟板）或其他有效滑动材料（如石墨粉），其连接方式由设计者另行处理。

（5）梯板配筋说明：

AT～ET型梯板的型号、板厚、上下部纵向钢筋及分布钢筋等内容在设计平法施工图中注明；梯板上部纵向钢筋向跨内伸出的水平投影长度见标准构造详图，设计不注，但设计者应予以校核，如果不满足具体工程要求时，应由设计者另行注明；

FT～HT型梯板的型号、板厚、上下部纵向钢筋及分布钢筋等内容在设计平法施工图中注明；FT～HT型平台上部横向钢筋及其外伸长度，在设计图见原位标注；梯板上部纵向钢筋向跨内伸出的水平投影长度见标准构造详图，设计不注，如果不满足具体工程要求时，应由设计者另行注明；

注意：FT～HT型梯板支承的梯梁，新平法图集没有“非框架梁和框架梁”的说明。

Ata、ATb型梯板采用双层双向配筋。梯梁支承在梯柱上时，其构造做法按11G101-1中框架梁KL；支承在梁上时，其构造做法按11G101-1中非框架梁L；

ATc型梯板采用双层配筋，平台板按双层双向配筋。梯梁按双向受弯构件计算，当支承在梯柱上时，其构造做法按11G101-1中框架梁KL；当支承在梁上时，其构造做法按11G101-1中非框架梁L；ATc型梯板边缘构件（暗梁）纵筋数量，当抗震等级为一、二级时不少于6根，当抗震等级为三、四级时不少于4根；纵筋直径为Φ12且不小于梯板纵向受力钢筋的直径；箍筋为Φ6@200。

（6）新增部分内容

1）带滑动支座的板式楼梯

① ATa——梯板全部由踏步段构成，低端带滑动支座支承在楼梯梁上。

② ATb——梯板全部由踏步段构成，低端带滑动支座支承在楼梯梁的挑板上。

③ ATc——全部由踏步段构成，两端支承在楼梯梁上；楼梯休息平台与主体结构可整体连接，也可脱开连接；梯板厚度由计算确定，且不宜小于140mm；并在两侧设置边缘构件（暗梁），边缘构件的宽度取1.5倍板厚；ATc梯板参与结构整体抗震计算。

ATc楼梯构造措施：

a. 楼梯板的上、下层钢筋应通长布置；b. 楼梯板钢筋在支座满足锚固长度要求；c. 楼梯梁按主体结构相应梁的抗震等级考虑抗震措施，梯梁为双向受弯构件，梯梁支承在梯柱上，其构造按框架梁，当在支承在梁上，其构造按非框架梁做法；d. 楼梯柱也按框架柱的抗震等级考虑抗震措施，包括钢筋锚固，钢筋加密。

④ 采用ATx楼梯，设计者应根据具体工程情况给出楼梯的抗震等级，上、下双层配

置纵向钢筋。

2）新增剖面注写方式与列表注写方法（原为平面标注）：

平面注写包括：集中标注、外围标注，在平面图上表达。

集中标注示例：

AT1，H=130（P150）AT1为梯板类型代号与编号，梯段板厚度130mm，括号内的数值为梯板平板段的厚度150mm

1800/12 踏步段总高度/踏步级数（M+1）

ⱷ10@200；ⱷ12@150 梯板支座上部纵筋、下部纵筋

FΦ8@250 梯板分布筋（F打头，可统一说明）

外围标注示例：包括楼梯间的平面尺寸、楼层结构标高、层间结构标高、楼梯的上下方向、梯板的平面几何尺寸、平台板配筋、梯梁及梯柱配筋等。

剖面注写：楼梯剖面图上表达，包括梯板集中标注、梯梁梯柱编号、梯板水平及竖向尺寸、楼层结构标高、层间结构标高等。

集中标注示例：

AT1，H=120（P150）AT1梯板类型代号与编号，梯段板厚度130mm，括号内的数值为梯板平板段的厚度150mm

ⱷ10@200；ⱷ12@150 梯板支座上部纵筋、下部纵筋

FΦ8@250 梯板分布筋（F打头，可统一说明）

再配以平面注写在平面图上表达，补充剖面注写内容。

列表注写：采用列表方式注写梯板截面尺寸和配筋具体数值的方式来表达楼梯施工图。

梯板几何尺寸和配筋

梯板编号	踏步段总高度/踏步级数	板　厚	上部纵向钢筋	下部纵向钢筋	分布筋

其他：平台板、梯梁、梯柱配筋可参照11G101-1标注

【讲解145】板式楼梯第一跑上、下钢筋在基础连接构造

参见图集11G101-2第46页各类型楼梯第一跑与基础连接构造，如图5-44。

（1）当充分利用钢筋的抗拉强度时，上部钢筋在基础内的锚固水平段长度不小于$0.6l_{ab}$并伸至远端，弯折后直线段不小于$12d$（投影长度为$15d$）；

当设计为铰接时，上部钢筋在基础内的锚固水平段长度不小于$0.35l_{ab}$并伸至远端，弯折后直线段不小于$12d$（投影长度为$15d$）；

（2）下部钢筋伸入支座锚固长度为$5d$、至少伸至支座中心线处、不小于踏步板的厚度，三者取较大值；

（3）考虑楼梯参加地震作用时，应符合抗震锚固要求；当梯板型号采用ATc时，锚固长度l_{ab}应改为l_{abe}；

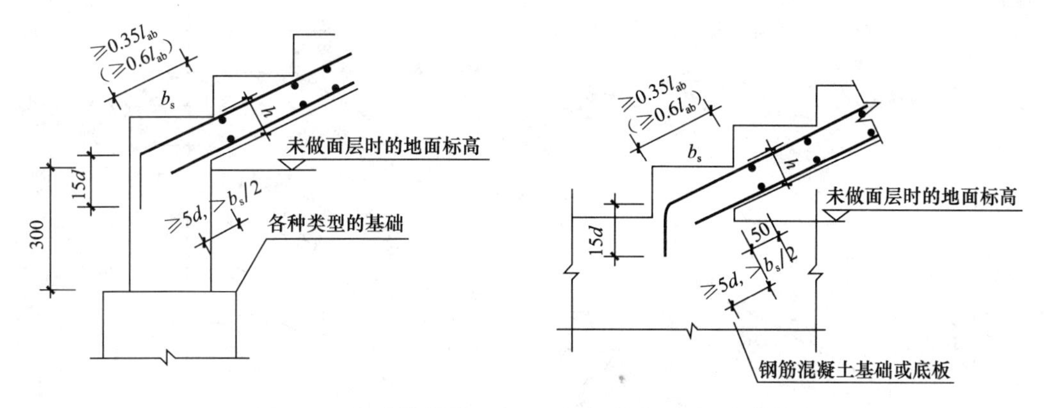

图 5-44　板式楼梯第一跑上、下钢筋在基础连接构造

（4）人防楼梯的上、下钢筋在支座内的锚固长度为 $l_{af}=1.05l_a$。上、下纵向钢筋应通长配置，并设置拉结钢筋；

（5）采用光面钢筋时，端部应设置180°弯钩，直线段不少于 $3d$；

（6）对带有滑动支座的梯板，楼梯第一跑与基础连接构造见图 5-45。

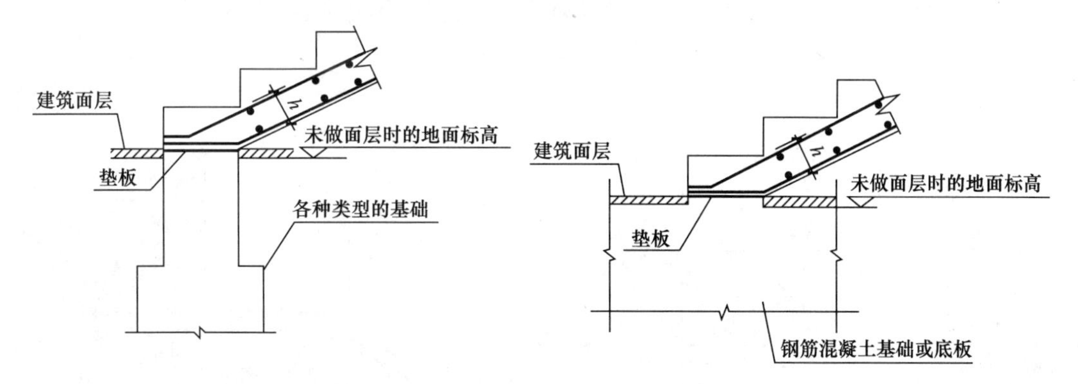

图 5-45　带有滑动支座的梯板，楼梯第一跑与基础连接构造

【讲解 146】折板式楼梯在弯折部位钢筋的配置

参见图集 11G101-2 第 24 页 CT 型楼梯板配筋、第 26 页 DT 型楼梯板配筋。

（1）下部纵向受力钢筋在平台上板位处弯折处不应连续配置，在内弯折处交叉锚固，锚固长度为 l_a；见图 5-46。

（2）平台板下部钢筋在支座内的锚固长度为 $5d$，且过支座中心线。

（3）上部纵向受力钢筋在平台下板位处弯折处不应连续配置，在内弯折处交叉锚固，锚固长度为 l_a；见图 5-47。

（4）当楼梯考虑地震作用时，锚固长度均应考虑抗震要求。

（5）人防楼梯钢筋板中受力钢筋的锚固长度应满足 l_{af}。

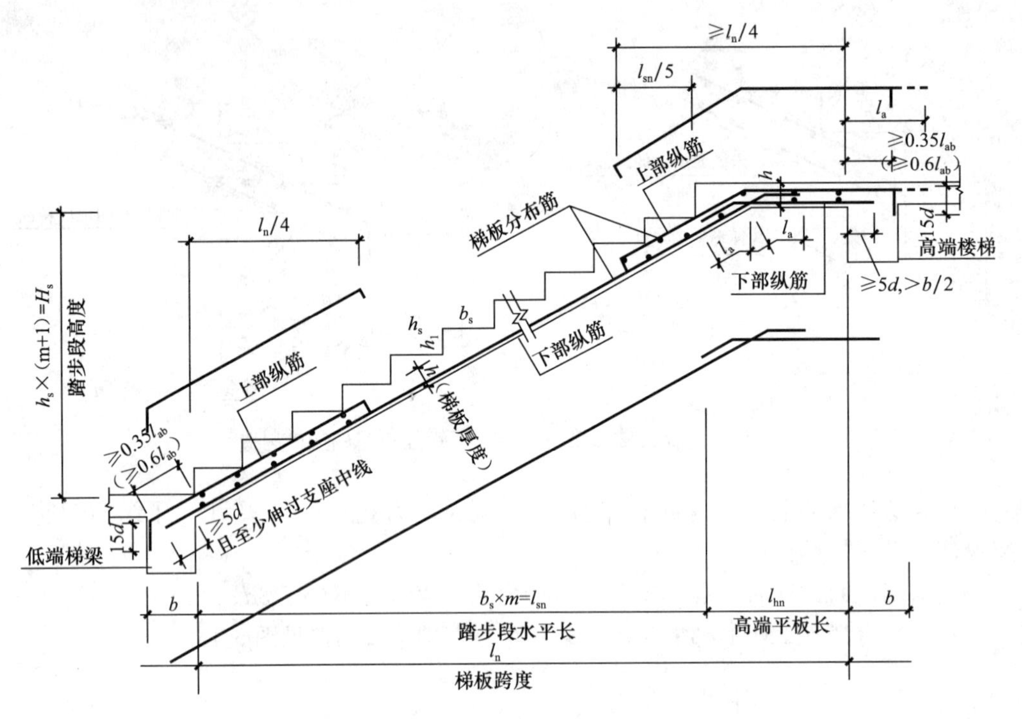

图 5-46 CT 型楼梯板配筋构造

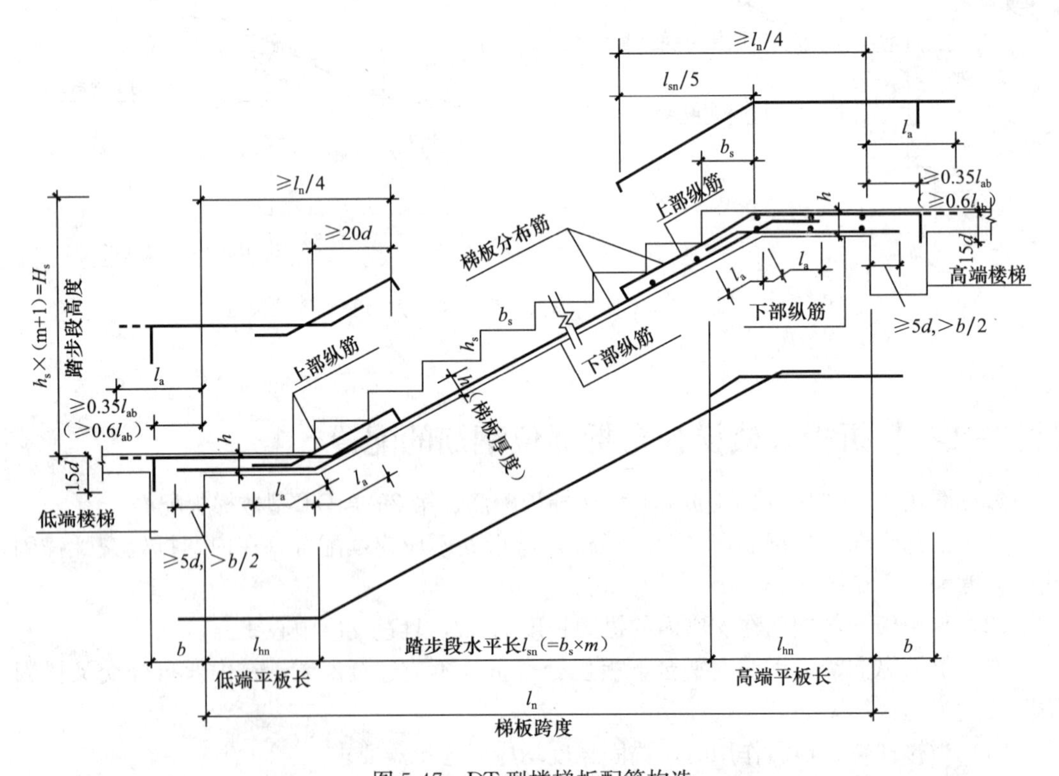

图 5-47 DT 型楼梯板配筋构造

【讲解147】斜向板中的钢筋间距

（1）楼梯的踏步板，一般每踏步下设置一根分布钢筋。分布钢筋按间距标注时，按垂直板的方向计，如果按垂直地面方向布置，会影响到最小配筋率的要求；

（2）一般的斜板中标注的钢筋间距，按垂直板的方向计算；

（3）在筏形基础中，底坑底面比筏形基础的底板低，为防止此处的应力集中，底部会形成一定角度的斜面。基础中的集水坑、电梯底坑的侧向斜板和筏形基础的斜向底板中斜面钢筋，为受力钢筋，其间距应按垂直于斜向的方向计算；

（4）图纸中有强调要求的，应按设计文件要求施工。

【讲解148】楼梯震害破坏情形分析

（1）梯段板底钢筋锚固长度不够，被拉断，冷轧钢筋延性不够。现在规范对竖向交通档次提高了，要求楼梯间砌体填充墙采用钢丝网抹面，砌体与砂浆有一个最低的强度等级的要求；如图5-48。

《建筑抗震设计规范》GB 50011—2010第13.3.4条：楼梯间和人流通道的填充墙，尚应采用钢丝网砂浆面层加强；

（2）受力钢筋锚固长不够，采用冷轧钢筋延性不够。梯板采用的冷轧带肋钢筋，在反复荷载作用下，发生延性脆断破坏，砌体结构的拉结钢筋；如图5-49。

（3）剪扭破坏，震害表明，这个地方也应进行抗震设防。如图5-50。

图5-48　破坏示意图（一）
梯板冷轧钢筋延性不够被拉断

图5-49　破坏示意图（二）
梯板冷轧钢筋延性不够破坏

图5-50　破坏示意图（三）
楼梯平台梁剪扭破坏

注：《建筑抗震设计规范》GB 50011—2010第13.3.4条全文摘录参考：

钢筋混凝土结构中的砌体填充墙，尚应符合下列要求：

（1）填充墙在平面和竖向的布置，宜均匀对称，宜避免形成薄弱层或短柱。

（2）砌体的砂浆强度等级不应低于M5；实心块体的强度等级不宜低于MU2.5，空心块体的强度等级不宜低于MU3.5；墙顶应与框架梁密切结合。

（3）填充墙应沿框架柱全高每隔500～600mm设2Φ6拉筋，拉筋伸入墙内的长度，6、7度时宜沿墙全长贯通，8、9度时应全长贯通。

（4）墙长大于5m时，墙顶与梁宜有拉结；墙长超过8m或层高2倍时，宜设置钢筋混凝土构造柱；墙高超过4m时，墙体半高宜设置与柱连接且沿墙全长贯通的钢筋混凝土水平系梁。

（5）楼梯间和人流通道的填充墙，尚应采用钢丝网砂浆面层加强。

第六章　基础构造常见问题

【讲解 149】图集 11G101-3 平法构造总则中应注意的问题

（1）本图集适用于各种结构类型的现浇混凝土独立基础、条形基础、筏形基础（分为梁板式和平板式）及桩基承台施工图设计；

（2）结合设计人员习惯对制图规则部分进行的调整。按平法设计绘制基础结构施工图时，应采用表格或其他方式注明基础底面基准标高、±0.000 的绝对标高。当具体工程的全部基础底面标高相同时，基础底面基准标高即为基础底面标高。当基础底面标高不同时，应取多数相同的底面标高为基础底面基准标高；对其他少数不同标高者应标明范围并注明标高，不再标明相对基准标高的±高差；

梁板式筏形基础与其所支承的柱、墙统一绘制，当基础底面标高不同时，需注明与基础底面基准标高不同之处的范围和标高；

（3）当标准构造详图有多种可选择的构造做法时写明在何种部位选用何种构造做法。当未注明时，则设计人员自动授权施工人员可以任选一种构造做法进行施工；某些节点要求设计者必须写明在何部位选用何种构造做法；

（4）本图集基础自身的钢筋连接与锚固基本上均按非抗震设计处理。但设计者也可根据具体工程的实际情况，将基础自身的钢筋连接与锚固按抗震设计处理，对本图集的标准构造做相应变更；

（5）本图集纵向受拉钢筋在同一连接区段的长度规定：当采用绑扎搭接接头时，连接区段长度为 $1.3l_1$，同时增加了在绑扎搭接长度中心向两侧延伸 $0.65l_1$ 的范围界定，当同一构件内不同连接钢筋计算连接区段长度不同时取大值；当采用机械连接时，连接区段长度为 $35d$；当采用焊接接头时，连接区段长度为 $35d$ 且≥500mm；

（6）封闭箍筋采用焊接闪光对焊，用于工厂加工；钢筋采用非接触搭接时可用于条形基础底板、梁板式筏形基础平板中纵向钢筋的连接，搭接为直线段，取消了原平法煨弯的构造和在搭接范围内附加分布筋的说明。

【讲解 150】柱纵向受力钢筋在独立基础中的锚固

参见图集 11G101-3 第 59 页，如图 6-1。

（1）柱插筋的数量、直径及钢筋种类应与柱内纵向受力钢筋相同。柱插筋伸至基础板底部支在底板钢筋网上，在基础内部用不少于两道矩形封闭箍筋（非复合箍）固定，每道箍筋竖向间距≤500mm，柱插筋伸入基础内满足锚固长度 l_a 和 l_{aE} 的要求。

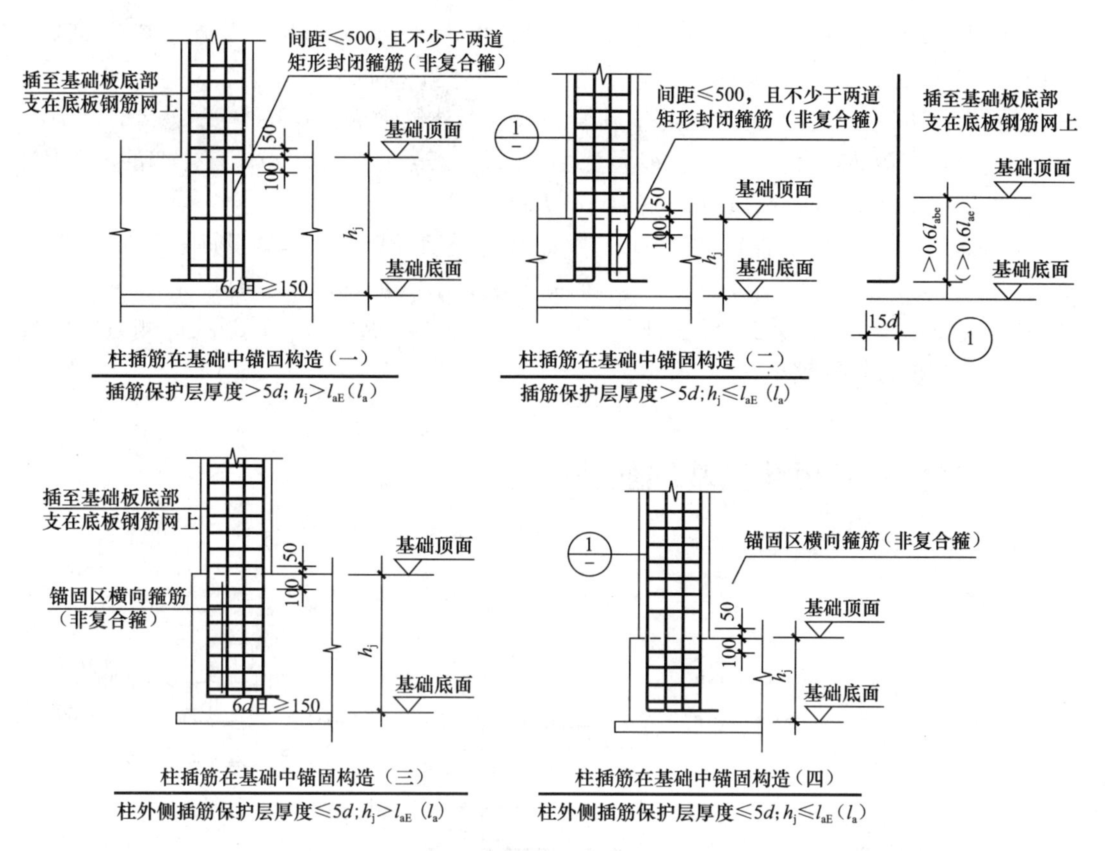

图 6-1　柱插筋在基础中的锚固

（取消了原平法柱插筋竖直锚固长度与弯钩长度对照表）

（2）当基础高度较高，符合下面的条件时，仅柱四角的钢筋伸到基础底板的钢筋网片上（伸至底板钢筋网上的柱插筋之间间距不应大于1000mm）：

1）柱为轴心受压或小偏心受压，独立基础、条形基础高度≥1200mm；

2）柱为大偏心受压，独立基础、条形基础高度≥1400mm。

除柱四角的钢筋，其他钢筋插筋在基础内应满足从基础顶面算起锚固长度不小于 l_a 和 l_{ae}的要求即可。

（3）当插筋部分保护层厚度不一致情况下，锚固区保护层厚度小于5d的部位应设置横向箍筋（非复合箍）。

（4）柱插筋在基础中锚固构造，判定锚固长度分几种情况：

1）插筋保护层厚度大于5d，基础高度大于锚固长度 $l_{ae}(l_a)$，插筋在基础中锚固在满足 $l_{ae}(l_a)$ 时，还要伸到基础底板的钢筋网片上再水平弯折6d且≥150mm；

2）插筋保护层厚度大于5d，基础高度小于锚固长度 $l_{ae}(l_a)$，插筋伸到基础底部支在钢筋网片上，竖直段为 $0.6l_{abe}(0.6l_{ab})$ 再水平弯折15d；

3）插筋保护层厚度小于5d，基础高度大于锚固长度 $l_{ae}(l_a)$，插筋在基础中锚固在满足 $l_{ae}(l_a)$ 时，还要伸到基础底板的钢筋网片上再水平弯折6d且≥150mm；

4）插筋保护层厚度小于5d，基础高度小于锚固长度 $l_{ae}(l_a)$，插筋伸到基础底部支在钢筋网片上，竖直段为 $0.6l_{abE}(0.6l_{ab})$ 再水平弯折15d。

基础高度的确定：为基础底面至基础顶面的高度，对于带基础梁的基础为基础梁顶面至基础梁底面的高度，当柱两侧基础梁标高不同时取较低标高。

（5）框架边柱及角柱：无外伸的基础梁、板，当外侧钢筋保护层厚度≤5d 时，锚固区内设置非复合箍筋，直径≥d/4（最大直径）间距≤5d 且≤100mm；有外伸的基础梁、板，保护层厚度满足要求时，也可以采用 0.6l_{ae}+15d。

（6）框架中柱：满足直锚长度且柱截面尺寸大于 1000mm 时，除柱四角外每隔 1000mm 伸至板底；其他可满足 l_{abe}（l_{ab}）锚固要求；不满足直锚长度时可采用 90°弯锚，竖直段长度不小于 l_{abe}（l_{ab}）且伸至板底，弯折后水平投影长度为 15d；当柱两侧板厚或梁高不同时，高度选择取较小者。

【讲解 151】独立短柱深基础配筋构造

参见图集 11G101-3 第 67 页、68 页，如图 6-2。

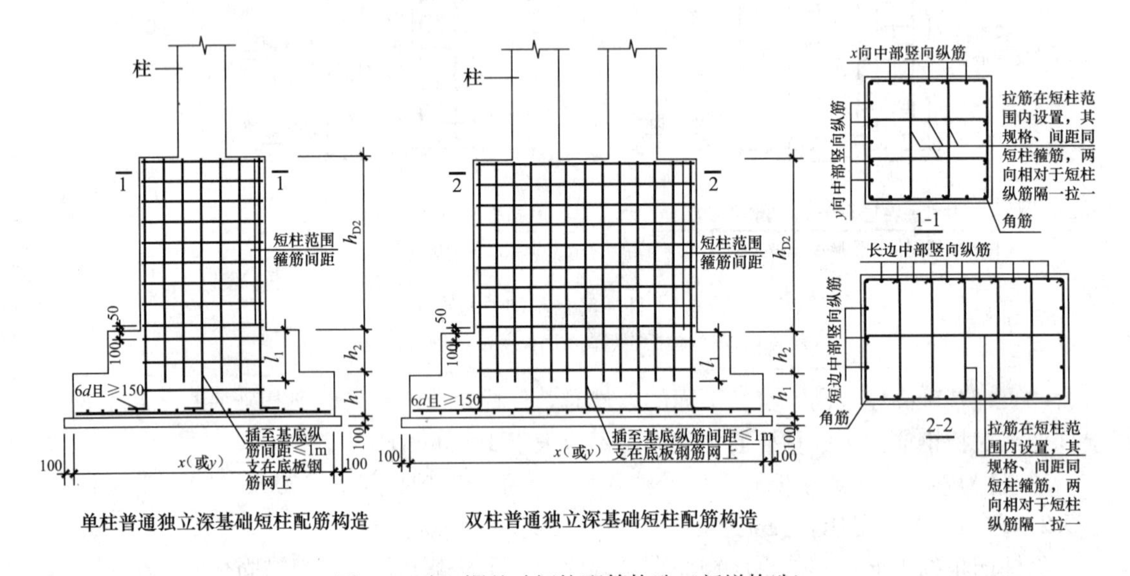

图 6-2 独立深基础短柱配筋构造（新增构造）

（1）短柱设置的原因：

由于地质条件不好，稳定的持力层比较低，现场验槽时发生局部地基土比较软，需要进行深挖，造成有些基础做成深基础而形成短柱，但结构力学计算上要求基础顶标高在一个平面上，否则与计算假定不相符，所以建议把深基础做成短柱，基础上加拉梁，短柱属于基础的一部分，不是柱的一部分，所有在构造处理方式按基础处理；

（2）短柱内竖向钢筋在第一台阶处向下锚固长度不小于 l_a（不考虑抗震锚固长度）；

（3）台阶总高度较高时，短柱竖向钢筋在四角及间距不大于 1000mm 的钢筋（每隔 1m），伸至板底的水平段为 6d 且不小于 150mm（起固定作用），其他钢筋在基础内应满足锚固长度不小于 l_a 和 l_{ae}的要求即可（从第一个台阶向下锚固）；

（4）台阶内的箍筋间距不大于 500mm，不少于 2 根；

（5）当抗震设防为8度和9度时，短柱的箍筋间距不应大于150mm；

（6）短柱拉筋在短柱范围内设置，其规格、间距同短柱箍筋，两向相对于短柱纵筋隔一拉一。

【讲解152】柱下独立混凝土基础板受力钢筋配置的构造

参见图集11G101-3第63页

（1）独立基础的长宽比不宜大于2，以保证传力效果。

（2）当长或宽≥2500mm时，除板底最外侧钢筋外其他钢筋可以减短10%并交错配置（可取相应方向底板长度的0.9倍）；如图6-3。

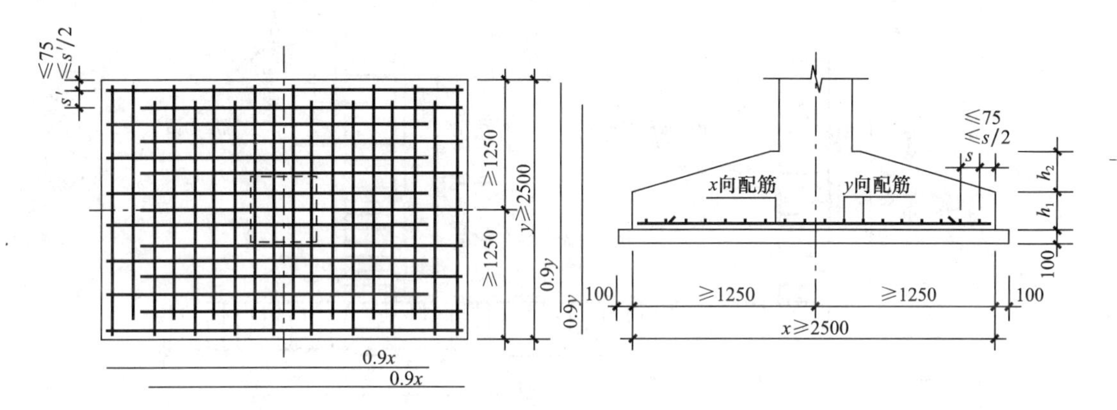

图6-3　对称独立基础

（3）偏心基础（非对称独立基础），基础底板的长度方向的尺寸l≥2500mm，但基础短方向外边缘至柱中心距离$l<1250$mm时，短方向的钢筋不应减短；如图6-4。

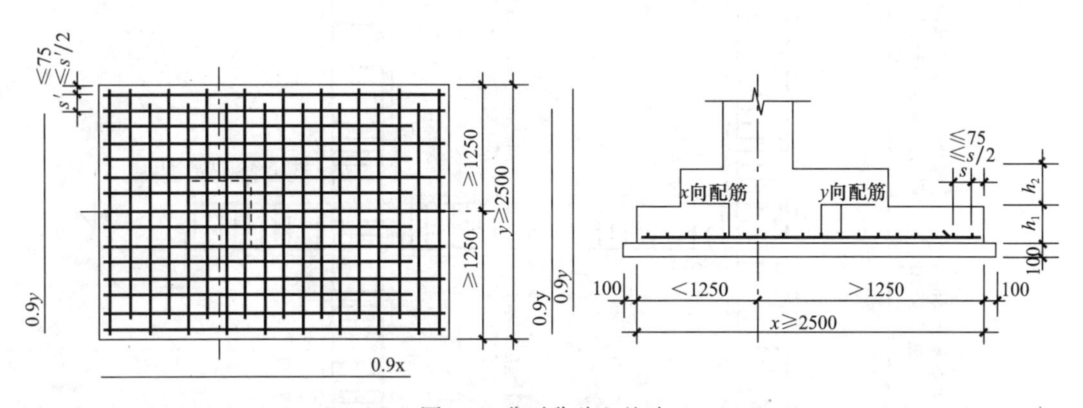

图6-4　非对称独立基础

（4）纵向钢筋的最小保护层厚度，应满足环境类别的耐久性要求；

（5）见上两图，注意在计算基础底板x、y向配筋时，第一根钢筋起头距离距构件外边缘为$S/2$和75mm取大，双向交叉钢筋，长向设置在下，短向设置在上。

【讲解 153】独立基础间设置拉梁的构造

参见图集 11G101-3 第 92 页，基础联系梁用于独立基础、条形基础及桩基承台。如图 6-5：基础连系梁配筋构造。

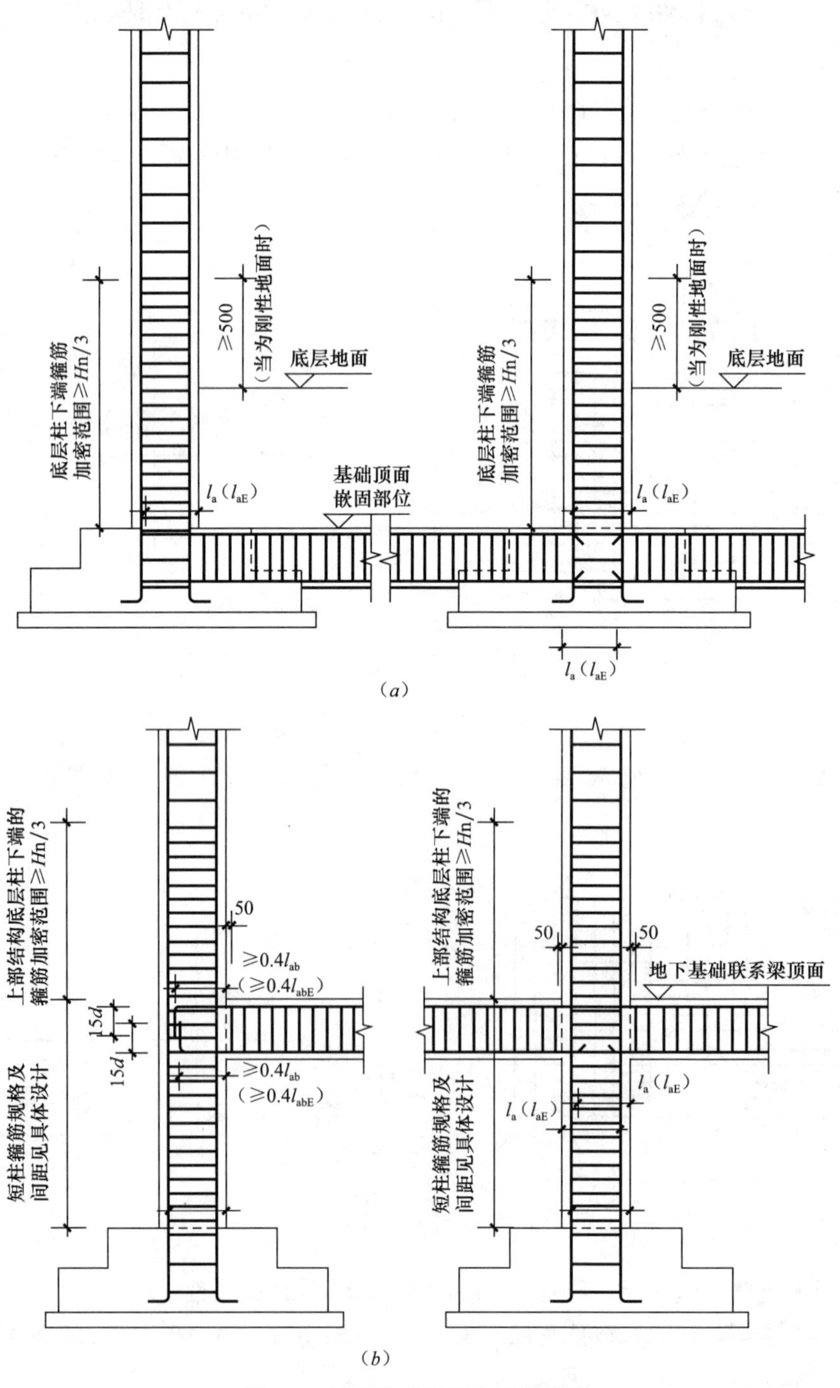

图 6-5　基础连系梁 JLL 配筋构造

（1）独立柱基础间设置拉梁的目的：

1）增加房屋基础部分的整体性，调节相邻基础间的不均匀沉降变形等原因而设置的，由于相邻基础长短跨不一样，基底压应力不一样，用拉梁调节，考虑计算的需要和构造的需要；基础梁埋置在较好的持力土层上，与基础底板一起支托上部结构，并承受地基反力作用。

2）基础连梁拉结柱基或桩基承台基础之间的两柱，梁顶面位置宜与柱基或承台顶面位于同一标高。

3）《建筑抗震设计规范》GB 50011—2010 第 6.1.11 的规定：框架单独柱基有下列情况之一时，宜沿两个主轴方向设置基础连系梁：

① 一级框架和Ⅳ类场地的二级框架；

② 各柱基础底面在重力荷载代表值作用下的压应力差别较大；

③ 基础埋置较深，或各基础埋置深度差别较大；

④ 地基主要受力层范围内存在软弱黏性土层、液化土层或严重不均匀土层；

⑤ 桩基承台之间。

另外：非抗震设计时单桩承台双向（桩与柱的截面直径之比≤2）和两桩承台短向设置基础连梁；梁宽度不宜小于 250mm，梁高度取承台中心距的 1/10～1/15，且不宜小于 400mm。

多层框架结构无地下室时，独立基础埋深较浅而设置基础拉梁，一般会设置在基础的顶部，此时拉梁按构造配置纵向受力钢筋；独立基础的埋深较大、底层的高度较高时，也会设置与柱相连的梁，此时梁为地下框架梁而不是基础间的拉梁，应按地下框架梁的构造要求考虑。

（2）纵向钢筋：

1）单跨时，要考虑竖向地震作用，伸入支座内的锚固长度为 l_a（l_{ae}），有抗震要求时设计文件特殊注明；连续的基础拉梁，钢筋锚固长度从柱边开始计算；当拉梁是单跨时，锚固长度从基础的边缘算起；

2）腰筋在支座内应满足抗扭腰筋 N、构造腰筋 G 要求；

3）基础拉梁按构造设计，断面不能小于 400mm，配筋是按两个柱子最大轴向力的 10％计算拉力配置钢筋，所以要求不宜采用绑扎搭接接头，可采用机械连接或焊接。

（3）箍筋：

1）箍筋应为封闭式，如果不考虑抗震，不设置抗震构造加密区，如果根据计算，端部确实需要箍筋加密区，设计上可以分开，但这不是抗震构造措施里面的要求；

2）根据计算结果，可分段配制不同间距或直径；

3）上部结构底层框架柱下端的箍筋加密区高度从基础连系梁顶面开始计算，基础联系梁顶面至基础顶面短柱的箍筋详具体设计；当未设置基础联系梁时，上部结构底层框架柱下端的箍筋加密高度从基础顶面开始计算。

（4）其他：

1）拉梁上有其他荷载时，上部有墙体，拉梁可能为拉弯构件、压弯构件，这不是简单的受弯构件，要按墙梁考虑；

2）考虑耐久性的要求（如环境、混凝土强度等级、保护层厚度等）；

3）遇有冻土、湿陷、膨胀土等，会给拉梁引起额外的荷载，冻土膨胀会造成拉梁拱起，所以要考虑地基的防护。

注意图 6-5（*b*）有地下框架梁的构造，将框架梁顶向下至基础顶的柱段，明确称之为短柱，并说明短柱的箍筋配置要见具体设计。原平法地下框架梁在新平法图集中明确表达为地下基础联系梁，代号为“JLL”。

【讲解 154】独立基础基础顶部配筋构造

当为双柱独立基础且柱距较小，通常仅配基础底部钢筋；当柱距较大时，除基础底部配筋外，尚需在两柱间配置基础顶部钢筋或设置基础梁；当为四柱独立基础时，通常可设两道平行的基础梁，需要时可在两道基础梁间及梁的长度范围内配基础顶部钢筋。如图 6-6、图 6-7：

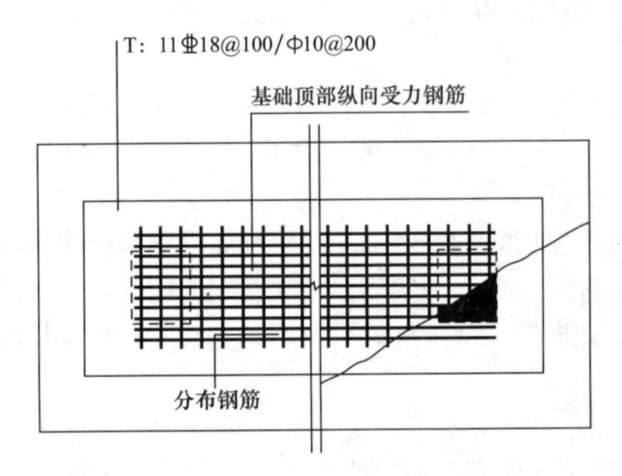

图 6-6　双柱独立基础顶部配筋示意图

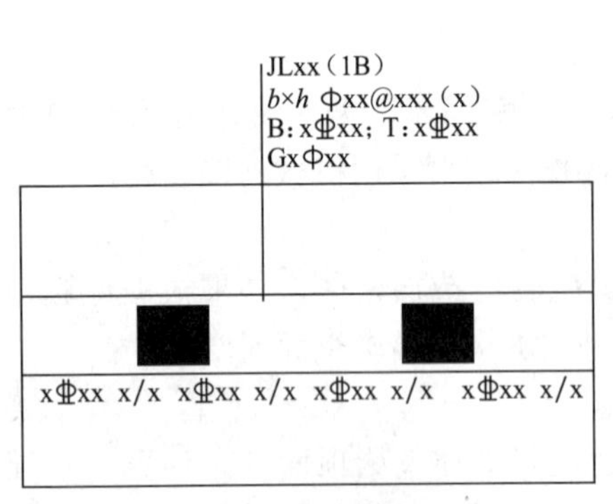

双柱独立基础基础梁配筋注写示意

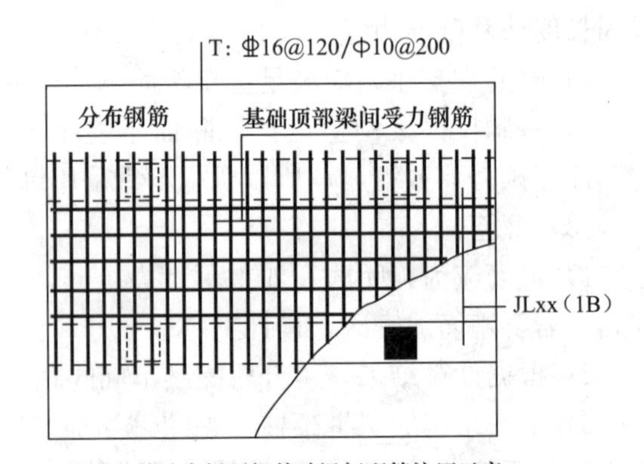

四柱独立基础底板顶部基础梁间配筋注写示意

图 6-7　独立基础顶部设置基础梁示意图

双柱普通独立基础底部与顶部配筋构造：将基础顶部的柱子范围外侧的钢筋长度改为全部从柱子的外边缘向柱内方向伸入一个钢筋锚长 l_a，取消了原平法柱外侧钢筋要从柱中心线再向柱外侧边伸一个锚长的方式。如图 6-8：

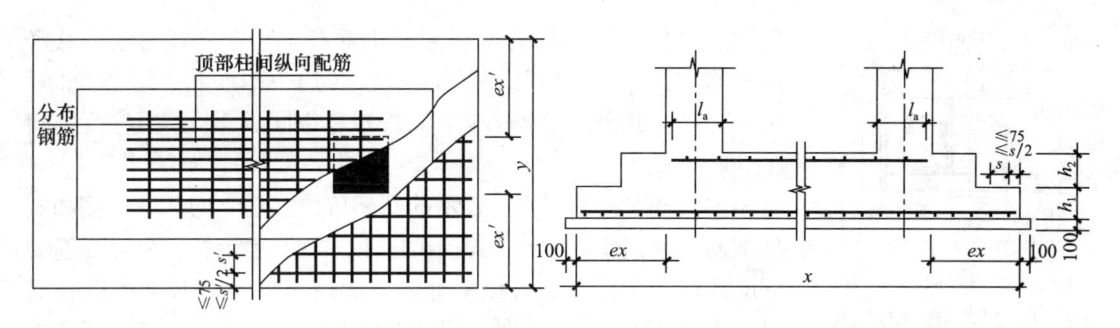

图 6-8　双柱普通独立基础配筋构造

【讲解 155】独立基础平面注写方式示例

集中标注表达内容：基础编号、截面竖向尺寸（单位省略标注为 mm）、配筋。

阶形基础：

例 1：阶形截面普通独立基础 DJ_J××竖向尺寸注写为 400/300/300 时，表示 h_1＝400、h_2＝300、h_3＝300，基础底板总厚度为 1000。如图 6-9：

坡形基础：

例 2：坡形截面普通独立基础 DJ_P××竖向尺寸注写为 350/300 时，表示 h_1＝350、h_2＝300，基础底板总厚度为 650。如图 6-10：

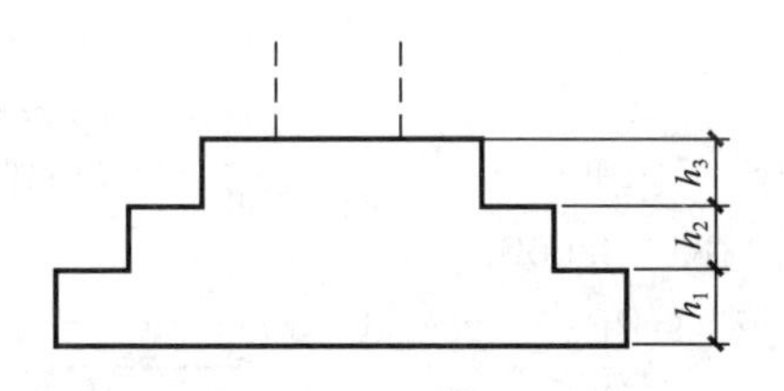

图 6-9　阶形截面普通独立基础 DJ_J××竖向尺寸

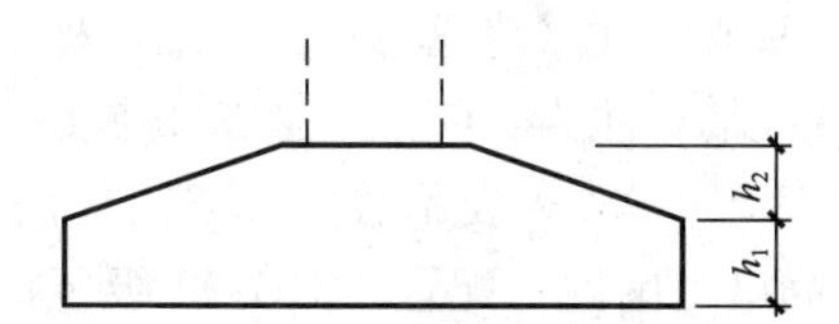

图 6-10　坡形截面普通独立基础 DJ_P××竖向尺寸

独立基础：

例 3：独立基础底板配筋标注为：B：X⏀16@150，Y⏀16@200；表示基础底板底部配置 HRB400 级钢筋，X 向直径为⏀16，分布间距 150；Y 向直径为⏀16，分布间距 200。当两向配筋相同时，以 X&Y 打头注写。如图 6-11：

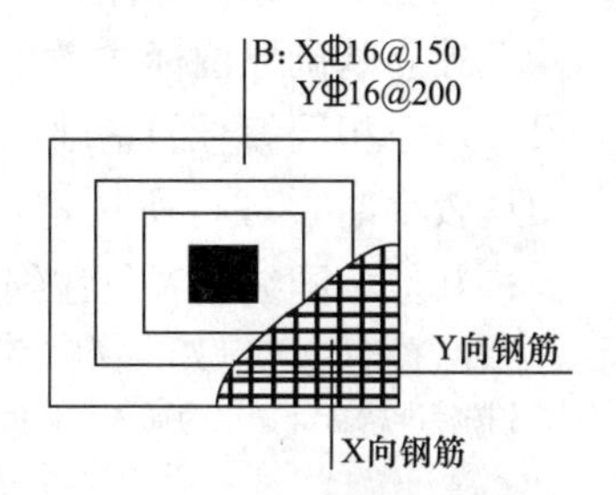

图 6-11　独立基础底板底部双向配筋示意图

双杯口独立基础：

例 4：当双杯口独立基础顶部钢筋网标注为：Sn2⏀16，表示杯口每边和双杯口中间杯壁的顶部均配置 2 根 HRB400 级直径为⏀16 的焊接钢筋网。如图 6-12：

高杯口独立基础：

例 5：高杯口独立基础的杯壁外侧和短柱配筋标注为：

Sn：4⏀20/⏀16@220/⏀16@200，Φ10@150/300；Sn 表示高杯口独立基础的杯壁

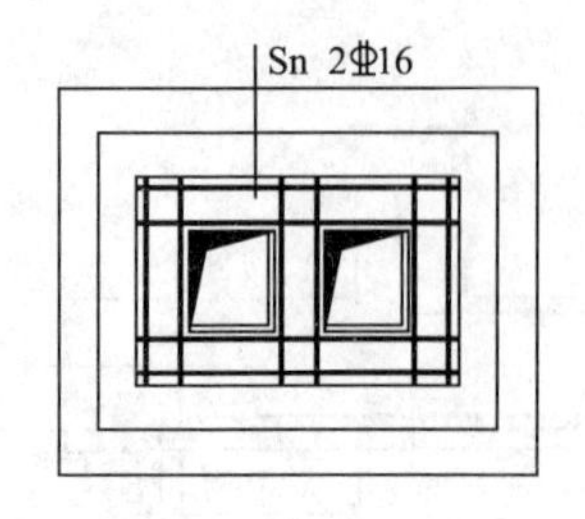

图 6-12　双杯口独立基础顶部焊接钢筋网示意

外侧和短柱配置 HRB400 级竖向钢筋和 HPB300 级箍筋。其竖向钢筋为：4⏀20 角筋、⏀16@220 长边中部筋和⏀16@200 短边中部筋；其箍筋直径为Φ10，杯口范围间距 150，短柱范围间距 300。

如图 6-13：以“O”表示的高杯口独立基础的杯壁外侧和短柱配筋，区别于以“Sn”表示的，以“O”表示杯壁外侧配筋为同时环住两个杯口的外壁配筋。当双高杯口独立基础中间杯壁厚度小于 400mm 时，在中间杯壁中配置构造钢筋见相应标准构造详图，设计不注。

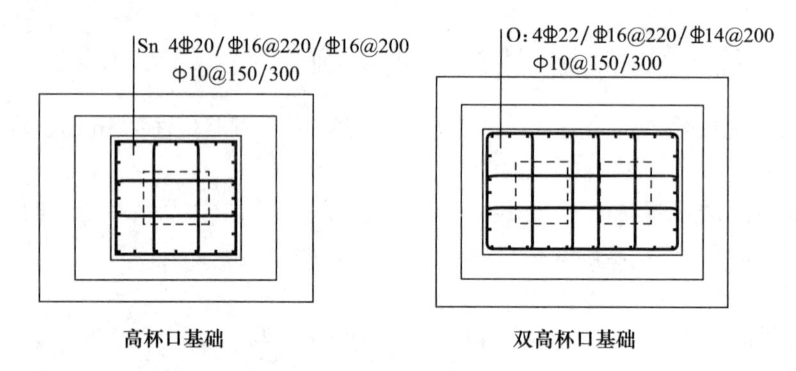

图 6-13　高杯口独立基础的杯壁外侧和短柱配筋示意

独立基础短柱（普通独立深基础短柱 DZ）：

短柱配筋标注为：DZ：4⏀20/5⏀18/5⏀18，Φ10@100，−2.500～−0.050；表示独立基础的短柱设置在−2.500～−0.050高度范围内，配置 HRB400 级竖向钢筋和 HPB300 级箍筋。其竖向钢筋为：4⏀20 角筋，5⏀18x 边中部筋和 5⏀18y 边中部筋；其箍筋直径为Φ10，间距 100。如图 6-14。

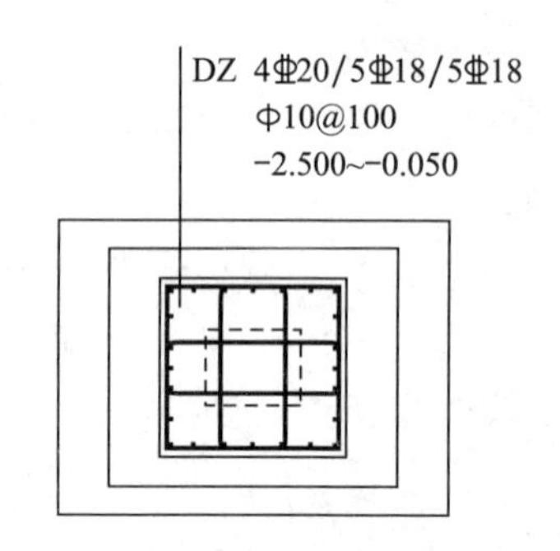

图 6-14　独立基础短柱配筋示意

独立基础原位标注，参见 11G101-3 第 12～15 页（略）：

独立基础原位标注系在基础平面图上标注独立基础的平面尺寸。对相同编号的基础，可选择一个进行原位标注；当平面图形较小时，可将所选定进行原位标注的基础按比例适当放大；其他相同编号者仅注编号。

注：在杯口基础计算时，杯口深度为柱插入杯口尺寸加 50mm，杯口上口尺寸为柱截面尺寸两侧各加 75mm，下口尺寸按标准构造详图（为插入杯口的相应柱截面尺寸边长尺寸，每边各加 50mm）。

【讲解 156】墙下混凝土条形基础板受力钢筋及分布钢筋配置的构造

参见图集 11G101-3 第 69 页：

（1）基础板宽度≥2500mm 时，可以减短 10%并交错配置；如图 6-15。

（2）在十字和 T 形交叉处，板下部的受力钢筋可仅沿横墙方向通长布置，另一个方向的受力钢筋按设计间距布置到横墙基础板内 1/4 处；如图 6-16。

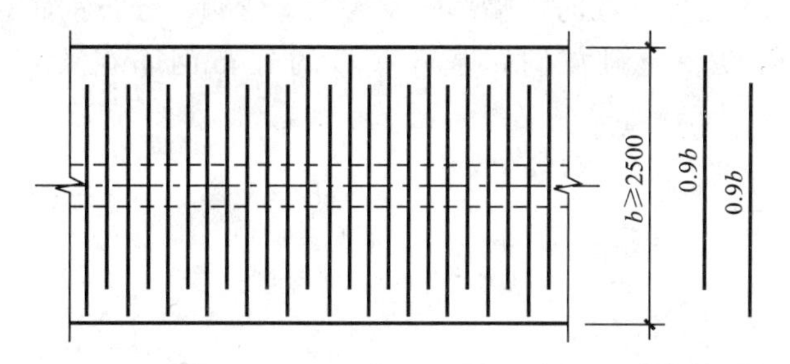

图 6-15　条形基础底板配筋长度减短 10%构造

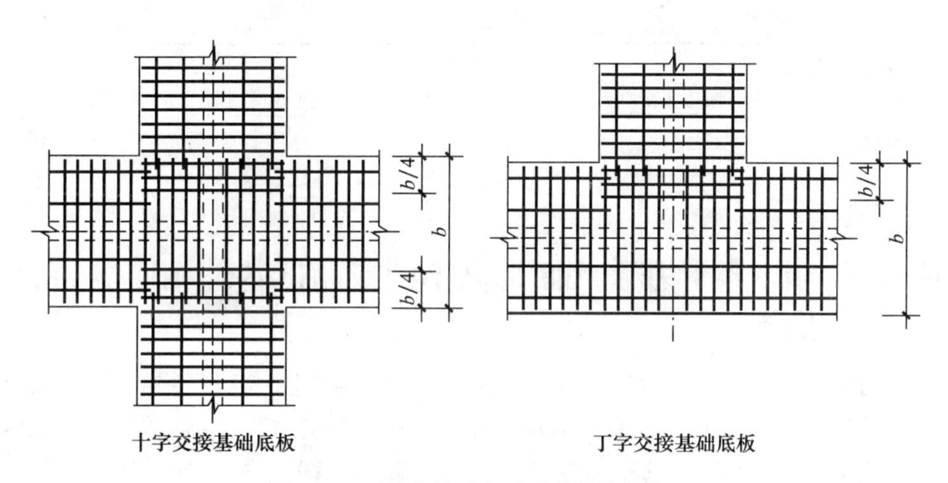

图 6-16　两种交接形式下受力钢筋的布置

（3）在拐角处两个方向的受力钢筋不应减短，应重叠配置并取消分布钢筋；如图 6-17 转角梁板端部，如图 6-18 条形基础无交接底板端部构造。

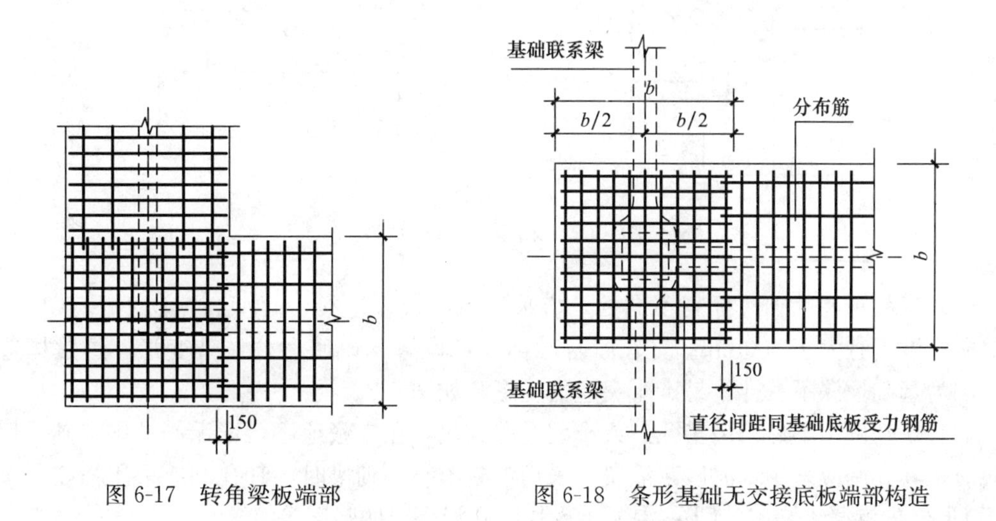

图 6-17　转角梁板端部

图 6-18　条形基础无交接底板端部构造

（4）在两向受力钢筋交接处外的网状部位，分布钢筋与受力钢筋的搭接长度不小于

150mm。

（5）受力钢筋采用光面钢筋时，端部应设置180°弯钩，分布钢筋的端部不设置弯钩。

（6）当条形基础设有基础梁时，基础底板的分布钢筋在梁宽范围内不设置。如图6-19。

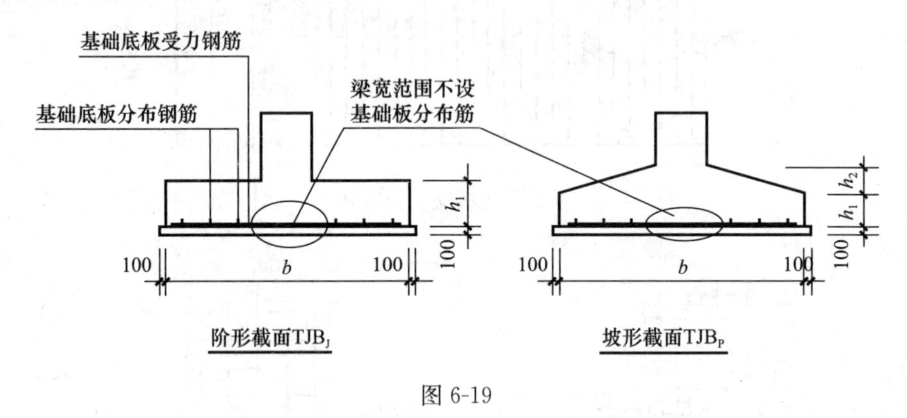

图 6-19

【讲解157】墙下条形基础底面标高不同或高低基础相连接处的处理措施

（1）无筋扩展基础（刚性基础，如混凝土、毛石混凝土、毛石基础）在底标高不同处，不能采用直槎连接，应采用台阶放坡连接，放坡台阶的宽高比不宜大于2，通常的作法为水平方向不大于1m，高度方向不大于0.5m；如图6-20。

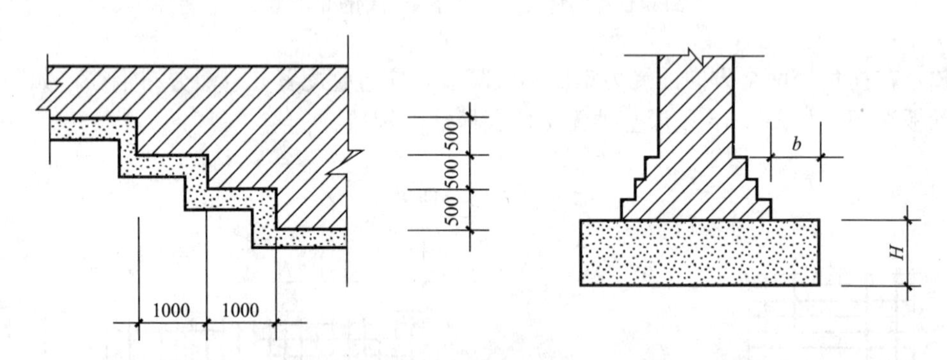

图 6-20　无筋扩展基础放坡

（2）有筋扩展基础底标高不同处，应采用台阶放坡连接，落深高宽比不小于1∶1.5且每阶高度不宜大于500mm。并在原基础标高处设置基础暗梁，调节变形，这是构造做法，因为基础埋深不一样，易产生突应力变形；如图6-21。

（3）在基础中不易采用多孔砖或小型空心砌块，在冻胀地区，当无筋扩展基础采用多孔砖时，其孔洞应采用水泥砂浆灌实。采用混凝土空心砌块时，其孔洞应采用强度等级不低于Cb20的混凝土灌实（Cb：混凝土砌块灌孔混凝土的强度等级）。

（4）台阶形毛石基础（刚性扩展基础）每阶伸出宽度不宜大于200mm。

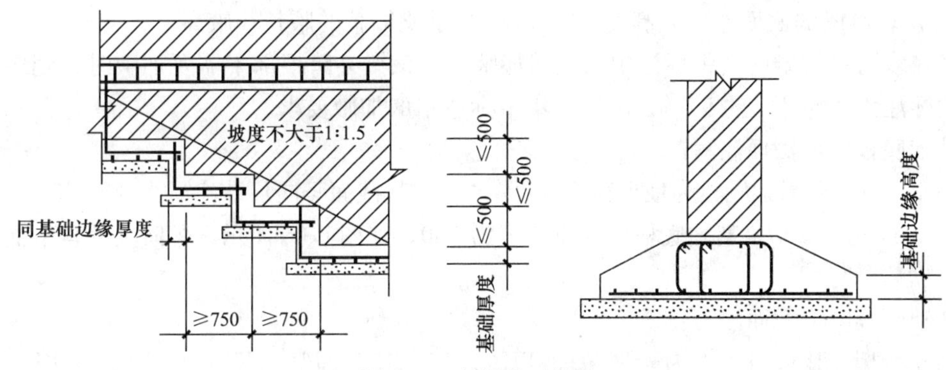

图 6-21 扩展基础放坡

【讲解 158】条形基础与基础梁平法标注示例

条形基础分梁板式、板式两类：

（1）梁板式条形基础适用于钢混凝土、框剪、框支剪力墙和钢结构，平法施工图分解为基础梁和条形基础底板。

（2）板式条形基础适用于钢筋混凝土剪力墙结构和砌体结构，平法施工图表达为条形基础底板。

条形基础梁及底板编号　　表 6-1

类　型		代　号	序　号	跨数及有无外伸
基础梁		JL	××	（××）端部无外伸
条形基础底板	坡形	TJB_p	××	（××A）一端有外伸
	阶形	TJB_j	××	（××B）两端有外伸

注：条形基础通常采用坡形截面或单阶形截面

条形基础与基础梁平面注写：

基础梁箍筋分段注写：采用两种箍筋，用“/”分隔

例 1：9⏀16@100/⏀16@200（6），表示配置两种 HRB400 级箍筋，直径⏀16，从梁两端起向跨内按间距 100 设置 9 道，梁其余部位的间距为 200，均为 6 肢箍。

基础梁底部、顶部钢筋注写：

例 2：B：4⏀25；T：12⏀25 7/5，表示梁底部配置贯通纵筋为 4⏀25；梁顶部配置贯通纵筋上一排为 7⏀25，下一排为 5⏀25，共 12⏀25。

基础梁侧面纵向钢筋注写：

例 3：G8⏀14，表示梁每个侧面配置纵向构造钢筋 4⏀14，共配置 8⏀14。

当跨中所注根数小于箍筋肢数时，需在跨中增设架立筋以固定箍筋，注写方式：贯通纵筋＋(架立钢筋)。

基础梁外伸部位变截面注写：

变截面高度，注写 b(宽度)×h_1(根部截面高度)/h_2(尽端截面高度)

基础梁加腋注写：

$b \times h$ 表示梁的截面宽度×高度，$\mathrm{Y}c_1 \times c_2$ 表示梁加腋的腋长×腋高

当在多跨基础梁的集中标注中已注明加腋，而该梁某跨根部不需要加腋时，则应在该跨原位标注无 $\mathrm{Y}c_1 \times c_2$ 的 $b \times h$，以修正集中标注中的加腋要求。

基础底板坡形截面注写：

例 4：当条形基础底板为坡形截面 $\mathrm{TJB_P}$××，其截面竖向尺寸注写为 300/250 时，表示 $h_1=300$，$h_2=250$，基础底板根部总厚度为 550。如图 6-20 所示，各阶尺寸自下而上以“/”分隔顺序写。

基础底板阶形截面注写：

例 5：当条形基础底板为阶形截面 $\mathrm{TJB_J}$××，其截面竖向尺寸注写为 300 时，表示 $h_1=300$，且为基础底板总厚度。如图 6-19 所示。

条形基础与基础梁列表注写，见表 6-2、表 6-3，示意图如图 6-22、图 6-23：

基础梁几何尺寸和配筋表 **表 6-2**

基础梁编号/截面号	基础梁底面标高	截面几何尺寸		配筋	
		$b \times h$	加腋 $c_1 \times c_2$	底部贯通纵筋＋非贯通纵筋，顶部贯通纵筋	第一种箍筋/第二种箍筋
JL××					

注明：第一种箍筋为梁端部箍筋，注写内容包括箍筋的箍数、钢筋级别、直径、间距与肢数。第二种箍筋为跨中部分箍筋。

条形基础底板几何尺寸和配筋表 **表 6-3**

基础底板编号/截面号	基础底板底面标高	截面几何尺寸			底板底部配筋（B）		上翻基础梁配筋		
		b	b_1	H_1/h_2	横向受力钢筋	纵向构造钢筋	底部与顶部配筋	侧面构造钢筋	箍筋与拉筋
$\mathrm{TJB_P}$××		水平尺寸		竖向尺寸					
$\mathrm{TJB_J}$××									

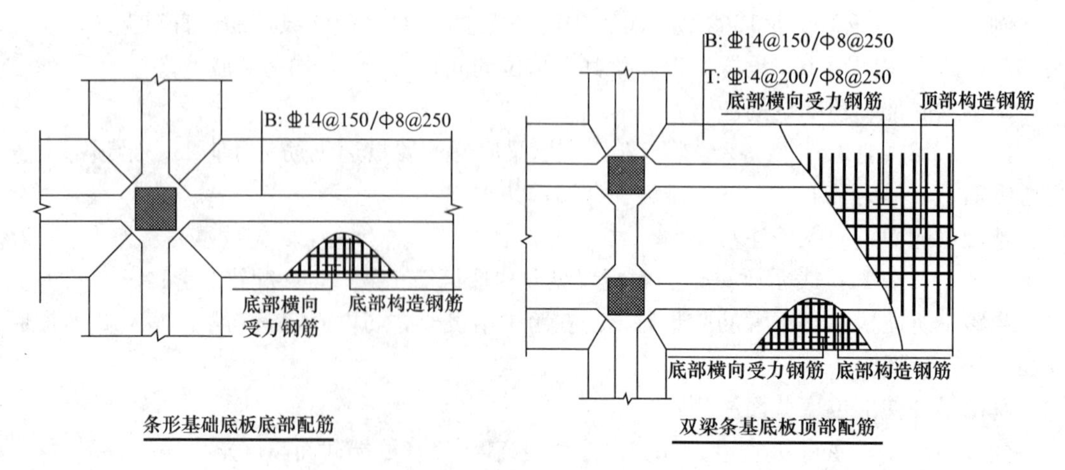

图 6-22　条形基础底板底部与顶部配筋注写示意

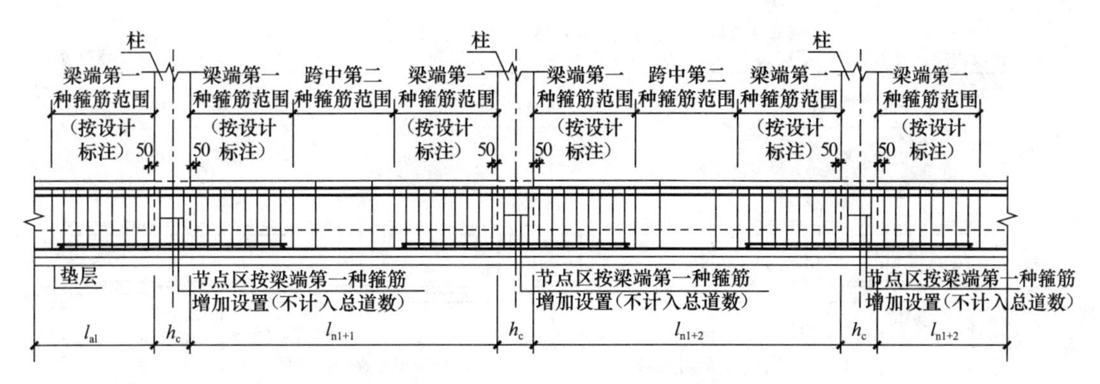

图 6-23　基础梁 JL 配置两种箍筋构造

当为双梁（或双墙）条形基础底板时，除在底板底部配置钢筋外，一般尚在两根梁或两道墙之间的底板顶部配置钢筋，其中横向受力钢筋的锚固从梁的内边缘（或墙边缘）起算。(梁板式条形基础)

【讲解 159】条形基础施工与预算注意事项

(1) 两向基础梁相交的柱下区域，应有一向截面高度较高的基础梁按梁端箍筋贯通设置；当两向基础梁高度相同时，任选一向箍筋贯通设置；

(2) 基础梁的底部贯通纵筋，可在跨中 1/3 净跨长度范围内采用搭接连接、机械连接或焊接；

(3) 基础梁的顶部贯通筋，可在距柱根 1/4 净跨长度范围内（原平法为从上部构件的中心线向跨内伸出 1/4 净跨长）采用搭接连接，或在柱根附近采用机械连接或焊接，且应严格控制接头百分率；

(4) 当底部贯通纵筋经原位注写修正，出现两种不同配置的底部贯通纵筋时，配置较大一跨的底部贯通纵筋需伸出至毗邻跨的跨中连接区域；

(5) 为方便施工，凡基础梁柱下区域底部非贯通纵筋的伸出长度 a_0 值，当配置不多于两排时，在标准构造详图中统一取值为自柱边向跨内伸出至 $l_n/3$ 位置（修改了原平法伸出长度的控制条件为 $l_0/3$ 且$\geqslant a$（$a=1.2l_a+$梁高 h_b+上部相交构件 1/2 宽））；当非贯通纵筋配置多于两排时，从第三排起向跨内的伸出长度值应由设计者注明。l_n 的取值规定为：边跨边支座的底部非贯通纵筋，l_n 取本边跨的净跨长度值；对于中间支座的底部非贯通纵筋，l_n 取支座两边较大一跨的净跨长度值；对于梁顶和梁底钢筋的通长设置，见图 6-24文字注写："当钢筋长度可穿过一连接区到下一连接区并满足连接要求时，宜穿越设置"，能通则通；

(6) 基础次梁底部钢筋在端支座时，从基础主梁的内侧边缘向梁内伸入长度设计按铰接时，锚入平直段长度$\geqslant 0.35l_{ab}$长；按充分利用钢筋抗拉强度时，锚入平直段长度$\geqslant 0.6l_{ab}$长，弯段长度均是 $15d$；(原平法底部钢筋伸入主梁的长度要求$\geqslant l_a$ 即可，顺锚长梁宽不够时可以弯折钢筋)

支座处非贯通筋伸入跨内的长度同基础主梁上图中的构造，在说明中特别提出，当钢筋多于二排时，伸入跨内的钢筋长度要由设计者注明（图 6-25）；

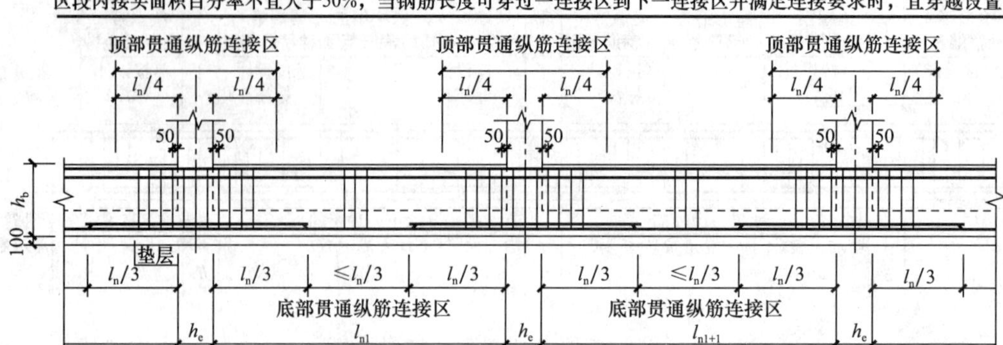

图 6-24　基础梁 JL 纵向钢筋与箍筋构造

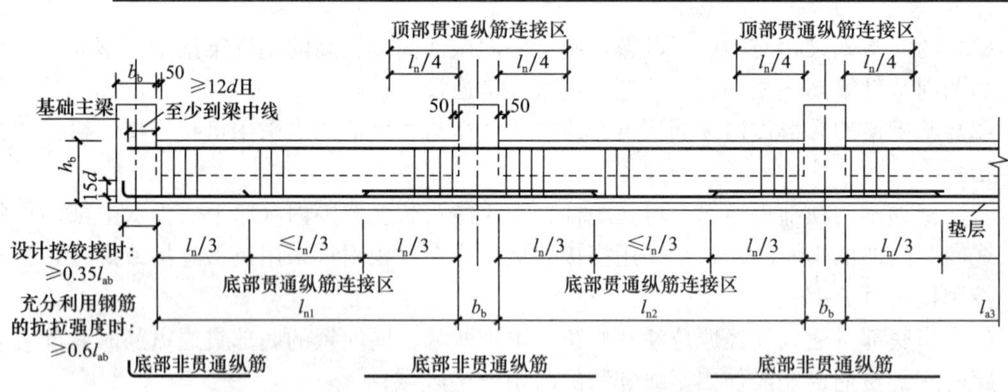

图 6-25　基础次梁 JCL 纵向钢筋与箍筋构造

(7) 当两向基础梁十字交叉，但交叉位置无柱时，应根据抗力需要设置附加箍筋或（反扣）吊筋，设置在刚度较大的条形基础主梁上；

(8) 附加箍筋或（反扣）吊筋几何尺寸按标准构造详图，结合其所在位置的主梁和次梁的截面尺寸确定；对主梁与次梁交接处最大附加箍筋构造见图 6-26 文字注写："附加箍筋最大布置范围，但非必须满布"的说明，将主梁箍筋正常布置范围扩大到附加箍筋布置整个范围，$S=3b+2h_1$（h_1 为主次梁顶部的高差），在该区域范围内梁箍筋照设；（原平法主梁箍筋正常布置范围只局限在次梁宽度范围内，对附加箍筋的间距指定为 $8d$（d 为箍筋直径），且最大间距应≤所在区域箍筋的间距，附加箍筋最大布置范围为 $S=3b$）；

(9) 基础梁外伸部位底部纵筋的伸出长度 a_0 值，在标准构造详图中统一取值为：基础梁外伸部位底部纵筋，第一排伸出至梁端头后，全部上弯 $12d$，其他排钢筋伸至梁端后截断；

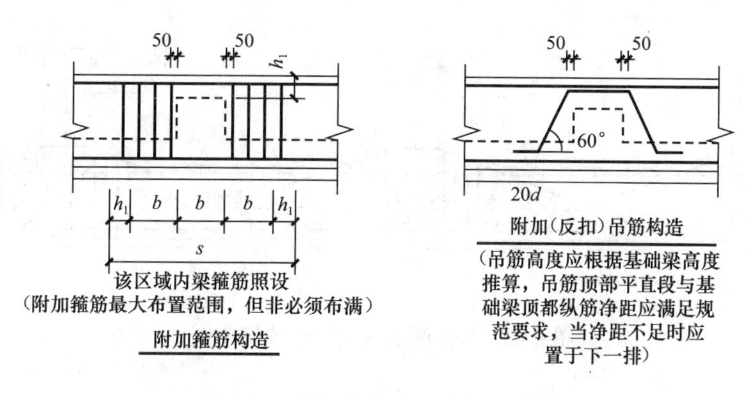

图 6-26 附加箍筋或（反扣）吊筋

端部等（变）截面外伸构造中，当 l_h'(外伸长度）$+h_c$(构件宽度)$\leqslant l_a$ 时，基础梁下部钢筋应伸至端部后弯折，且从柱内边算起水平段长度$\geqslant 0.4l_{ab}$，弯折段长度 $15d$；端部等（变）截面外伸构造中，当 l_n'(外伸长度）$+h_c$(构件宽度)$>l_a$ 时，基础梁下部钢筋应伸至端部后弯折 $12d$；在端部无外伸构造中，基础梁底部下排与顶部上排纵筋伸至梁包柱侧腋，与侧腋的水平构造钢筋绑扎在一起（原平法钢筋构造为上下钢筋成对设计，使之成为 U 形封头)；

基础梁外伸部分封边构造同筏形基础底板；

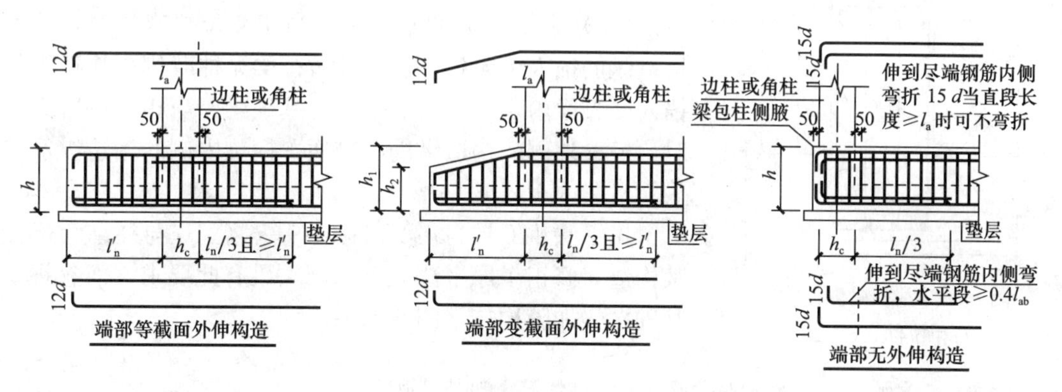

图 6-27 基础梁端部与外伸部分钢筋构造

(10) 当梁侧为构造腰筋时，其搭接与锚固长度可取值为 $15d$；当为受扭钢筋时，其锚固长度为 l_a，搭接长度为 l_1，其锚固方式同基础梁上部纵筋；

(11) 基础梁竖向加腋部位的钢筋见设计标注，加腋范围的箍筋与基础梁的箍筋配置相同，仅箍筋高度为变值；基础梁的梁柱结合部位所加侧腋顶面与基础梁非加腋段顶面一平，不随梁加腋的升高而变化；基础次梁竖向加腋钢筋伸入上部支座的长度为 l_a 长（原平法规定为 $15d$）（图 6-28 和图 6-29）；

(12) 梁侧面钢筋的拉筋直径除注明外均为 8mm，间距为箍筋间距的 2 倍，当设有多排拉筋时，上下两排拉筋绑扎在一起；上翻基础梁的侧边纵筋，起头从梁顶向梁板结合部的阴角处之间的距离推算，从梁顶主筋中心开始每间距按 $a\leqslant 200$mm 长进行布置，当最后间距不够 $a\leqslant 200$mm 长时按一个间距计算（取消了原平法要求梁净高要大于 450mm 时才开始布置侧面钢筋，修正只要梁净高大于 200mm，既可以布置一根对称侧筋）（图 6-30）；

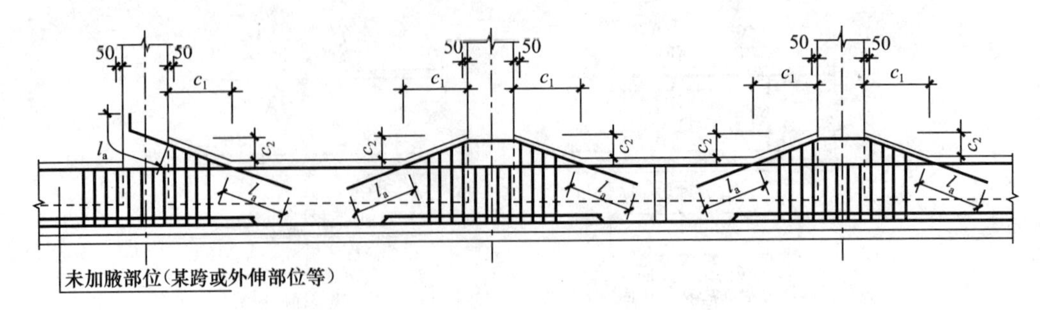

图 6-28　基础梁 JL 竖向加腋钢筋构造

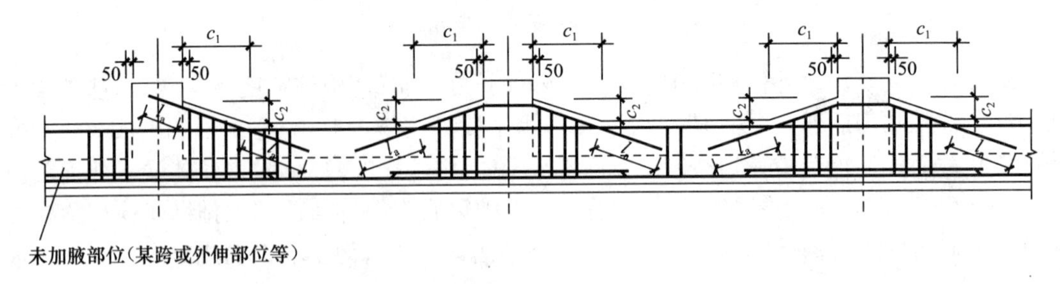

图 6-29　基础次梁 JCL 竖向加腋钢筋构造

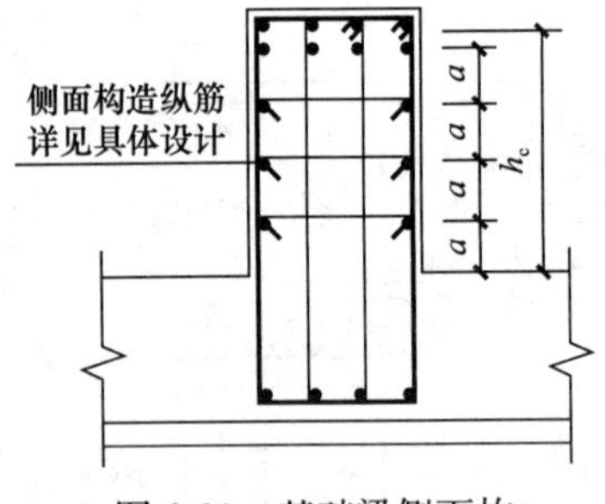

图 6-30　基础梁侧面构造纵筋和拉筋（$a \leqslant 200$）

（13）十字相交的基础梁，当相交位置有柱时，侧面构造纵筋锚入梁包柱侧腋内 $15d$；梁无柱时侧面构造纵筋锚入交叉梁内 $15d$；丁字相交的基础梁，当相交位置无柱时，横梁外侧的构造纵筋应贯通，横梁内侧的构造纵筋锚入交叉梁内 $15d$；

见平法 11G101-3 第 75 页，基础梁 JL 与柱结合部侧腋构造，修正了原平法只对基础主梁有此要求，而忽视了基础次梁加腋构造（图 6-31）；

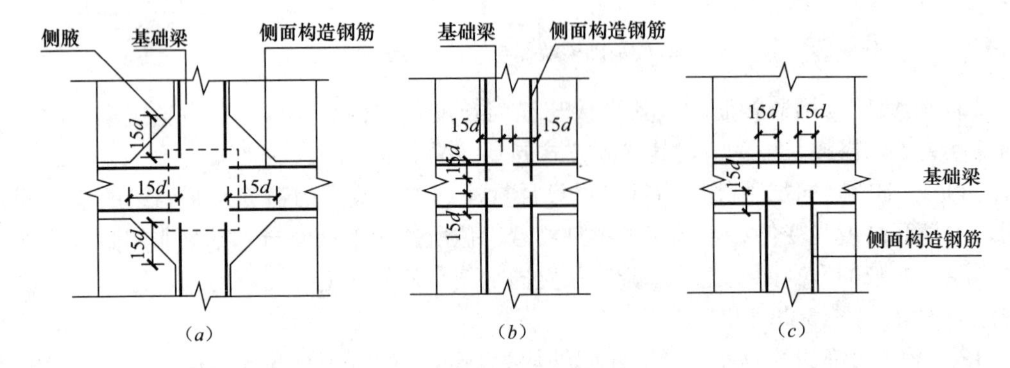

图 6-31　基础梁侧面构造纵筋锚固构造

（14）条形基础端部，按《建筑地基基础设计规范》规定，端部向外伸出长度宜为第一跨距的 0.25 倍，当基础平面和建筑使用条件不允许的情况下，端部做成无外伸，端部无外伸基础梁端节点要保证柱端刚接，基础梁端计算一般按铰接。注意在施工时，高层建筑结构与多层建筑结构构造要求有所不同，要看具体设计要求。端部有无外伸，直接影响到锚固区保护层厚度的界定，对于墙、柱在基础梁中插筋中的弯折段长度要考虑锚固区保护层厚度和梁高度，同时还要考虑是否增加锚固区构造钢筋。

【讲解 160】条形基础和基础梁梁底不平和变截面部分钢筋构造

参见图集 11G101-3 第 70 页、第 74 页。

(1) 条形基础底板板底不平构造：如图 6-32 括号注写，高低板交叉时，基础底板分布筋转换成受力钢筋后，伸入对应的构件，与基础底板分布筋构造搭接长度为 150mm，从上部构件边缘的伸出长度定为 1000mm，并满足锚固长度 l_a 的要求。

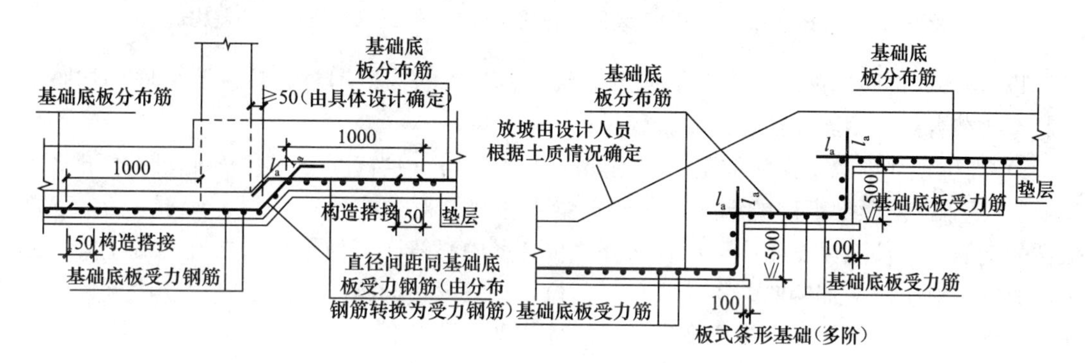

图 6-32 条形基础底板板底不平构造

(2) 基础梁底部不平和变截面构造（图 6-33、图 6-34）：

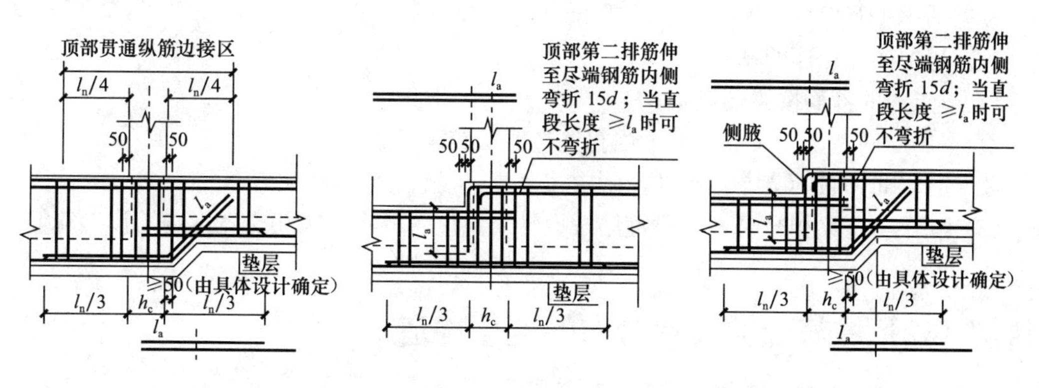

图 6-33 左图为梁底、中图为梁顶、右图为基础梁梁底和梁顶有高差构造

1) 所有向跨内伸出的长度取值均为从上部构件的边缘开始度量，不是从上部构件的中心线开始计算；

2) 将底部不平，处于高位的梁钢筋伸入低位端的钢筋锚固长度，由原底部上升角的开始点改为角度的终止点开始度量；

3) 底部低位的二排钢筋，上弯段改为同底层第一排的长度一样，原平法基础梁为伸过上部构件的中心线一个锚长，平直段不够锚长时可以弯折；

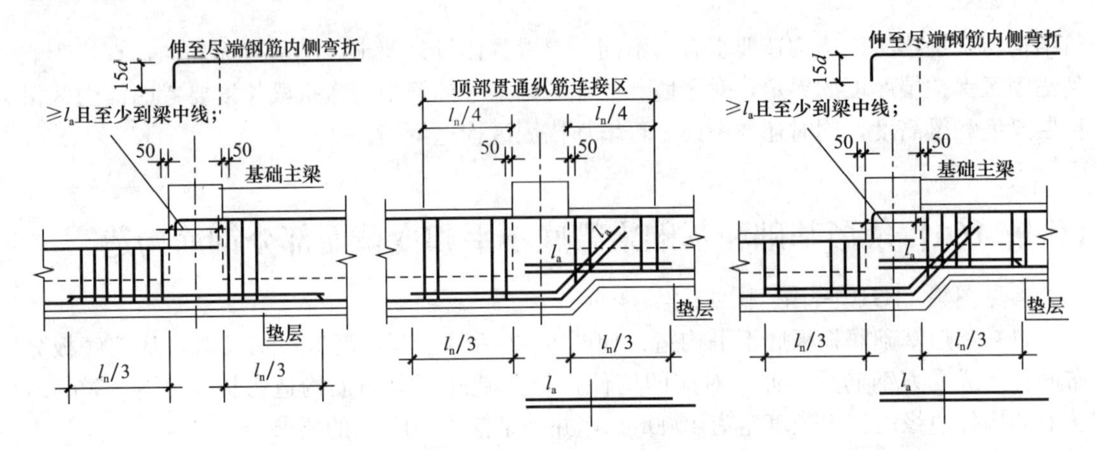

图 6-34　左图为梁底、中图为梁顶、右图为基础次梁梁底和梁顶有高差构造

4）底部高位底部钢筋，取消了伸至端头后需弯头的构造示意，只说明从底部加腋的上起点向结合部将钢筋伸至柱边要≥l_a 长；

5）高位顶部第二排钢筋伸至尽端钢筋内侧弯折 15d；当直段长度≥l_a 时可不弯折；

6）基础次梁顶部高位的钢筋，应伸至梁支座尽端对边主筋内侧后，弯折 15d，顶部低位的钢筋，应伸至梁支座内≥l_a 长，并至少到梁中心线。其他钢筋构造同基础主梁（原平法规定：对于梁上部钢筋，不论高位、低位，均从梁边向梁内伸入 12d 且至少到梁中心线，对顶部高位的钢筋，当支座宽度＜12d 时，要求采用下弯钩补足钢筋的 12d 长度）。

【讲解 161】基础梁在节点内箍筋的设置

参见图集 11G101-3 第 76、77、78 页。

（1）与框架柱相连的基础梁：

1）节点内的箍筋按梁端设置；

2）梁高不同时，交叉节点宽度内箍筋按截面较高设置。

（2）有竖向加腋的节点，在柱范围内按正常梁设置。

（3）次梁与主梁相交时，主梁箍筋按设计规定设置，次梁在相交宽度内不设置箍筋。

【讲解 162】桩基础伸入承台内的连接构造

参见图集 11G101-3 第 85 页。

（1）桩顶应设置在同一标高（变刚调平设计除外）。

（2）方桩的长边尺寸、圆桩的直径＜ 800mm（小孔径桩）及≥800mm（大孔径桩）时，桩在承台（承台梁）内的嵌入长度，小孔径桩不低于 50mm，大孔径桩不低于 100mm；如图 6-35。

（3）桩纵向钢筋在承台内的锚固长度（抗压、抗拔桩，l_a、l_{ae}、35d、40d），规范中规定不能小于 35d，地下水位较高，设计的抗拔桩，还有单桩承载力试验时，这时一般要求不小于 40d（原规范为 l_a）；如图 6-35。

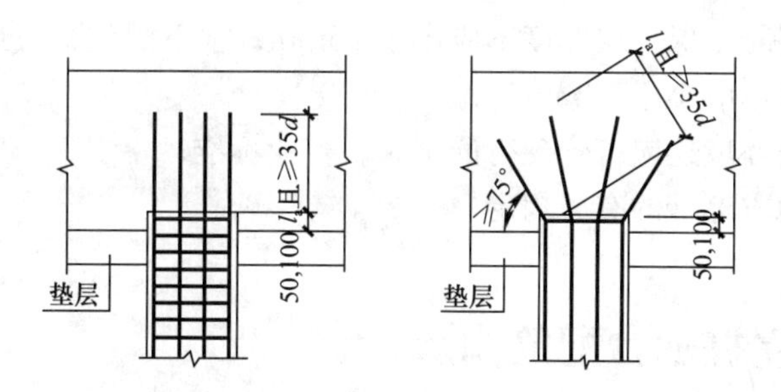

图 6-35　桩顶纵筋在承台内的锚固构造

(4) 大口径桩单柱无承台时，柱钢筋锚入大口径桩内，如人工挖孔桩，要设计拉梁。

(5) 当承台高度不满足直锚要求时，竖直锚固长度不应小于 20d，并向柱轴线方向 90°弯折 15d；如图 6-36：承台边收头构造。

(6) 当桩顶纵筋预留长度大于承台厚度时，预留钢筋在承台内向四周弯成≥75°的方式处理。如图 6-35。

【讲解 163】灌注桩钢筋的构造要求

(1) 纵向钢筋的长度：

1) 端承型和位于坡地、岸边的桩应沿桩身通长配筋；

2) 不应小于桩长的 2/3，且不得小于 2.5m；当受水平力时配筋长度不宜小于 4.0/α (α 为桩的水平变形系数)，当桩长小于 4.0/α 时应通长配筋；

3) 受负摩阻力的桩，其配筋长度应穿过软弱土层进入稳定土层，进入的深度不应小于 (2～3)d；

4) 对地震设防区的桩，桩身配筋长度应穿过液化土层和软弱土层，进入稳定土层的深度应符合相关规定；因地震作用、冻胀、膨胀力作用而受拔力的桩应通长配筋。

(2) 纵向钢筋的配筋率：

1) 最小配筋率：受压时≥0.2%～0.4%，受弯及抗震设防时≥0.4%～0.65% (小桩径取高值，大柱径取低值)；

2) 不小于 6Φ10，受水平荷载时不小于 8Φ12；

3) 嵌岩桩和抗拔桩应按计算确定配筋率，专用抗拔桩一般应通长配筋，因地震力，冻胀或膨胀力作用而受拔力的桩，按计算配通长或局部长度的抗拉钢筋。

(3) 箍筋及构造钢筋

1) 桩纵向钢筋净距不应小于 6d；

2) 箍筋宜采用螺旋箍筋或焊接环式箍筋，间距为 200～300mm；

3) 有较大水平荷载、抗震设防的桩，桩顶 5d 范围内箍筋应加密，间距不应大于 100mm；

4) 钢筋笼长度大于 4m 时，为加强其刚度和整体性能，可每隔 2m 左右设置一道焊接加劲箍筋 (通常设在纵筋内侧)；

5) 桩身直径≥1600mm 时，在加劲箍内增设三角形加劲箍筋，并与主筋焊接。

(4) 纵向钢筋混凝土保护层厚度不应小于 35mm；水下灌注桩或地下水对混凝土有侵蚀时，其保护层厚度不应小于 50mm；

(5) 在四、五类环境还应符合现行的国家、行业标准；

(6) 还应注意地方标准的有关规定。

【讲解 164】独立桩承台配筋构造

参见图集 11G101-3 第 85 页、86 页，如图 6-36、图 6-37：

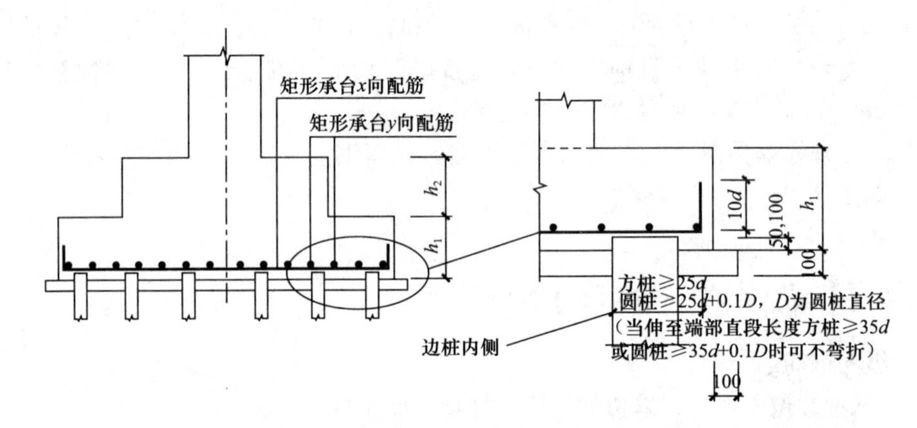

图 6-36 矩形承台配筋构造（承台边收头）

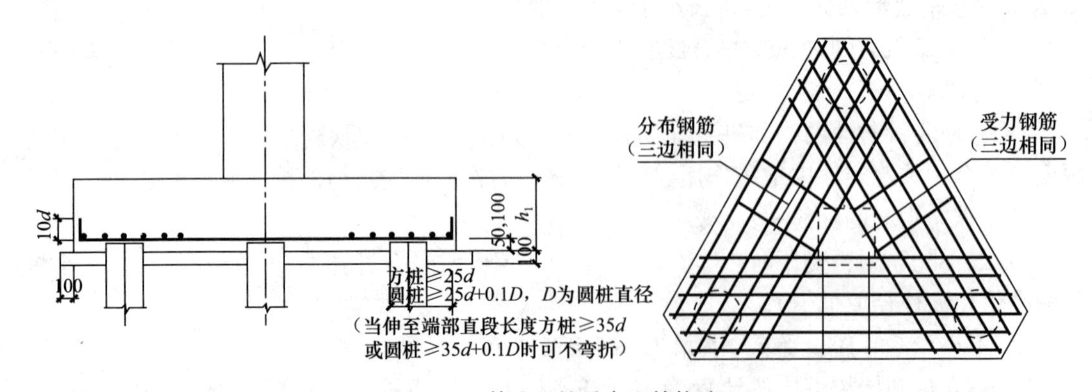

图 6-37 等边三桩承台配筋构造

(1) 桩边缘至承台边距离一般为 0.5 倍桩径，且不小于 150mm；承台最小厚度为 300mm。

(2) 纵向钢筋保护层厚度，有垫层不应小于 50mm，无垫层不应小于 70mm。

(3) 主筋直径不小于 12mm，间距不大于 200mm。

(4) 桩承台钢筋：

1) 矩形承台应双向均通长布置；

2) 三角形承台，钢筋按三角形板带均匀布置，且最里面的三根钢筋围合成的三角形应在柱截面范围内。

(5) 承台钢筋的锚固长度：

1) 锚固长度自边桩内侧算起（伸至端部满足直段长度），不应小于 $35d$；

2) 不满足时，对于方桩，可向上弯折，水平段不小于 $25d$，弯折段长度不小于 $10d$；

3) 不满足时，对于圆桩，锚固长度≥$25d+0.1D$（D 为圆桩直径）可不弯折锚固。

【讲解 165】桩承台间的联系梁构造要求

参见图集 11G101-3 第 90 页、91 页。

单桩承台宜在两个相互垂直方向设置联系梁；两桩承台，宜在其短方向设置承台梁；有抗震设防要求的柱下独立承台，宜在两个主轴方向设置联系梁；柱下独立桩基承台间的联系梁与单排桩或双排桩的条形基础承台梁不同。承台联系梁的顶部一般与承台的顶部在同一标高，承台联系梁的底部比承台的底部高，以保证梁中的纵向钢筋在承台内的锚固。

(1) 联系梁中的纵向钢筋是按结构计算配置的受力钢筋；

(2) 当联系梁上部有砌体等荷载时，该构件是拉（压）弯或受弯构件，钢筋不允许绑扎搭接；

(3) 位于同一轴线上相邻跨的联系梁纵向钢筋应拉通设置，不允许联系梁在中间承台内锚固；

(4) 承台联系梁通常在二 a 或二 b 环境中，纵向受力钢筋在承台内的保护层厚度应满足相应环境中最小厚度的要求；

(5) 承台间联系梁中的纵向钢筋在端部的锚固要求（按受力要求）：从柱边缘开始锚固，水平段不小于 $35d$，不满足时，上、下部的钢筋从端边算起 $25d$，上弯 $10d$；（与承台钢筋相同）

(6) 联系梁中的箍筋，在承台梁不考虑抗震时，是不考虑延性要求的，所以一般不设置构造加密区，两承台梁箍筋，应有一向截面较高的承台梁箍筋贯通设置，当两向承台梁等高时，可任选一向承台梁的箍筋贯通设置。

【讲解 166】桩基承台平法标注举例

例 1：△XX⌀XX@XXX×3/Φ XX@XXX

(1) 以 B 打头注写底部配筋，以 T 打头注写顶部配筋；

(2) 矩形承台 X 向配筋以 X 打头，Y 向配筋以 Y 打头；当两向配筋相同时，则以 X&Y 打头；

(3) 当为等边三桩承台时，以“△”打头，注写三角布置的各边受力钢筋（注明根数并在配筋值后注写“×3”），在“/”后注写分布钢筋。

例 2：△XX⌀XX@XXX+XX⌀XX@XXX×2/Φ XX@XXX

当为等腰三桩承台时，以“△”打头注写在等腰三角形底边钢筋＋两对称斜边的受力钢筋（注明根数在两对称配筋值后注写“×2”），在“/”后注写分布钢筋。

其他规定：

(1) 两桩承台可按承台梁进行标注；

(2) 当为多边形承台或异形独立承台，且采用X向和Y向正交配筋时，注写方式与矩形独立承台相同；

(3) 应将承台底面标高标注在括号内，在具体工程中应当清楚设计所注承台竖向定位，指的是顶面还是底面，是相对于建筑正负零的标高还是相对于桩基承台基准标高的相对高差；

(4) 承台梁的原位标注：

1) 承台梁配筋，当具体设计采用两种箍筋间距时，用“/”分隔不同箍筋的间距，要求设计指定其中一种箍筋间距的布置范围，不再是原平法从基础梁两端向跨中的顺序注写，及先注写第一种箍筋（加注箍筋道数）的说法，强调以适当方式表达，回避了基础梁两端的含义不确切问题；

2) 承台梁底面标高，当承台梁底面标高与桩基承台底面基准标高不同时，应将承台梁底面标高标注在括号内，具体工程中都应当清楚设计所注承台竖向定位，指的是顶面还是底面，是相对于建筑正负零的标高还是相对于桩基承台基准标高的相对高差；

3) 当在承台梁上集中标注的某项内容（如截面尺寸、箍筋、底部与顶部贯通纵筋或架立筋、梁侧面纵向构造钢筋、梁底面标高等）不适用于某跨或某外伸部位时，将其修正内容原位标注在该跨或该外伸部位，施工时原位标注取值优先；

4) 附加箍筋（反扣）吊筋的几何尺寸应参照图集11G101-3第71页标准构造详图，结合其所在位置的主梁和次梁的截面尺寸而定。

【讲解167】箱形基础的概念

原箱形基础平法图集08G101-5，本次新平法规范修订合并后基本取消了。

(1) 要求设计者按设计文件深度规定，在图中应注明基础形式。

(2) 箱形基础由底板、顶板、侧墙及一定数量的内隔墙组成的单层或多层的基础形式。

(3) 墙体水平截面积的要求：

1) 总截面面积不宜小于基础外墙外包面积的1/10；

2) 当基础平面长宽比大于4时，纵墙截面面积不得小于1/18。

(4) 箱形基础高度不小于基础结构单元长度的1/20（不含悬挑长度），且不小于3m。

(5) 基础的厚度不应小于300mm，外墙不应小于250mm，内墙的厚度不应小于200mm。

(6) 箱形基础的顶板和底板的计算：

1) 当土层均匀，上部结构为较规则的剪力墙、框架、框架一剪力墙体系时，按局部弯曲计算确定；

2) 不满足上述要求时，应同时考虑局部弯曲及整体弯曲计算的要求；

3) 计算整体弯曲时应考虑上部结构与箱形基础的共同工作。

(7) 当箱形基础的长度超过40m，未采取特殊的措施时，应间隔20～40m设置贯通施工后浇带。

【讲解 168】地下室外墙纵向钢筋在首层楼板的连接做法

参见图集 11G101-1 第 77 页。

（1）当箱形基础上部无剪力墙时，纵向钢筋伸入顶板内不小于 $l_{ae}(l_a)$，且水平段投影长度不小于 15d。当筏形基础地下室顶板作为嵌固部位时，也应按此法连接，楼板钢筋做法另外详述；如图 6-38。

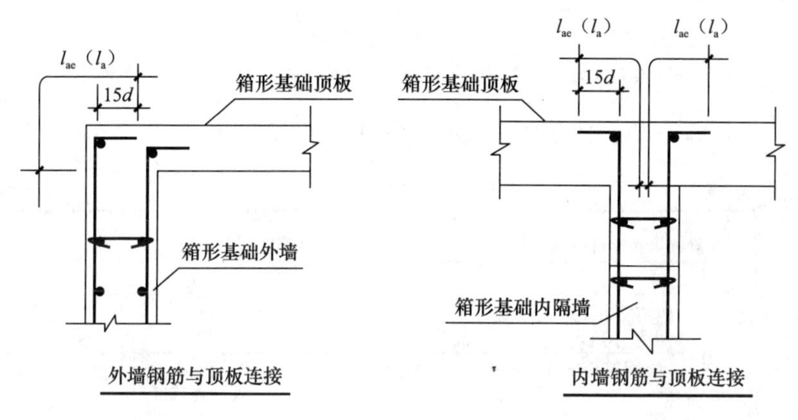

图 6-38　钢筋与顶板连接

（2）当上部有混凝土墙时，纵向钢筋可贯通，或下层纵向钢筋伸至上层墙体内，按剪力墙底部加强区连接方式。下部墙体不能贯通的纵向钢筋，应水平弯折投影长度不小于 15d；上部插筋的长度应满足不小于 $l_{ae}(l_a)$；如图 6-39。

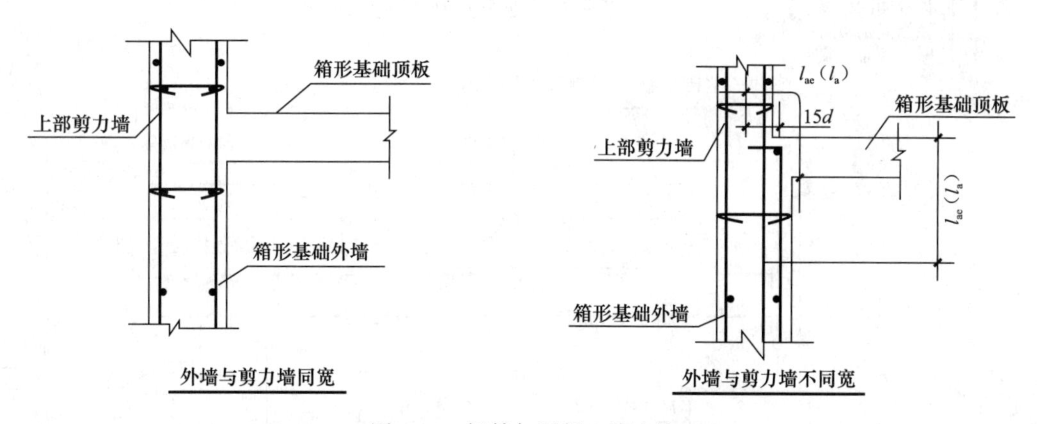

图 6-39　钢筋与混凝土墙连接

（3）顶板与混凝土外墙按铰接计算时，外墙纵向钢筋应伸至板顶，弯折后的水平直线段长度不小于 12d；如图 6-40（a）。

（4）地下室顶板作为外墙的弹性嵌固支承点时，外墙与板上部钢筋可采用搭接连接方式，板下部钢筋、墙内侧钢筋水平弯折的投影长度不小于 15d；如图 6-40（b）。

（5）外墙与地下室顶板的连接方式，在本图集内提供有“顶板作为外墙的简支支撑”、“顶板作为外墙的弹性嵌固支撑”两种节点做法，应在设计文件中明确。

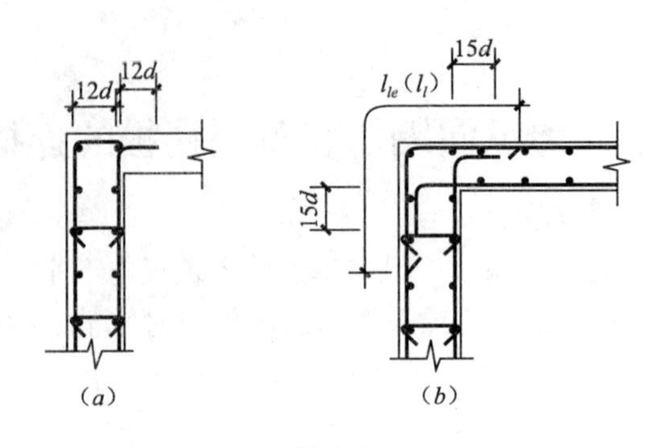

图 6-40

（a）顶板作为外墙的简支支承；（b）顶板作为外墙的弹性嵌固支承

（6）地下室外墙 DWQ 钢筋构造：如图 6-41：

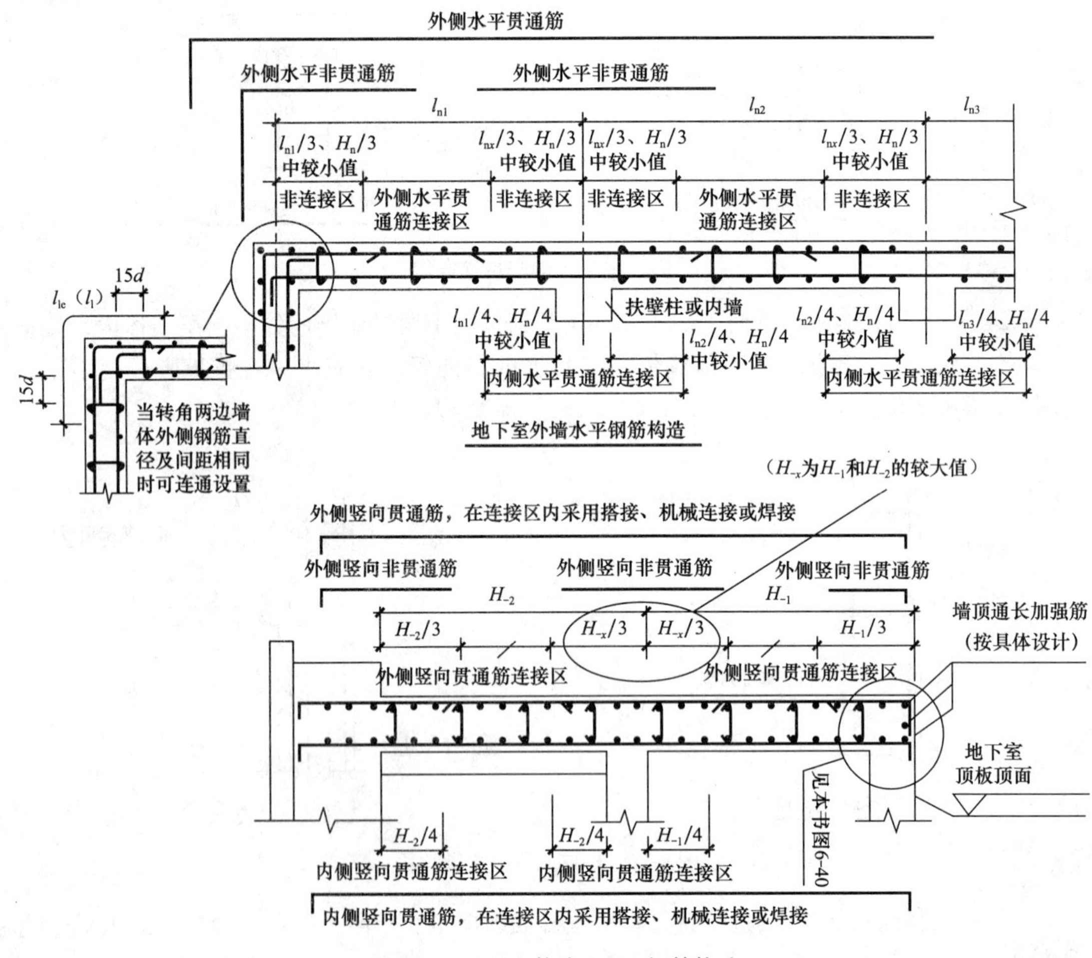

图 6-41　地下室外墙 DWQ 钢筋构造

1）水平非贯通筋的非连接区长度确定：端支座取端跨 1/3 长或 1/3 本层层高之间的较小值，中间跨取相邻水平跨的较大净跨值 1/3 长或 1/3 本层层高之间的较小值作为单边计算长；（注意跨长为轴线之间的长度，层高为新增的条件）

2）外侧垂直非贯通筋的非连接区长度确定：当设计没有单独说明时，顶层和底层按各自楼层的 1/3 层高计取；中间层按相邻层高大的楼层的 1/3 层高计取。内侧垂直非贯通筋的连接区位置确定：在基础或楼板的上下 1/4 层高处，地下室顶板处不考虑；

3）扶壁柱、内墙是否作为地下室外墙的平面外支承应由设计人员根据工程具体情况确定，并在设计文件中明确；当扶壁柱、内墙不作为地下室外墙的平面外支承时，水平贯通筋的连接区域不受限制；

4）地下室外墙竖向钢筋的插筋，在原平法规范中作为“箱形基础”构造，作为箱形墙体的内柱，除柱四角纵筋直通到基底外，其余纵筋伸入顶板底面下 40d；外柱与上部剪力墙相连的柱及其他内柱的纵筋应直通到基底。在新平法中，没有特别说明，可以参照混凝土墙竖向钢筋在基础内的锚固构造。

【讲解 169】混凝土墙竖向钢筋在基础内的锚固

参见图集 11G101-3 第 58 页。

（1）墙柱的纵向钢筋遇筏形基础，要贯通基础梁而插入筏板顶部，并应从梁上皮起满足锚固长度 l_{abE}或 l_{ab}的要求，插筋的下段宜做成直钩，放在基础梁底部纵筋上，直钩长度分不同情况判定（原平法规范为 150mm）。

（2）墙竖向钢筋在锚固区内的保护层厚度＞5d：（柱插筋保护层厚度是指：纵筋（竖直段）外侧距基础边缘的厚度）如图 6-42（一）：

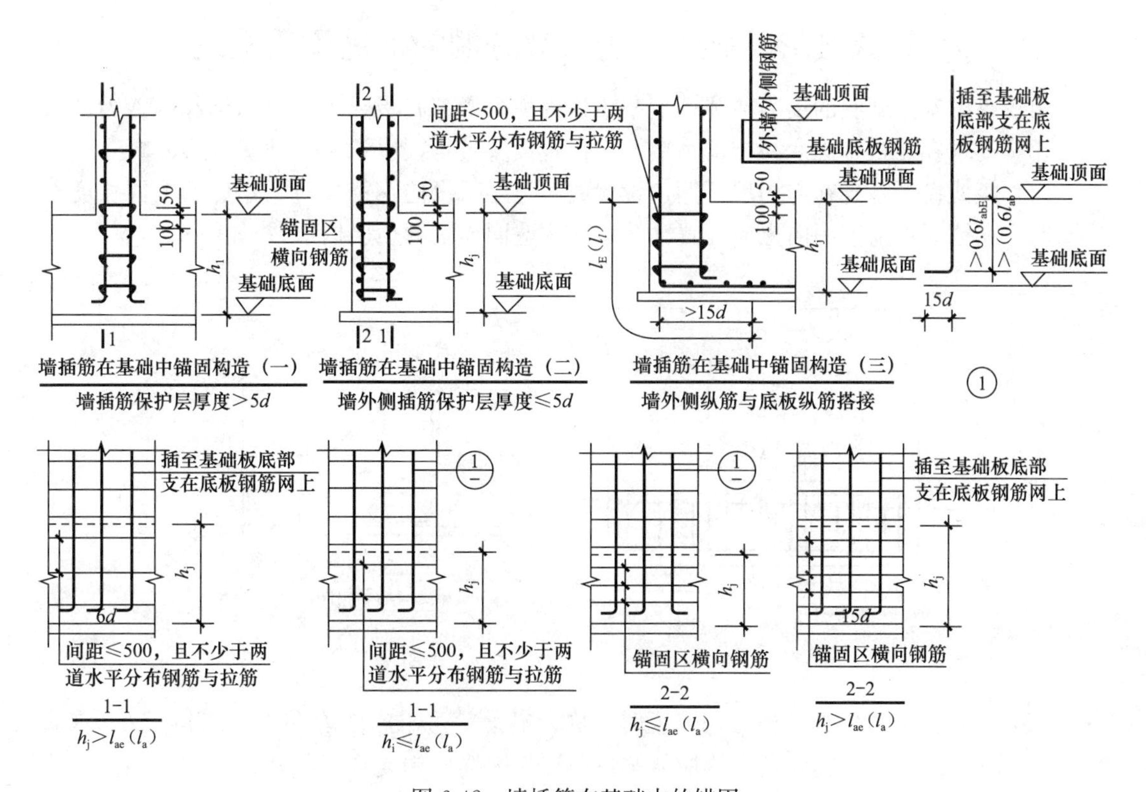

图 6-42　墙插筋在基础中的锚固

1）筏板厚度满足直锚要求，直锚应满足 $0.7l_{ae}(0.7l_a)$，且伸至基础底板钢筋网片，水平弯折的投影长度不小于 $6d$；

筏板厚度不满足直锚要求，应弯锚，弯锚时竖直段应≥$0.6l_{abe}(0.6l_{ab})$，且伸至基础底板钢筋网片，水平弯折的投影长度不小于 $15d$；

2）固定水平分布钢筋与拉筋不少于两道且间距不宜大于 500mm。

（3）墙竖向钢筋在锚固区内的保护层厚度 $3d$～$5d$：如图 6-42（二）：

1）筏板厚度满足直锚要求，竖向钢筋应伸至板底且应满足 $0.8l_{ae}(0.8l_a)$，水平弯折 $15d$；

筏板厚度不满足直锚要求，应弯锚，弯锚时竖直段应≥$0.6l_{abe}(0.6l_{ab})$，且伸至基础底板钢筋网片上，水平弯折的投影长度不小于 $15d$；

2）在锚固区应布置横向构造钢筋，直径≥$d/4$（d 为插筋最大直径），间距≤$10d$（d 为插筋最小直径）且≤100mm。

（4）外墙外纵筋与底板底筋搭接：如图 6-42（三）：

1）外墙外侧钢筋伸至底板钢筋网与底板下部钢筋搭接连接满足 $l_{le}(l_l)$，且水平段不小于 $15d$；

2）内侧钢筋按直锚及弯锚要求；

3）采用此种连接作法时，应在设计文件中明确，筏板基础较薄时或无基础梁等，这时可采用搭接做法处理。

【讲解 170】板式筏形基础中，剪力墙开洞的下过梁的构造

由于筏形基础基底的反力或弹性地基梁板内力分析，底板要承受反力引起的剪力、弯矩作用，要求在筏板基础底板上剪力墙洞口位置设置过梁，以承受这种反力的影响。

（1）板式筏形基础在剪力墙下洞口设置的下过梁，纵向钢筋伸过洞口后的锚固长度不小于 l_a，在锚固长度范围内也应配置箍筋（此构造同连梁的顶层构造）；如图 6-43。

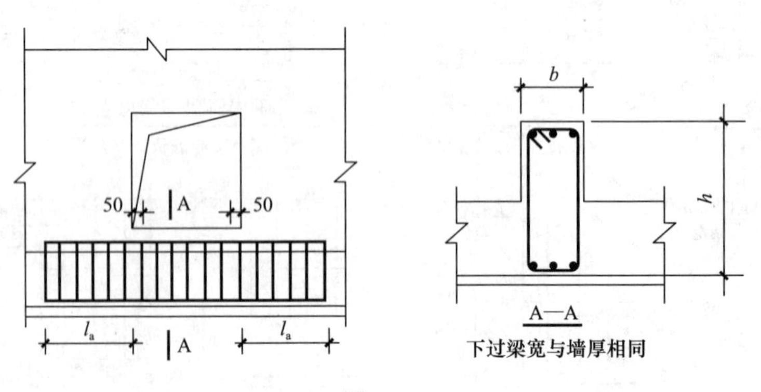

图 6-43

（2）下过梁的宽度大于剪力墙厚度时（称为扁梁），纵向钢筋的配置的范围应在 b（墙厚）$+2h_0$（板厚）内，锚固长度均应从洞口边计，箍筋应为复合封闭箍筋，在锚固长度范围内也应配置箍筋。如图 6-44。

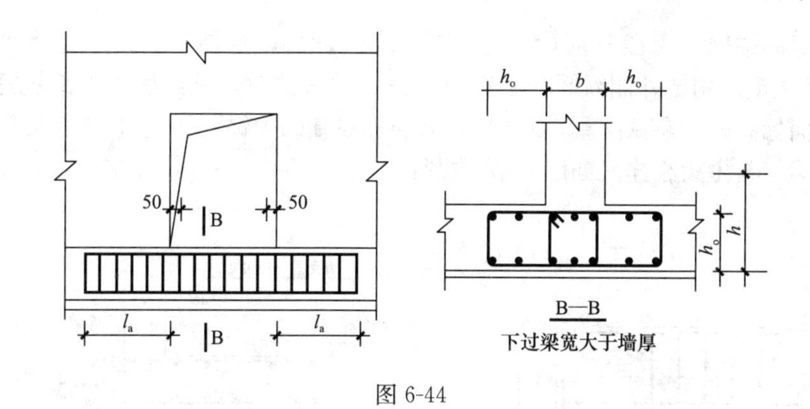

图 6-44

【讲解 171】梁板式与平板式筏形基础，受力钢筋在端支座处无外伸构造

参见 11G101-3 第 80 页、84 页。

(1) 梁筏式基础主梁（梁筏形基础中与框架柱相交的梁，称为主梁）端支座处构造，如图 6-45。

上部钢筋（正弯矩钢筋）满足 l_a 时，可不弯折；不满足直锚时，应伸至端部下弯 $15d$ 水平投影长度；

下部钢筋（负弯矩钢筋）充分利用钢筋的抗拉强度时，水平段应满足 $0.6l_{ab}$，且伸至对边上弯水平投影长度 $15d$；

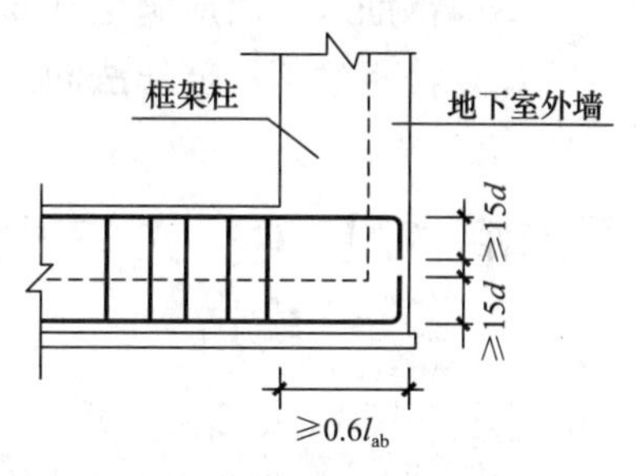

图 6-45 梁筏式基础主梁端支座处构造

梁筏式筏基端部构造，如图 6-46 左图：上部钢筋伸入端部≥$12d$，且至少过梁中线；下部钢筋锚固同上；

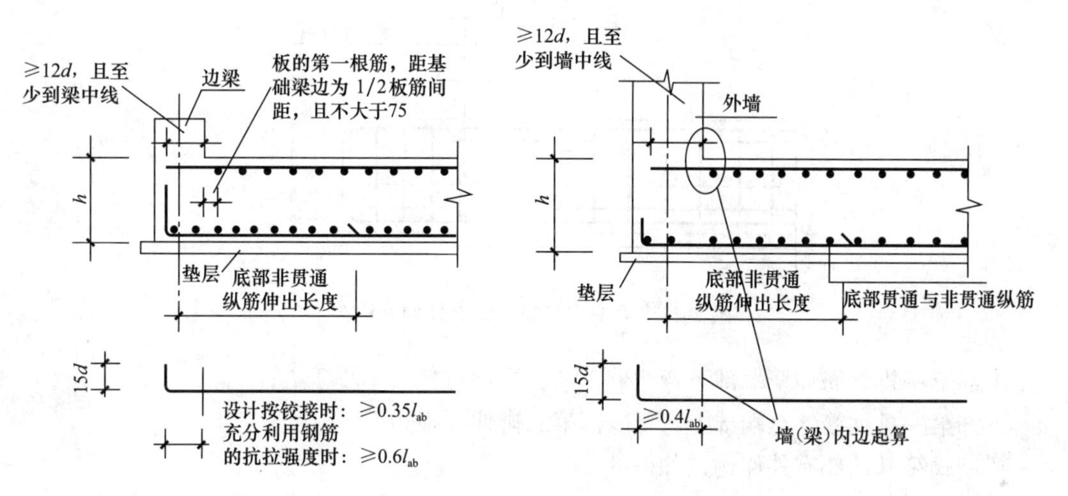

图 6-46 梁筏式筏基端部无外伸构造（左图）、平板式筏基端部无外伸构造（右图）

平板式筏基端部无外伸构造，如图 6-46 右图：上部钢筋伸入端部≥$12d$，且至少过墙

中线；下部钢筋锚固水平段从墙内边起算应满足 $0.4l_{ab}$，且伸至对边上弯水平投影长度 $15d$；当设计指定采用墙外侧纵筋与底板纵筋搭接的做法时，基础底板下部钢筋弯折段应伸至基础顶面标高处，参见图集 11G101-3 墙插筋在基础中锚固构造（三），见图 6-42。

（2）次梁（与主梁相连）如图 6-47 左图：

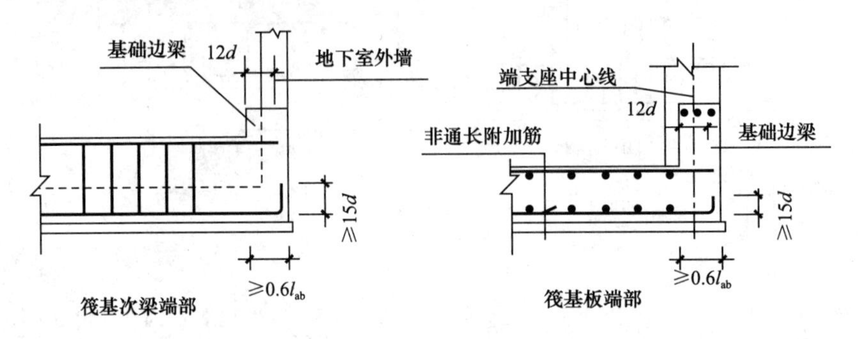

图 6-47

上部钢筋满足 $12d$ 且到边梁中心线处；

下部钢筋水平段应满足 $0.6l_{ab}$，且伸至对边上梁主筋内侧上弯水平投影段 $15d$。

（3）筏板端部配筋作法同次梁。如图 6-47 右图。

【讲解 172】梁板式与平板式筏形基础，受力钢筋在端支座处有外伸构造

参见 11G101-3 第 80 页、84 页。

（1）梁筏式基础主梁有外伸处构造，如图 6-48：

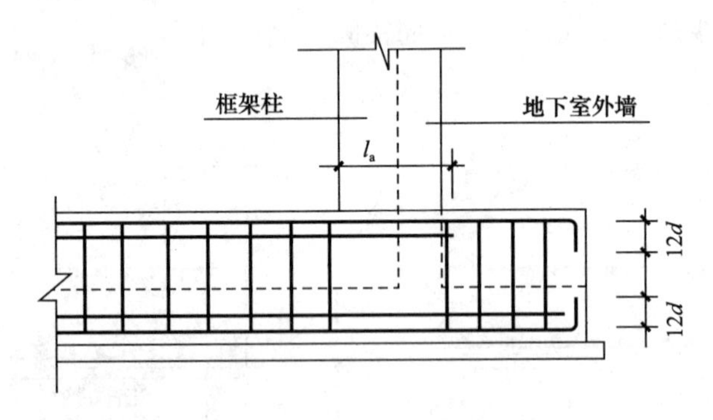

图 6-48 梁筏式基础主梁有外伸处构造

上部第一排钢筋伸至端部下弯 $12d$，第二排伸过柱边不小于 l_a；

下部第一排钢筋伸至端部上弯 $12d$，第二排伸至板边。

梁筏式筏基端部有外伸构造如图 6-49：

平板式筏基端部有外伸构造如图 6-50：

（2）次梁（与主梁相连外挑），如图 6-51 左图：

上部钢筋伸至端部下弯 $12d$；

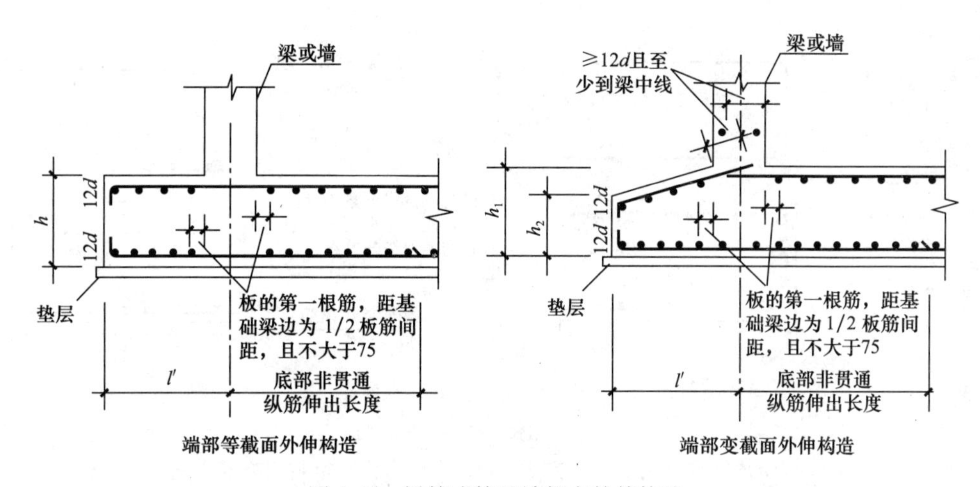

图 6-49　梁筏式筏基端部有外伸构造

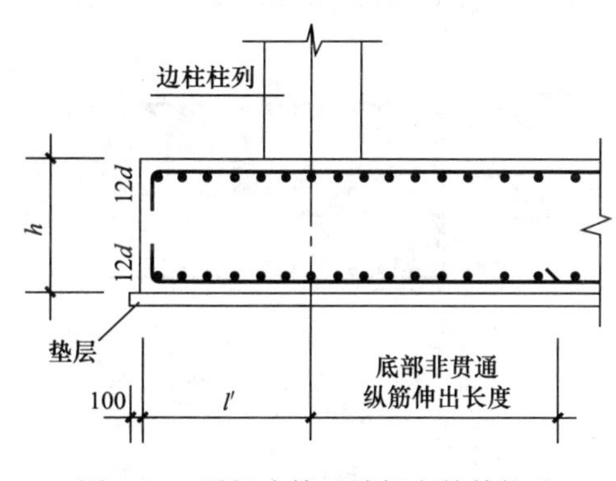

图 6-50　平板式筏基端部有外伸构造

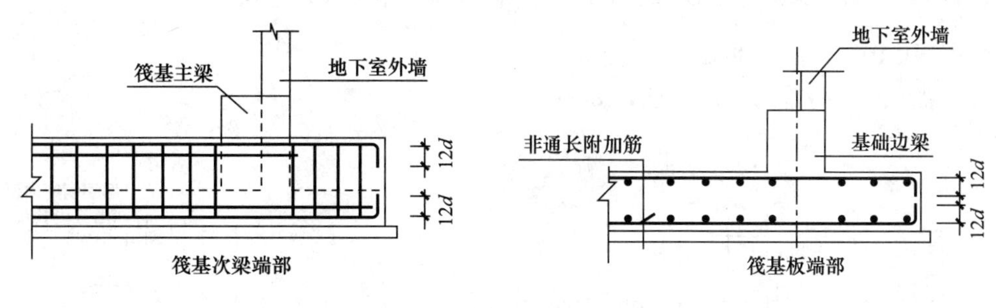

图 6-51

下部第一排钢筋伸至端部上弯 $12d$，第二排伸至板边。

(3) 筏板端部配筋作法同次梁，如图 6-51 右图，并采用 U 形钢筋封边或底部与顶部纵筋弯钩交错 150mm，如图 6-52。

(4) 板边缘侧面封边构造同样适用于基础梁外伸部位，采用何种做法由设计指定，当设计未指定时，施工单位可根据实际情况自选一种做法。

(5) 当筏形基础平板厚度大于 2000mm 时，应在中间层设置双向温度钢筋网片，在板的封边处应弯折，弯折后的竖向尺寸应不小于 $12d$。见图 6-53，中层筋端头构造。

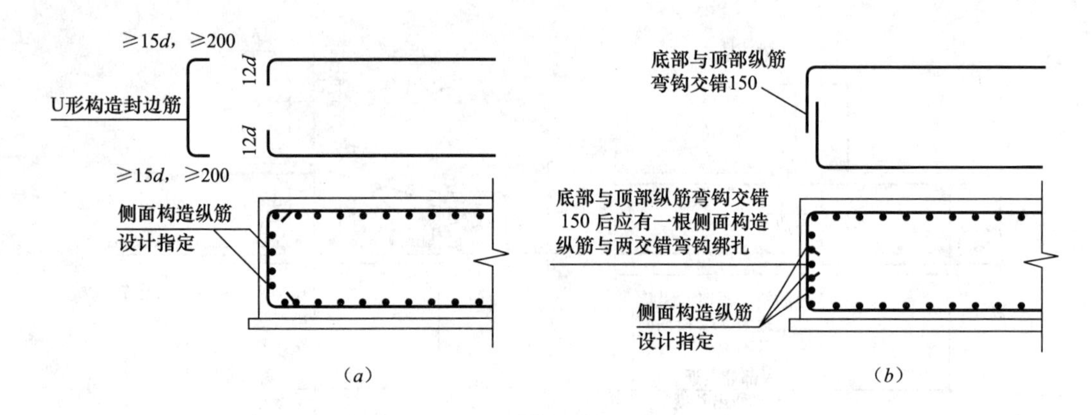

图 6-52
(*a*) U 形筋构造封边方式；(*b*) 纵筋弯钩交错封边方式

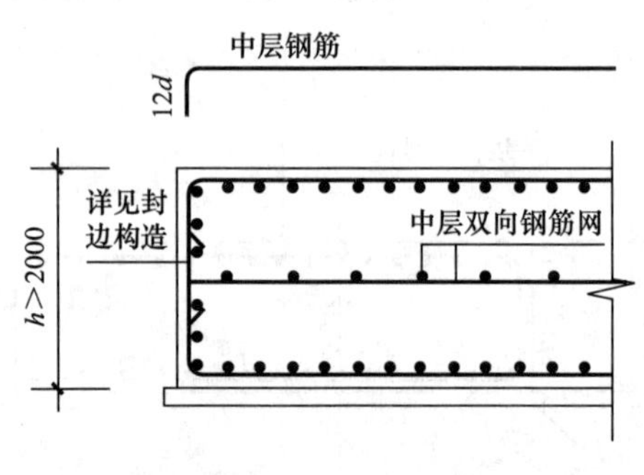

图 6-53　中层筋端头构造

【讲解 173】梁板式筏形基础，主梁有高差时的构造

参见 11G101-3 第 80 页。

(1) 梁顶面有高差的上部钢筋，如图 6-54。

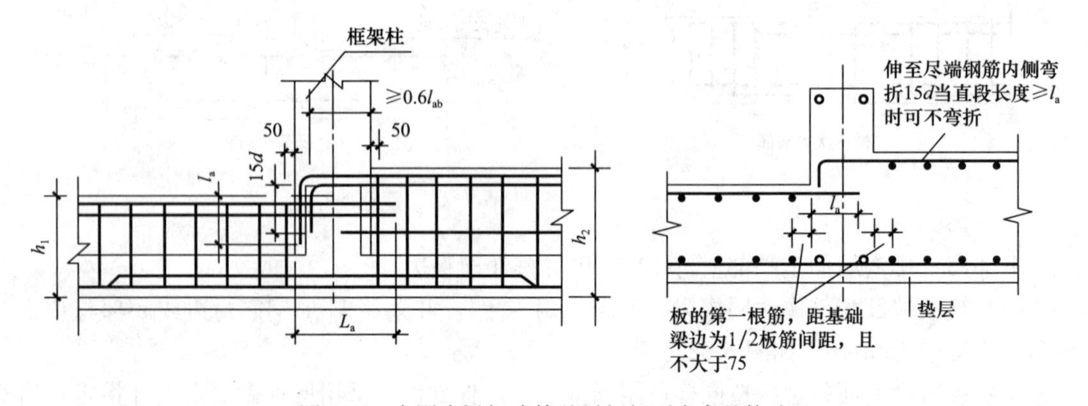

图 6-54　右图为梁板式筏基平板板顶有高差构造

1) 较低梁伸入较高梁内锚固 l_a；

2) 较高梁第一排钢筋伸入柱内竖向长度不小于 l_a，第二排钢筋满足直锚可不弯折，否则伸至柱远端纵向钢筋内侧下弯 $15d$。

（2）梁下面有高差的下部钢筋，如图 6-55：

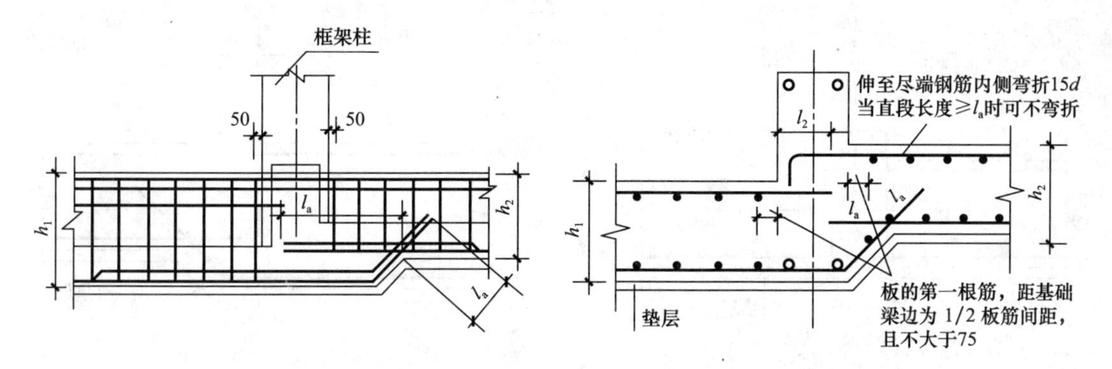

图 6-55　右图为梁板式筏基平板板底、板顶均有高差构造

1）较低梁伸入较高梁内锚固 l_a；

2）较高梁弯入较低梁内，从变截面处计长度不小于 l_a。

（3）梁宽度不同，如图 6-56：

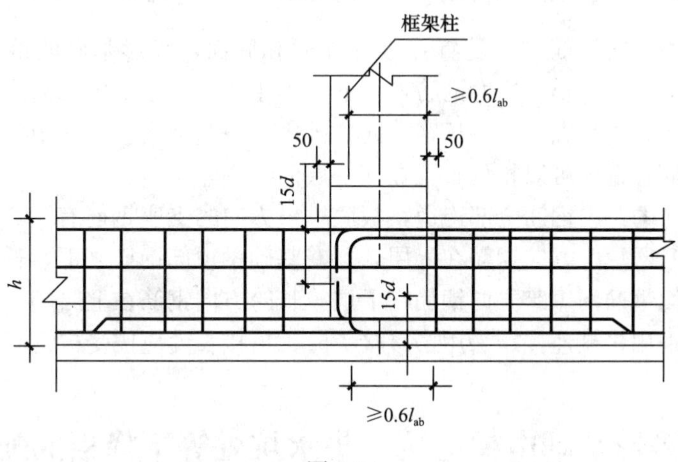

图 6-56

1）能拉通的钢筋应拉通设置；

2）不能拉通的钢筋，可在柱内锚固，满足直锚时端部可不弯折，采用 90°弯锚时，应符合弯锚的规定。

【讲解 174】板式筏形基础的基础平板在变截面处受力钢筋的构造

参见图集 11G101-3 第 83 页。

（1）板上部不平，如图 6-57：

1）板面较低的上部受力钢筋伸至板面较高的板内锚固长度不小于 l_a；

2）较高板上部受力钢筋应伸至变断面处下弯，并从较低板面向下的锚固长度为 l_a。

应用场景：如主楼与裙房，主楼采用筏板基础，裙房采用防水板。

（2）板下部不平，如图 6-58：

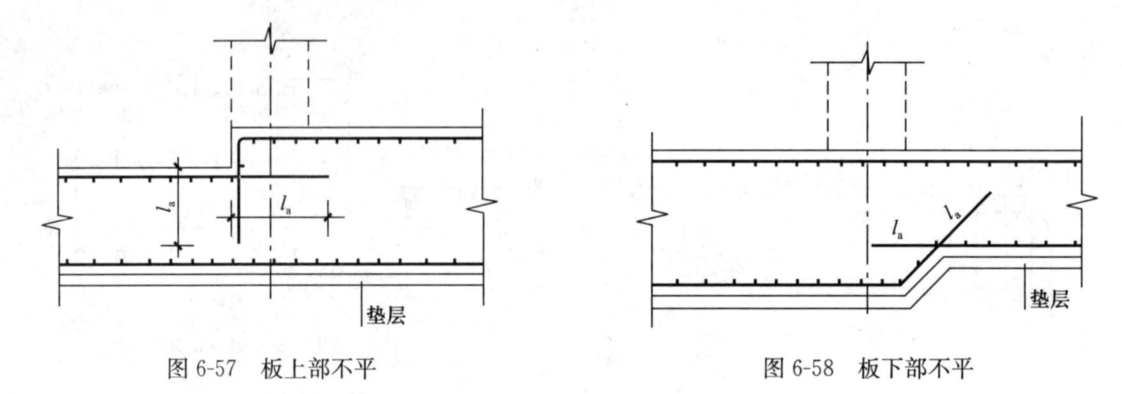

图 6-57　板上部不平　　图 6-58　板下部不平

1）较高底板的下部受力钢筋从断面改变处伸至较低板内锚固，锚固长度不小于 l_a；

2）较低板的下部受力钢筋在较高断面改变处伸至板内的长度为 l_a。

【讲解 175】筏形基础钢筋配置顺序及纵向受力钢筋施工时注意事项

筏形基础采用双向钢筋网片配置在板的顶面和底面，筏形基础的钢筋间距不应小于150mm，宜为 200～300mm，受力钢筋直径不宜小于 12mm。顶平梁板式筏形基础构件钢筋配置顺序：短跨方向基础主梁→长跨方向基础主梁→基础底板，其中基础底板顶筋和基础梁顶部纵向钢筋、箍筋可以相隔布置在同一层面。

板顶纵横方向的跨中钢筋全部连通，板底纵横方向的支座钢筋有 1/2～1/3 贯通全跨；基础底板顶面钢筋网短跨方向钢筋在上层，并在基础梁顶部钢筋之下，长跨方向钢筋在下层；基础底板底面钢筋网短跨方向钢筋在下层，长跨方向钢筋在上层。

钢筋接头宜采用机械连接；采用搭接接头时，搭接长度应按受拉钢筋考虑。

【讲解 176】筏形基础电梯地坑、集水坑处等下降板的配筋构造

参见图集 11G101-3 第 94 页，如图 6-59。

（1）坑底的配筋应与筏板相同，基坑同一层面两向正交钢筋的上下位置与基础底板对应相同，基础底板同一层面的交叉纵筋上下位置，应按具体设计说明；

（2）受力钢筋应满足在支座处的锚固长度，基坑中当钢筋直锚至对边＜l_a 时，可以伸至对边钢筋内侧顺势弯折，总锚固长度应≥l_a；

（3）斜板的钢筋应注意间距的摆放，根据施工方便，基坑侧壁的水平钢筋可位于内侧，也可位于外侧；

（4）当地坑的底板与基础底板的坡度较小时，钢筋可以连通设置不必各自截断并分别锚固（坡度不大于 1∶6）；

（5）在两个方向配筋的交角处的三角形部位应增加附加钢筋（放射钢筋），在这个部位，很多工程没有配置，只有水平钢筋没有竖向钢筋。如图 6-60。

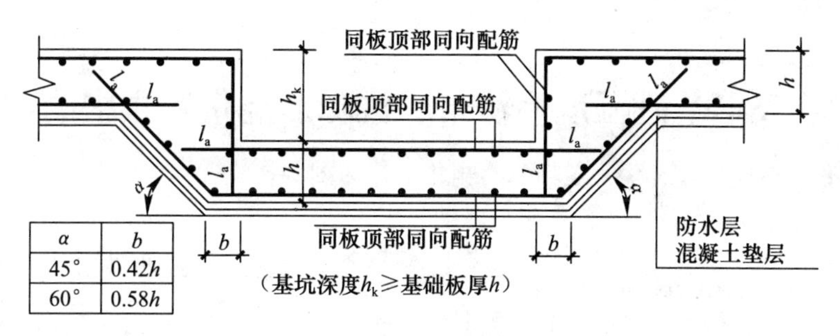

α	b
45°	0.42h
60°	0.58h

（基坑深度h_k≥基础板厚h）

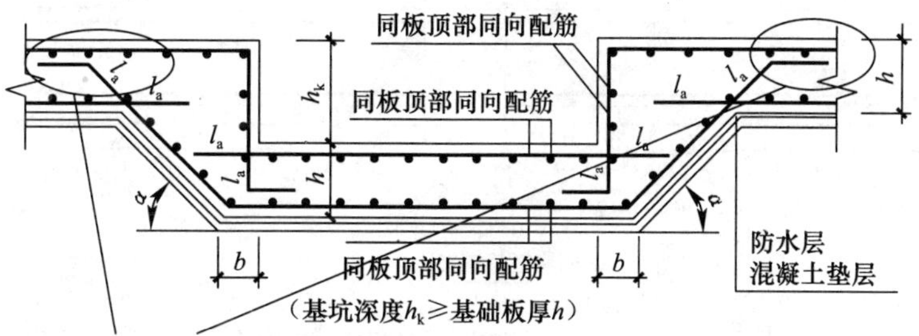

（基坑深度h_k≥基础板厚h）

钢筋直锚至对边＜l_a时，伸至对边钢筋内侧顺势弯折，总锚固长度应≥l_a

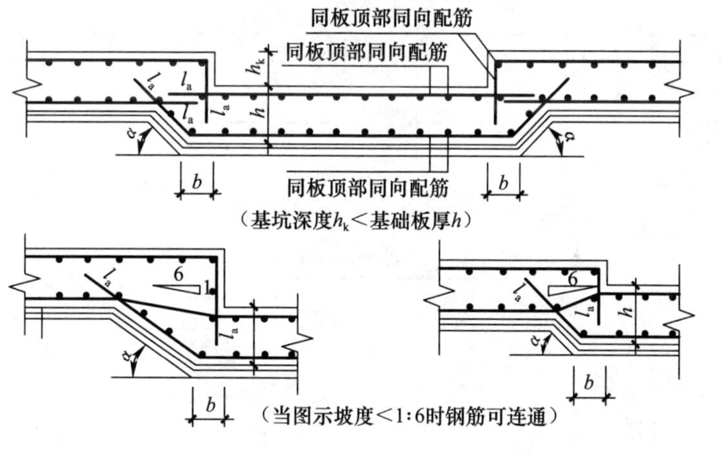

（基坑深度h_k＜基础板厚h）

（当图示坡度＜1:6时钢筋可连通）

图6-59　基坑构造

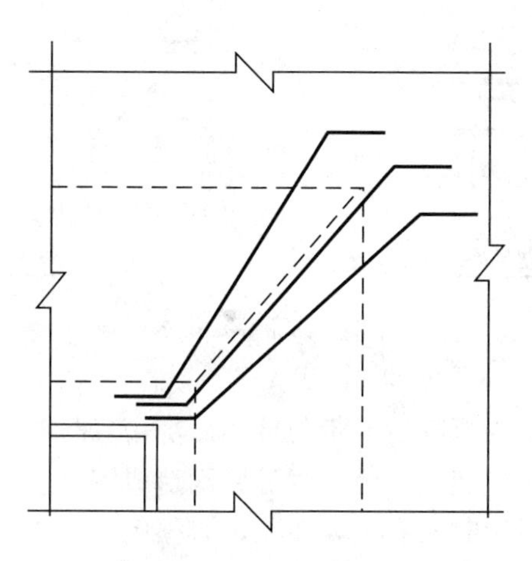

图6-60　两个方向配筋交角处的三角形部位应增加附加钢筋

【讲解 177】筏形基础温度后浇带、沉降后浇带筏板中的钢筋构造

参见图集 11G101-3 第 93、94 页，如图 6-61、图 6-62：

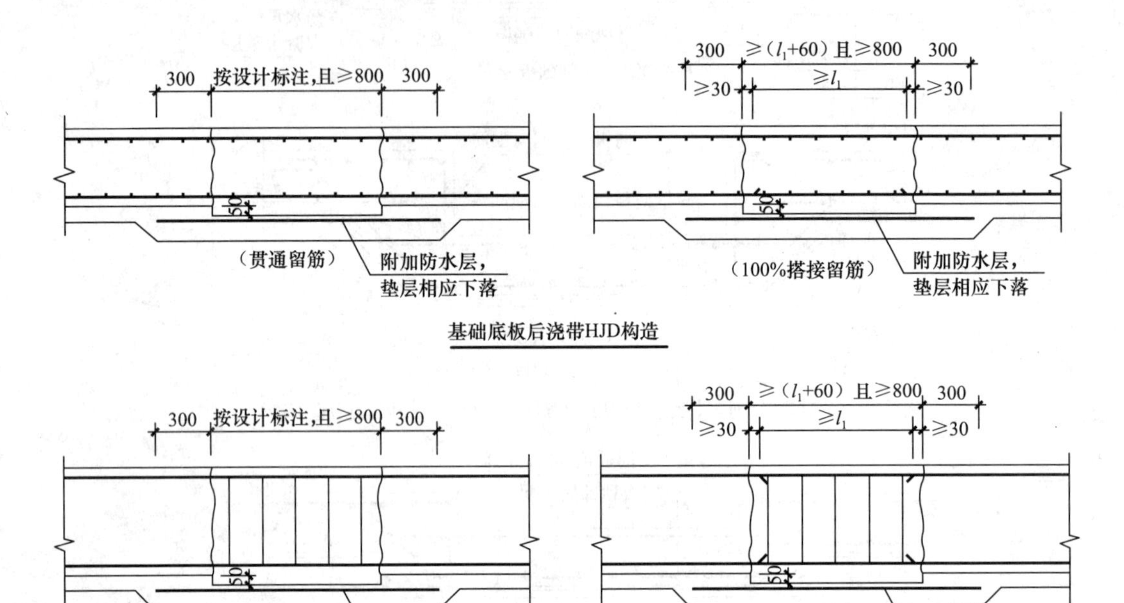

图 6-61　基础底板与基础梁后浇带构造

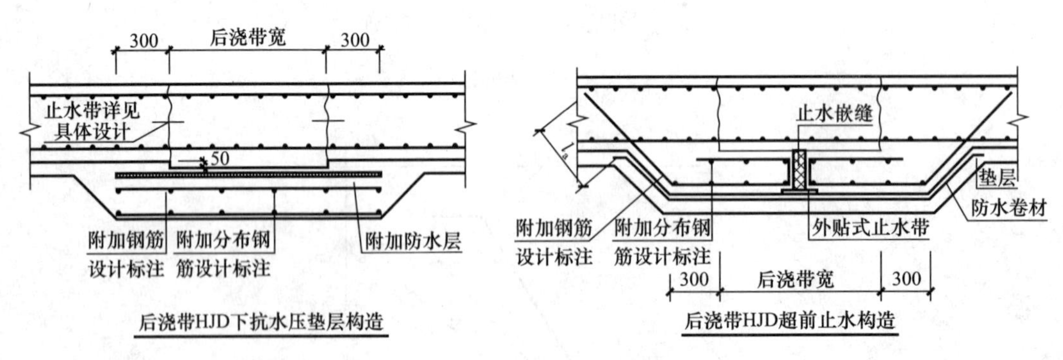

图 6-62　后浇带处止水措施

(1) 后浇带设计可以分为沉降后浇带与伸缩后浇带：

沉降后浇带为了解决相连建筑物因高度等原因造成沉降量不同而设置，与建筑物尺寸没有直接关系，和建筑物封顶时间有主要关系，必须等主体封顶，沉降稳定后，一般应保留至主体结构完成后 1 个月再进行施工。

伸缩后浇带解决施工中混凝土收缩等问题而设置，与建筑物长度有关系，与后浇带设置部位浇筑混凝土时间有主要关系，等到后浇带两侧混凝土浇筑完毕60天后达到验收强度就可以施工。

(2) 后浇带设置的部位和最小宽度，应根据设计要求确定。

(3) 板中钢筋在后浇带处，可以采用“贯通连接”和“100%搭接留筋”两种方式连接。

(4) 后浇混凝土施工要求：

后浇带处混凝土施工前，先将两侧木模或细铁丝网拆除，清理表面较松散的混凝土，表面凿毛，湿润48h以上，并检查模板是否漏浆；再附加一层防水涂料，且按设计要求在底板后浇带处还加设一层混凝土垫层，内配双向钢筋网；为保证接缝严密，经筛选采用UEA作为外加剂配制补偿收缩混凝土（掺入量为水泥用量的10%～12%，它可使混凝土产生0.04%～0.06%的膨胀率），能有效提高混凝土的抗压强度，并有利于混凝土的长期强度稳定发展，后浇带处的混凝土强度等级应比两侧先浇混凝土强度等级提高一级；后浇混凝土与两侧先浇混凝土的施工间隔时间至少为2个月，后浇的补偿收缩混凝土在两侧先浇混凝土及钢筋的限制下因膨胀使混凝土内部密实，并与两侧先浇混凝土相接密实，成为整体的无缝结构；混凝土终凝后即进行麻袋覆盖兼浇水养护，养护时间一般不小于14d；高层建筑施工周期较长，沉降后浇带存在的时间也较长，应预留空间便于清理建筑垃圾。

(5) 有防水和抗浮要求时，后浇带处的处理：

利用基坑内布置的深井井点不间断降水，使地下水位始终保持在底板以下以保证地下室结构不至于因水的浮力而产生裂缝；

后浇带处可采用抗水压垫层和超前止水构造。

(6) 筏板钢筋全断开的钢筋搭接要求：$l_l=1.6l_a$，过后浇带的锚固长度不小于l_a。

(7) 沉降后浇带应自基础开始，直至裙房屋顶，每层皆留（地下室防水板也应设置）。应注意留缝后对于梁的抗剪承载力的影响。

(8) 设计文件中应注明：后浇带两侧的构件妥善支撑，并应注意由于留后浇带可能引起各部分结构的承载力问题与稳定问题；

(9) 基础梁后浇带的做法，见图集11G101-3第93页：

基础梁后浇带两侧可采用钢筋支架单层钢丝网或单层钢板网隔断，当后浇混凝土时，应将其表面浮浆剔除，后浇带下设抗水压垫层构造。

【讲解178】防水底板钢筋在扩展基础中的锚固

参见图集11G101-3第97页，如图6-63。

1. 当采用低、中板位时，下部钢筋在基础中锚固长度为l_a；

2. 基础顶面无配筋时，防水板上部钢筋在基础内应贯通，有配筋时，在基础内锚固l_a；

3. 当基础梁、承台梁、基础联系梁或其他类型的基础宽度≤l_a时，可将受力钢筋穿越基础后在其连接区域内连接。

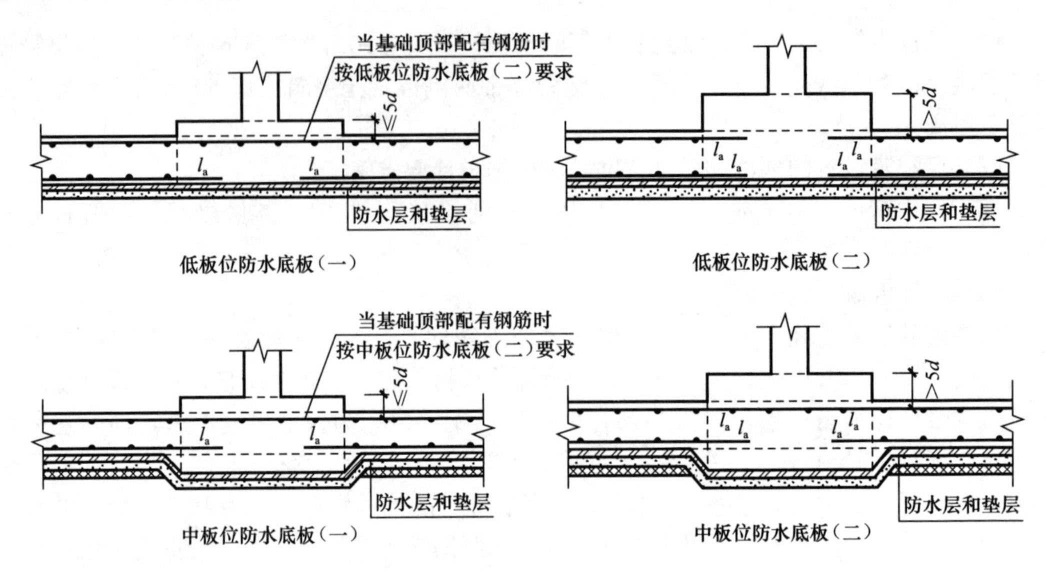

图 6-63　11G101-3 第 97 页截图

【讲解 179】梁板式筏形基础平法标注举例

基础梁平法标注同条形基础：

加腋梁加腋部位钢筋注写：

例 1：加腋梁端（支座）处注写为 Y4⌀25，表示加腋部位斜纵筋为 4⌀25。

板区划分条件：

板厚相同、基础底板底部与顶部贯通纵筋配置相同的区域为同一板区。

基础平板跨数划分：

以构成柱网的主轴线为准，两主轴线之间无论有几道辅助轴线（例如框筒结构中混凝土内筒中的多道墙体）均可按一跨考虑。

贯通纵筋注写：

例 2：X：B⌀22@150；T⌀20@150；(5B)

　　　Y：B⌀20@200；T⌀18@200；(7A)

表示基础平板 X 向底部配置⌀22 间距 150 的贯通纵筋，顶部配置⌀20 间距 150 的贯通纵筋，纵向总长度为 5 跨两端有外伸；Y 向底部配置⌀20 间距 200 的贯通纵筋，顶部配置⌀18 间距 200 的贯通纵筋，纵向总长度为 7 跨一端有外伸。

板底部附加非贯通纵筋注写：

应在配置相同跨第一跨表达（当在基础梁悬挑部位单独配置时则在原位表达），向两边跨内的伸出长度值注写在中粗虚线段的下方位置。

底部附加非贯通筋与集中标注的底部贯通筋注写（隔一布一）

例 3：原位注写的基面平板底部附加非贯通纵筋为⑤⌀22@200（3），该 3 跨范围集中标注的底部贯通纵筋为 B⌀22@300，在该 3 跨支座处实际横向设置的底部纵筋合计为 B⌀22@150。其他与⑤号筋相同的底部附加非贯通纵筋可仅注编号⑤。

例 4：原位注写的基础平板底部附加非贯通纵筋为②⏀25@300（4），该 4 跨范围集中标注的底部贯通纵筋为 B⏀22@300，表示该 4 跨支座处实际横向设置的底部纵筋为⏀25 和⏀22 间隔布置，彼此间距为 150。

基础主梁 JL 与基础次梁 JCL 标注 参见 11G101-3，36 页

梁板式筏形基础基础平板 LPB 标注参见 11G101-3，37 页

【讲解 180】平板式筏形基础平法标注举例

柱下板带（ZXB）与跨中板带（KZB）平法注写：

柱下板带 ZXB 与跨中板带 KZB 标注参见 11G101-3，42 页

例 1：B⏀22@300；T⏀25@150 表示板带底部配置⏀22 间距 300 的贯通纵筋，板带顶部配置⏀25 间距 150 的贯通纵筋。

柱下板带截面尺寸 注写 B=XX（在图注中注明基础平板厚度），柱下板带确定后，跨中板带宽度为相邻两平行柱下板带之间的距离。

平板式筏基基础平板（BPB）平法注写：

平板式筏形基础基础平板 BPB 标注参见 11G101-3，43 页

例 2：X：B12⏀22@150/200；T10⏀20@150/200 表示基础平板 X 向底部配置⏀22 的贯通纵筋，跨两端间距为 150 配 12 根，跨中间距为 200；X 向顶部配置⏀20 的贯通纵筋，跨两端间距为 150 配 10 根，跨中间距为 200（纵向总长度略）

【讲解 181】梁板式及平板式筏形基础平法施工与预算注意事项

（1）当基础平板分板区进行集中标注，且相邻板区板底一平时，配置较大板跨的底部贯通纵筋需越过板区分界线伸至毗邻板跨中连接区域；

（2）板底附加非贯纵筋横向连续布置的跨数是否布置到外伸部位，不受集中标注贯通纵筋的板区限制；

（3）基础主梁与基础平板纵筋交叉时，应注意设计图纸上何筋在下，何筋在上；

（4）柱下板带的底部贯通纵筋，有两种不同配置时，配置较大跨的底部贯通纵筋需越过跨数终点或起点伸到毗邻跨的跨中连接区域；

（5）柱下板带与跨中板带的底部贯通纵筋，可在跨中 1/3 净跨长度范围内采用搭接连接、机械连接或焊接；

（6）柱下板带与跨中板带的顶部贯通筋，可在距柱网轴线附近 1/4 净跨长度范围内采用搭接连接，机械连接或焊接；

（7）柱下板带与跨中板带的注写规定，同样适用于平板式筏形基础上局部有剪力墙的情况；

（8）注意基础平板厚度大于 2 米时的构造要求，在中部设置水平构造钢筋网；

（9）梁板式筏形基础底板钢筋接头位置在内力较小部位，宜采用搭接接头或机械连接；

（10）梁板式筏形基础，基础底板上平时，基础底板上部跨中钢筋位于基础梁顶部钢

筋之上；

（11）梁板式筏形基础底板和基础梁的配筋除满足计算要求外，纵横方向的底部钢筋应有 1/2～1/3 贯通全跨，且其配筋率不应小于 0.15%，顶部纵向钢筋按计算配筋全部连通，并不是全部锚入支座，并通过上述构造措施予以保证。

【讲解 182】11G101-3 图集中其他新增构造（略）

（1）窗井墙，见 11G101-3 图集第 98 页。

（2）后浇带引注图示：如图 6-64。

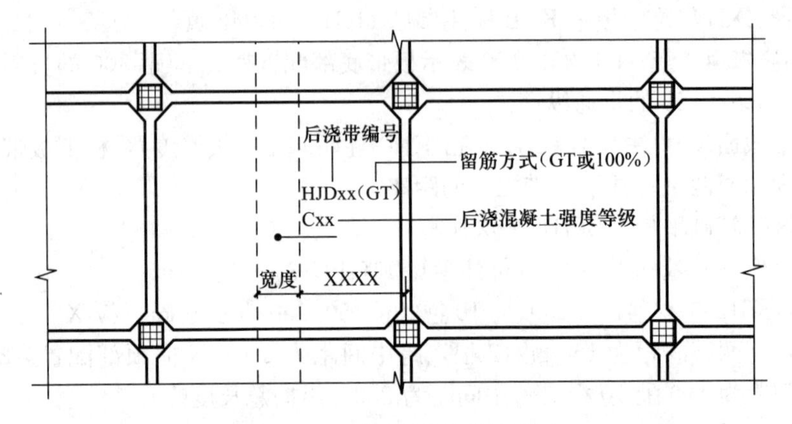

图 6-64　后浇带 HJD 引注图示

（3）上柱墩 SZD：根据平板式筏形基础受剪或受冲切承载力的需要，在板顶面以上混凝土柱的根部设置的混凝土墩。当为素混凝土时，则不注配筋（非抗震设计）。引注图示见图 6-65。

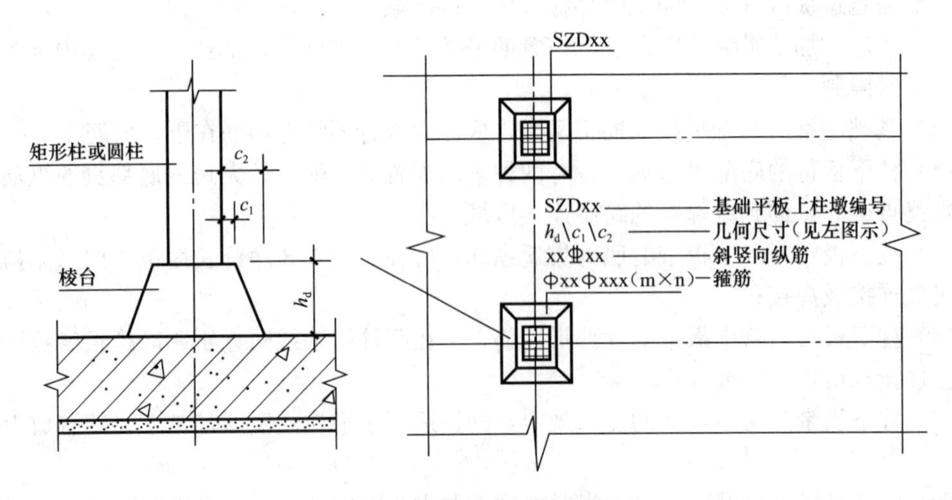

图 6-65　棱台形上柱墩引注图示

（4）下柱墩 SZD：根据平板式筏形基础受剪或受冲切承载力的需要，在柱的所在位置、基础平板底面以下设置的混凝土墩。引注图示见图 6-66。

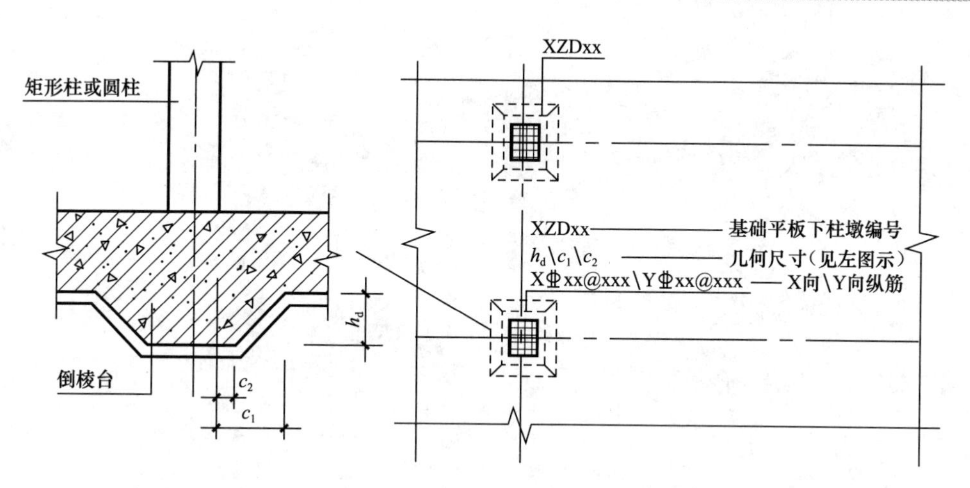

图 6-66　棱台形下柱墩引注图示